画法几何
与阴影透视

主编　何培斌

参编　黄文华　　姚　纪　　李晶晶　　蔡　樱

重庆大学出版社

内容提要

本书是重庆大学《建筑制图》优质系列课程配套教材,是国内首本将《画法几何》和《建筑阴影与透视》课程创新合并编写的教材。全书共 10 章,主要内容有投影基本概念,点、直线、平面的投影,直线、平面间相对位置综合分析,投影变换,平面立体的投影,曲线与曲面的投影,曲面体的投影,轴测投影,形体的阴和影,透视投影等。每章都附有学习要点、复习思考题,以方便教与学。

本书可作为高等院校建筑学、城市规划、园林景观工程等专业教材,也可以作为一般土建类专业或相近专业的教材以及从事土建专业工程技术人员的参考书。

图书在版编目(CIP)数据

画法几何与阴影透视 / 何培斌主编. -- 重庆:重
庆大学出版社,2019.9(2021.10 重印)
高等学校建筑类教材
ISBN 978-7-5689-1791-9

Ⅰ.①画… Ⅱ.①何… Ⅲ.①画法几何—高等学校—
教材②建筑制图—透视投影—高等学校—教材 Ⅳ.
①O185.2②TU204

中国版本图书馆 CIP 数据核字(2019)第 190752 号

画法几何与阴影透视

主编 何培斌
参编 黄文华 姚 纪 李晶晶 蔡 樱
责任编辑:王 婷 版式设计:王 婷
责任校对:谢 芳 责任印制:赵 晟

*

重庆大学出版社出版发行
出版人:饶帮华
社址:重庆市沙坪坝区大学城西路 21 号
邮编:401331
电话:(023)88617190 88617185(中小学)
传真:(023)88617186 88617166
网址:http://www.cqup.com.cn
邮箱:fxk@ cqup.com.cn(营销中心)
全国新华书店经销
重庆市正前方彩色印刷有限公司印刷

*

开本:787mm×1092mm 1/16 印张:17.25 字数:431 千
2019 年 9 月第 1 版 2021 年 10 月第 2 次印刷
印数:2 001—5 000
ISBN 978-7-5689-1791-9 定价:38.00 元

前　言

本书根据教育部对高等院校土建类专业新的培养目标及国家教委批准印发的高校工学本科画法几何及建筑制图教学基本要求(土建类、水利类专业适用)编写而成。本书遵循国家现行有关技术制图标准,对应的课程《画法几何》《建筑阴影透视》是土建类院校中两门培养空间想象能力及空间思维分析能力的技术基础课,是奠定后续其他设计类课程基础不可或缺的技术基础理论课程,同时也是重庆大学优质系列课程建设项目的重要教程之一,是建筑学、城乡规划、风景园林等专业必修的专业基础课。

考虑到目前建筑学、城乡规划、风景园林等专业对《画法几何》《建筑阴影透视》课程学时的减少,为了在有限的学时里完成相应的教学内容,方便学生对前后两部分知识进行连贯的学与用,本书把本科学生必须掌握的画法几何及阴影透视原理进行了相对集中的整合,有利于教师与学生进行有针对性的学习,同时也保证了对画法几何与阴影透视有较大兴趣的同学的深度学习与探究。本书共10章,主要内容有投影基本概念,点、直线、平面的投影,直线、平面间相对位置综合分析,投影变换,平面立体的投影,曲线与曲面的投影,曲面体的投影,轴测投影,形体的阴和影,透视投影。

本书由重庆大学何培斌主编,重庆大学黄文华、姚纪、李晶晶、蔡樱参编。其中第1、2、3、6、7、8章由何培斌编写;蔡樱参与了第2、6、7章的部分编写;第4章由李晶晶编写;第5、10章由姚纪编写;第9章由黄文华、李晶晶编写。何培斌负责对本书进行统稿。

本书除教程外,还有与之配套的习题集与教学PPT,方便教与学。

本书涉及的专业主要偏向土建类的建筑学、城市规划、园林景观工程等,也可供其他土建类专业及高等职业教育类学校的相关专业选用,还可以作为相关土建工程人员学习投影理论、训练空间分析能力与空间想象能力用。

本书在编写过程中,参考了有关书籍,在此谨向其编者表示衷心的感谢,参考文献列于书末。

编　者

2019 年 5 月

目　录

1

投影的基本概念

学习要点

我们在进行生产建设和科学研究时,经常要借助图纸来表达空间形体和解决空间几何问题,而投影原理则为图示空间形体和图解空间几何问题提供了理论和方法。点、直线和平面是组成空间形体的基本几何元素,本章主要介绍投影的基本概念和点、线、面正投影的基本性质,以及立体正投影的基本特征。

1.1 画法几何概述、学习任务及学习方法

画法几何是研究在平面上如何表示空间形体的理论和方法的一门课程,它的主要任务是:

①研究空间几何要素(点、线、面)和几何形体在二维平面上的表示方法,即所谓图示法。

②阐述在二维平面上利用图形来解答空间几何问题的方法,即所谓图解法。

在学习图示法和图解法的过程中,可以逐步培养我们的空间想象力和空间分析能力。不断提高这种空间思维能力,不仅有助于我们学好建筑制图及其他后续课程,而且对今后从事工程设计、施工和进行科学研究也是大有裨益的。

画法几何是一门既有系统理论又具有较强实践性的基础技术课程,必须坚持理论联系实际的学风。首先,要认真学好投影的基本理论和基本概念,熟练掌握一些最基本的作图方法。其次,要通过大量的练习,不断训练自己的空间分析能力,搞清空间几何元素或空间形体与平面图形之间的对应关系。只有经常通过从形体画投影图、再从投影图想象形体的反复实践,才能巩固所学理论和提高空间思维能力。

1.2　投影概念及投影法的分类

▶1.2.1　投影的概念

　　日常生活中,我们经常都能观察到投影现象。在日光或者灯光等光源的照射下,空间物体在地面或墙壁等平面上会产生影子。随着光线照射的角度和距离的变化,其影子的位置和形状也会发生改变。影子能反映物体的轮廓形态,但不一定能准确地反映其大小尺寸。人们从这些现象中总结出一定的内在联系和规律,作为制图的方法和理论根据,即投影原理。

　　如图 1.1 所示,这里的光源 S 是所有投射线的起源点,称为投影中心;空间物体称为形体;从光源 S 发射出来且通过形体上各点的光线,称为投射线;接受影像的地面 H 称为投影面;投射线(如 SA)与投影面的交点(如 a 点)称为点的投影。这种利用光源→形体→影像的原理绘制出物体图样的方法,称为投影法。根据投影法所得到的图形,称为投影或投影图(注:空间形体以大写字母表示,其投影则以相应的小写字母表示)。

　　工程中,我们常用各种投影法来绘制图样,从而在一张只有长度和宽度的图纸上表达出三维空间里形体的长度、高度和宽度(或厚度)等尺寸,借以准确全面地表达出形体的形状和大小。

　　通过上述投影的形成过程可以知道,产生投影必须具备三个基本条件:①投射线(光线);②投影面;③空间几何元素(包括点、线、面等)或形体。

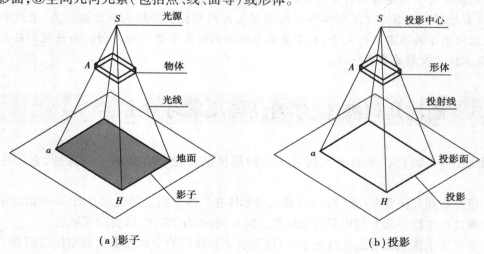

图 1.1　投影法

▶1.2.2　投影法分类

　　根据投影中心(S)与投影面的距离,投影法可分为中心投影法和平行投影法两类。

　　(1)中心投影法

　　当投影中心(S)与投影面的距离有限时,投射线相交于投影中心,这种投影法称为中心投影法,如图 1.2 所示。用中心投影法得到的投影称为中心投影。

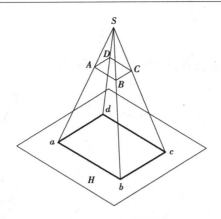

图 1.2　中心投影法

物体的中心投影不能反映其真实形状和大小,故绘制工程图纸时不采用此种投影法。

（2）平行投影法

当投影中心距投影面无穷远时,投射线可视为互相平行,这种投影法称为平行投影法,如图 1.3 所示。投射线的方向称为投射方向,用平行投影法得到的投影称为平行投影。

根据互相平行的投射线与投影面的夹角不同,平行投影法又分为斜投影法和正投影法。

① 投射线与投影面倾斜的平行投影法称为斜投影法,用斜投影法得到的投影称为斜投影,如图 1.3（a）所示。

② 投射线与投影面垂直的平行投影法称为正投影法,用正投影法得到的投影称为正投影,如图 1.3（b）所示。一般工程图纸都是按正投影的原理绘制的,为叙述方便起见,如无特殊说明,以后书中所指"投影"都为"正投影"。

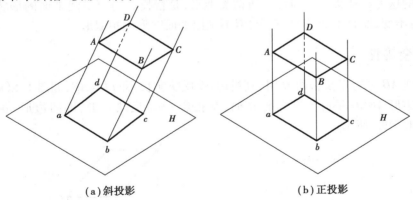

（a）斜投影　　　　　　　　　　　　（b）正投影

图 1.3　平行投影法

1.3　点、直线、平面正投影的基本性质

点、线、面是构成各种形体的基本几何元素,它们是不能脱离形体而孤立存在的。点的运动轨迹构成了线,线(直线或曲线)的运动轨迹构成了面,面(平面或曲面)的运动轨迹构成了体。研究点、线、面的正投影特征,有助于认识形体的投影本质,掌握形体的投影规律。

►1.3.1 类似性

点的投影在任何情况下都是点,如图 1.4(a)所示。

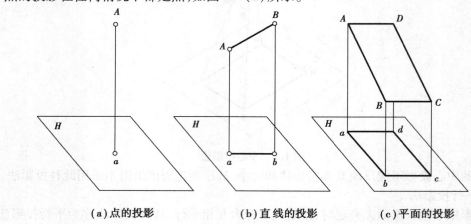

（a）点的投影   （b）直线的投影   （c）平面的投影

图 1.4 正投影的类似性

直线的投影在一般情况下仍是直线。当直线倾斜于投影面时,如图 1.4(b)中所示直线 *AB*,其投影 *ab* 长度小于实长。

平面的投影在一般情况下仍是平面。当平面图形倾斜于投影面时,如图 1.4(c)所示平面 *ABCD* 倾斜于投影面 *H*,其投影 *abcd* 小于实形且与实形类似。

这种情况下,直线和平面的投影不能反映实长或实形,其投影形状是空间形体的类似形,因而把投影的这种特征称为类似性。所谓类似形,是指投影与原空间平面的形状类似,即边数不变、平行不变、曲直不变、凹凸不变,但不是原平面图形的相似形。

►1.3.2 全等性

空间直线 *AB* 平行于投影面 *H* 时,其投影 *ab* 反映实长,即 *ab* = *AB*,如图 1.5(a)所示。

平面四边形 *ABCD* 平行于投影面 *H* 时,其投影 *abcd* 反映实形,即四边形 *abcd* ≌ 四边形 *ABCD*,如图 1.5(b)所示。

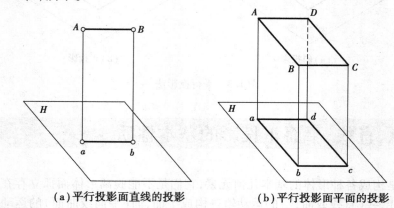

（a）平行投影面直线的投影   （b）平行投影面平面的投影

图 1.5 正投影的全等性

▶1.3.3 积聚性

空间直线 AB(或 AC)平行于投射线即垂直于投影面 H 时,其投影积聚成一点。属于直线上任一点的投影也积聚在该点上,如图 1.6(a)所示。

平面四边形 $ABCD$ 垂直于投影面 H 时,其投影积聚成一条直线 ad。属于平面上任一点(如点 E)、任一直线(如直线 AE)、任一图形(如三角形 AED)的投影也都积聚在该直线上,如图 1.6(b)所示。

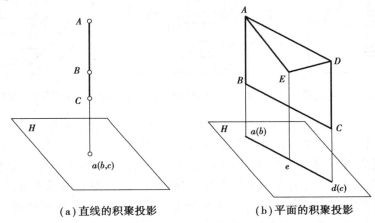

(a)直线的积聚投影　　　(b)平面的积聚投影

图 1.6　正投影的积聚性

1.4　立体的三面投影图

▶1.4.1　三面投影图的形成

工程上绘制图样的方法主要是正投影法,所绘正投影图能反映形状的实际形状和大小尺寸,即度量性好,且作图简便,能够满足设计与施工的需要。但是仅作一个单面投影图来表达形体的形状是不够的,因为一个投影图仅能反映该形体某些面的形状,不能表现出形体的全部形状。如图 1.7 所示,四个形状不同的形体在投影面 H 上具有完全相同的正投影,单凭这个投影图来确定形体的唯一形状,是不可能的。

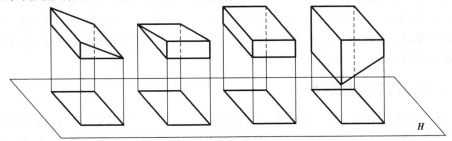

图 1.7　形体的单面投影图

对于一个较为复杂的形体,只向两个投影面作其投影时,其投影只能反映它两个面的形状和大小,也不能确定形体的唯一形状。如图 1.8 所示的三个形体,它们的 H 面、V 面投影完全相同,要凭这两面的投影来区分它们的空间形状,是不可能的。可见,若要用正投影图来唯一确定物体的形状,就必须采用多面正投影的方法。

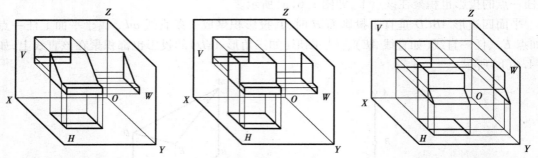

（a）上部为三棱柱形体的三面投影　（b）上部为长方体形体的三面投影　（c）上、下部都为三棱柱形体的三面投影

图 1.8　不同形体投影到 V、H 面投影相同的三面投影图

　　设立三个互相垂直的平面作为投影面,组成三面投影体系。如图 1.9(a)所示,这三个互相垂直的投影面分别为:水平投影面,用字母 H 表示,简称水平面或 H 面;正立投影面,用字母 V 表示,简称正立面或 V 面;侧立投影面,用字母 W 表示,简称侧立面或 W 面。三个投影面两两相交构成的三条轴称为投影轴,H 面与 V 面的交线为 OX 轴,H 面与 W 面的交线为 OY 轴,W 面与 V 面的交线为 OZ 轴,三条轴也互相垂直,并相交于原点 O。

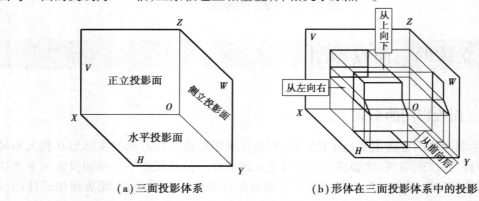

（a）三面投影体系　　　　（b）形体在三面投影体系中的投影

图 1.9　三面投影体系及三面投影图的形成

　　将形体放在投影面之间,并分别向三个投影面进行投影,就能得到该形体在三个投影面上的投影图。从上向下投影,在 H 面上得到水平投影图;从前向后投影,在 V 面得到正面投影图;从左向右投影,在 W 面上得到侧面投影图。将这三个投影图结合起来观察,就能准确地反映出该形体的形状和大小,如图 1.9(b)所示。

▶1.4.2　三面投影图的展开

　　为了把形体的三个不共面(相互垂直)的投影绘制在一张平面图纸上,需将三个投影面进行展开,使其共面。假设 V 面保持不动,将 H 面绕 OX 轴向下旋转 90°,将 W 面绕 OZ 轴向右后旋转 90°,如图 1.10(a)所示,则三个投影面就展开到一个平面内。

　　形体的三个投影在一张平面图纸上画出来,这样所得到的图形称为形体的三面正投影图,简称投影图,如图1.10(b)所示。三面投影图展开后,三条轴就成了两条互相垂直的直线,原来的 OX 轴、OZ 轴的位置不变。OY 轴则分为两条,一条随 H 面旋转到 OZ 轴的正下方,成为 Y_H 轴;一条随 W 面旋转到 OX 轴的正右方,成为 Y_W 轴。

实际绘制投影图时,没有必要画出投影面的边框,也无须注写 H、V、W 字样。三面投影图与投影轴之间的距离,反映出形体与三个投影面的距离,与形体本身的形状无关,因此作图时一般也不必画出投影轴。习惯上将这种不画投影面边框和投影轴的投影图称为"无轴投影",工程中的图纸均是按照"无轴投影"绘制的,如图1.10(c)所示。

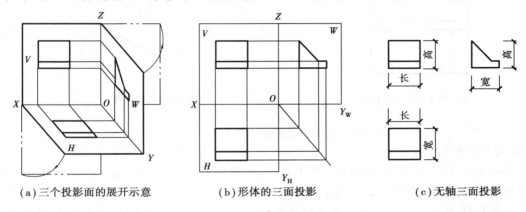

(a) 三个投影面的展开示意　　(b) 形体的三面投影　　(c) 无轴三面投影

图 1.10　三面投影体系的展开

▶1.4.3　三面投影图的基本规律

从形体三面投影图的形成和展开的过程可以看出,形体的三面投影之间有一定的投影关系。其中,物体的 X 轴方向尺寸称为长度,Y 轴方向尺寸称为宽度,Z 轴方向尺寸称为高度。

水平投影反映出形体的长和宽两个尺寸,正面投影反映出形体的长和高两个尺寸,侧面投影反映出形体的宽和高两个尺寸。从上述分析可以看出:水平投影和正面投影在 X 轴方向都反映出形体的长度,且它们的位置左右应该对正,简称"长对正";正面投影和侧面投影在 Z 轴方向都反映出形体的高度,且它们的位置上下是对齐的,简称"高平齐";水平投影和侧面投影在 Y 轴方向都反映出形体的宽度,且这两个尺寸一定相等,简称"宽相等",如图1.10(c)所示。

因此,形体三面投影图三个投影之间的基本关系可以归结为"长对正、高平齐、宽相等",简称"三等关系",这是工程项目画图和读图的基础。

三面投影图还可以反映形体的空间方位关系。水平投影反映出形体前后、左右方位关系,正面投影反映出形体的上下、左右方位关系,侧面投影反映出形体的上下、前后方位关系。

【例1.1】如图1.11所示,根据形体的轴测投影图画其三面投影图。

【解】(1)选择形体在三面投影体系中放置的位置时,应遵循下列原则:

①应使形体的主要面尽量平行于投影面,并使 V 面投影最能表现形体特征。

②应使形体的空间位置符合常态,若为工程形体则应符合工程中形体的正常状态。

③在投影图中应尽量减少虚线。

(2)对形体各表面进行投影分析,如图1.11(b)所示。

①平面 P、E 及背面平行于 V 面,其 V 面投影反映实形;其 H 面投影、W 面投影分别积聚

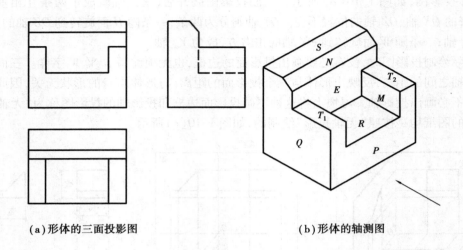

（a）形体的三面投影图　　　　　　　　　（b）形体的轴测图

图 1.11　根据形体的轴测图画其三面投影图

为 OX、OZ 轴的平行线。

②平面 R、S、T_1 和 T_2 及下底面平行于 H 面，其 H 面投影反映实形，其 V 面投影积聚为 OX 轴的平行线；其 W 面投影积聚为 OY_W 轴的平行线。

③平面 Q、M 及与其对称的平面平行于 W 面，其 W 面投影反映实形；其 H 面投影、V 面投影分别积聚为 Y_H 轴、OZ 轴的平行线。

④平面 N 垂直于 W 面，其 W 面投影积聚成一斜线；其 H 面投影、V 面投影均为类似形。

（3）绘制三面投影图，如图 1.11（a）所示。

在图 1.11（b）的位置将该形体放入三面投影体系中，箭头所指方向为 V 面投影的方向。绘图时应利用各种位置平面的投影特征和投影的"三等关系"，即 H 面、V 面投影中各相应部分应用 OX 轴的垂直线对正（等长）；V 面、W 面投影中各相应部分应用 OX 轴的平行线对齐（等高）；H 面、W 面投影中各相应部分应"等宽"，依次画出形体的三面投影图。同时应注意 R 面在 W 面投影中积聚成虚线；E 面下部分在 W 面投影中积聚成虚线。

2 点、直线、平面的投影

学习要点

本章我们将学习构成物体的基本元素点、线、面的投影原理和图解方法以及作图过程。

2.1 点的投影

点是构成空间形体的最基本的元素。画法几何学中的点是抽象的概念，没有大小和质量，只有空间位置。

▶2.1.1 点在两面投影体系、三面投影体系中的投影

根据初等数学的概念，两个坐标不能确定空间点的位置。因此，点在一个投影面上的投影，不能确定该点的空间位置，即单一投影面上的投影，可以对应无数的空间点。我们需设置两个互相垂直的正立投影面 V 和水平投影面 H（图2.1）。两投影面将空间划分为 4 个区域，每个区域称为分角，按逆时针的顺序称之为第一、二、三、四分角，在图中用罗马字母 Ⅰ、Ⅱ、Ⅲ、Ⅳ 来表示。

1）点的两面投影

我国工程制图标准规定：物体的图样，应按平行正投影法绘制，并采用第一分角画法。因

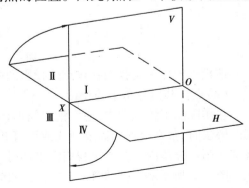

图2.1　相互垂直的两投影面

此,我们将重点讨论点在第一分角中投影的画法。

如图2.2(a)所示,过点A分别向投影面V、H作垂线,即投射线,与V、H面分别交于a'、a。a'称为空间点A的正面投影,简称V面投影,其坐标是(x,z);a称为空间点A的水平投影,简称H面投影,其坐标可用(x,y)表示。$Aa'a$构成的平面与OX轴的交点为a_x。故我们可以用(x,y,z)表示一个空间点的三维坐标。

前面所描述的点以及投影仍然是在三维空间中,而图纸是二维空间(即平面),我们将点的两面投影体系展开即得到空间点A的两面投影图,如图2.2(b)所示。投影面没有边界,a_x的大小并没有什么意义,因此再去掉投影面的边框,如图2.2(c)所示,这就是我们通常所用的点的两面投影图。

(1)点的两面投影特性

从图2.2(a)中可知,$Aa \perp H$面,$Aa' \perp V$面,则平面$Aa'a_x a \perp H$、V面,也垂直于投影轴OX。展开后的投影图上,a、a_x、a'三点成为一条垂直于OX的直线。由于$Aa'a_x a$是一个矩形,$aa_x = Aa'$,$a'a_x = Aa$。由此可以得出点在两面投影体系中的投影特性为:

a.**点的正面投影和水平投影的连线,垂直于相应的投影轴OX轴($aa' \perp OX$)**;

b.**点的正面投影到投影轴OX的距离等于空间点到水平投影面H的距离**;

c.**点的水平投影到投影轴OX的距离等于空间点到正投影面V的距离($a'a_x = Aa$,$aa_x = Aa'$)**。

注意观察空间点的坐标(x,y,z)与点到投影面的距离之间的关系。我们可以用坐标值来表示点到面的距离:空间点到H投影面的距离可用z坐标表示;空间点到V投影面的距离可用y坐标表示;空间点到W投影面的距离可用x坐标表示。

以上特性适合于其他分角中的点。

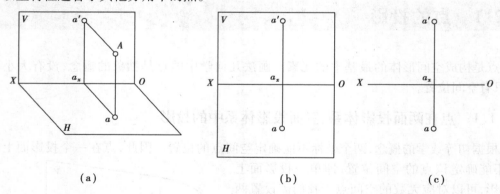

（a）　　　　　　　　（b）　　　　　　　　（c）

图2.2　点的两面投影

该投影规律正是我们在作点的投影图中的一个基本原理和方法。

(2)点在其他分角中的投影

在实际的工程制图中,通常把空间形体放在第一分角中进行投影,但在画法几何学中应用图解法时,常常会遇到需要把线或面等几何要素延长或扩大的情况,因此就很难使它们始终都在第一分角内。在这里我们简单地讨论点在其他分角的投影情况。

图2.3所示的是点在第一、二、三、四分角内的投影情况。投影的原理以及投影特性与前面所讲述的点在第一分角的投影完全一样,投影面的展开也与前面所讲的一样,得到的

两面投影图对于各分角的点的区别如下:A 点在第一分角中,其正面投影和水平投影分别在 OX 轴的上方和下方;B 点是属于第二分角中的点,其正面投影和水平投影均在 OX 轴的上方;D 点在第三分角中,其情况与第一分角正好相反,正面投影在 OX 轴的下方,水平投影在 OX 轴的上方;而第四分角的点 C,则与第二分角的点 B 相反,两个投影均在 OX 轴的下方。显然,两个投影均在投影轴一侧,对完整清晰地表达物体是不利的。因此,ISO 标准、我国和一些东欧国家多采用第一角投影的制图标准,美国、英国以及一些西欧国家采用了第三角投影制图标准。

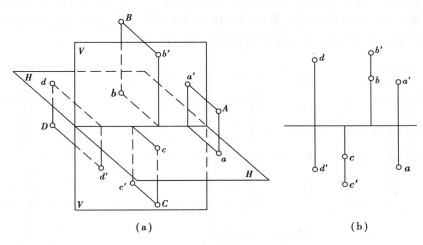

(a)　　　　　　　　　　　　　　(b)

图 2.3　点在四个分角中的投影

(3)特殊位置点的投影

所谓特殊位置点,就是在投影面上或在投影轴上的点。

从以上的投影原理可以看出,属于投影面上的点,它的一个投影与它本身重合,而另一个投影在投影轴上,如图 2.4 中的 A、B、D、E 点。其中 A、E 点均属于水平面 H,其 V 面投影在 OX 轴上(a'、e' 在 OX 轴上),A 点属于第一分角,其 H 面投影 a 在 OX 轴的下方,E 点属于第二分角,其 H 面投影 e 在 OX 轴的上方;B、D 点属于正平面 V,其 H 面投影在 OX 轴上(b、d 在 OX 轴上),而由于两者所处的位置不同,b' 在 OX 轴的上方,d' 在 OX 轴的下方。

属于投影轴的点,它的两个投影都在投影轴上,并与该点重合,如图 2.4 中的 C 点。

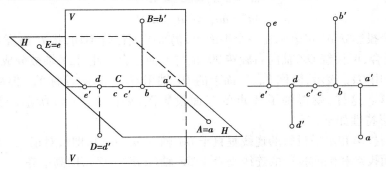

图 2.4　四个分角中特殊点的投影

2) 点的三面投影

虽然用两面投影已经可以确定空间点的位置,但在表达有些形体时,如前所述,只有用三面投影才能表达清楚。因此,我们在这里讨论点的三面投影。

三面投影体系是在两面投影体系的基础上,加上一个与 H、V 面均垂直的第三个投影面 W(称侧立投影面,简称侧投影面或 W 投影面),如图 2.5(a)所示,V、H、W 三面构成三面投影体系。

三个投影面彼此垂直相交,它们的交线统称为投影轴。实际上,每两个投影面均可构成两面投影体系。V 面和 H 面的交线为 OX 轴,H 面和 W 面的交线为 OY 轴,V 面和 W 面的交线为 OZ 轴,投影轴 OX、OY、OZ 互相垂直交于点 O,该点称为原点。

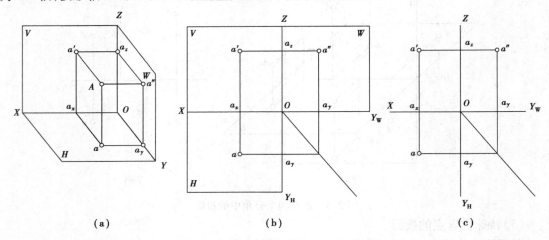

$$(a) \qquad\qquad (b) \qquad\qquad (c)$$

图 2.5 点在三面投影体系中的投影

如图 2.5(a)所示,由空间点 A 分别向 V、H、W 面进行正投影,得到 A 点在各投影面上的投影 a、a'、a''。a'' 是空间点 A 的侧面投影。投射线 Aa、Aa'、Aa'' 分别组成三个平面:aAa'、aAa'' 和 $a'Aa''$,它们与投影轴 OX、OY 和 OZ 分别相交于 a_x、a_y、a_z。这些点和点及其投影 a、a'、a'' 的连线组成一个长方体,则有以下等式成立:

$$Aa = a'a_x = a''a_y = a_zO$$
$$Aa' = a''a_z = aa_x = a_yO$$
$$Aa'' = aa_y = a'a_z = a_xO$$

为了把三个投影 a、a'、a'' 表示在一个平面上,仍将 V 面保持不动,将 H 面绕 OX 轴向下旋转 $90°$ 与 V 面重合,W 面绕 OZ 轴向右旋转 $90°$ 也与 V 面重合。此时,Y 轴被分成两根,我们把 H 面上的 OY 轴用 OY_H 表示,简称 Y_H,W 面上的 OY 轴用 OY_W 表示,简称 Y_W,但从空间上两根轴线的含义一样。这样,就得到了 A 点的三面投影图,如图 2.5(b)所示,同样可得到图 2.5(c)。其投影特性如下:

①点的正面投影和水平投影的连线垂直于 OX 轴($a'a \perp OX$),即长对正。

②点的正面投影和侧面投影的连线垂直于 OZ 轴($a'a'' \perp OZ$),即高平齐。

③点的水平投影到 OX 轴的距离等于点的侧面投影到 OZ 轴的距离($a''a_z = aa_x$),即宽相等。

这三条投影特性,是形体的三面投影之所以成为"长对正、高平齐、宽相等"的理论依据。

这也说明,在三面投影体系中,每两个投影都有内在的联系,只要给出一个点的任何两个投影,就可以求出其第三个投影。图2.5(c)中的45°线是为了保证"宽相等"而作的辅助线,也可用四分之一个圆来代替。

【例2.1】如图2.6所示,已知空间点B的水平投影b和正面投影b',求该点的侧面投影b''。

【解】过b'引OZ轴的垂线$b'b_z$,在$b'b_z$的延长线上截取$b''b_z=bb_x$,b''即为所求。作法如图中的箭头所示。

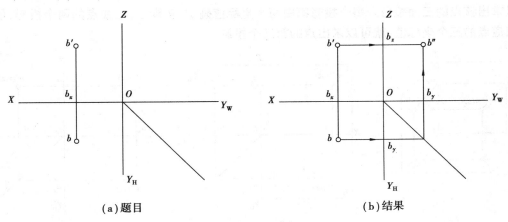

(a)题目　　　　　　　　　　　　　　(b)结果

图2.6　已知点的正面和水平投影求侧面投影

【例2.2】如图2.7所示,已知空间点C的正面投影c'和侧面投影c'',求该点的水平投影c。

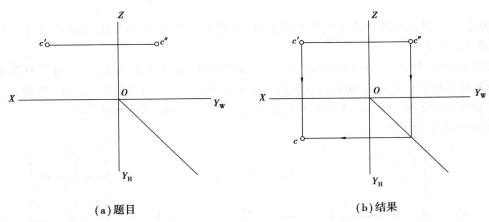

(a)题目　　　　　　　　　　　　　　(b)结果

图2.7　已知点的正面和侧面投影求其水平投影

【解】过c'引OX轴的垂线$c'c_x$,在$c'c_x$的延长线上截取$cc_x=c''c_z$,c即为所求。作法如图中的箭头所示。

从前面讲的三面投影体系中我们可以知道,三根投影轴OX、OY、OZ所构成的就是直角坐标(笛卡尔坐标)体系。在三面投影体系中,这三个坐标值代表了空间点到三个投影面的距离,这三个距离或者说这三个坐标值就决定了空间点的位置,如图2.8所示。

A点到W面的距离(Aa'')=A点的x坐标值(Oa_x)

A 点到 V 面的距离$(Aa')=A$ 点的 y 坐标值(Oa_y)

A 点到 H 面的距离$(Aa)=A$ 点的 z 坐标值(Oa_z)

当三个投影面展开重合为一个平面时,如图 2.8(b)所示,这些表示点的三个坐标的线段$(Oa_x 、Oa_y 、Oa_z)$仍留在投影图上。从图中可以看出:由 A 点的 $x 、y$ 坐标可以决定 A 点的水平投影 a;由 A 点的 $x 、z$ 坐标可以决定 A 点的正面投影 a';由 A 点的 $y 、z$ 坐标可以决定 A 点的侧面投影 a''。这样,可以得出以下结论:

已知一个点的三面投影,就可以量出该点的三个坐标;相反地,已知一点的三个坐标,就可以求出该点的三面投影。每个投影都由两个坐标值确定,实际上,已知点的两个投影,便可以知道点的三个坐标值,就可以求出点的第三个投影。

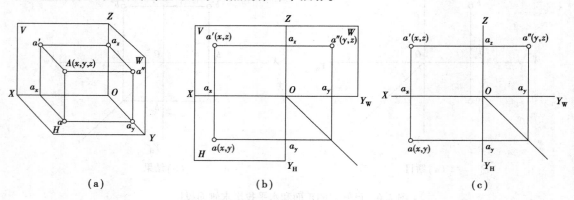

图 2.8　三面投影体系中点的投影与坐标的关系

【例 2.3】已知空间点的坐标:$x=15$ mm、$y=10$ mm、$z=20$ mm,试作出 A 点的三面投影图。

【解】①在图纸上作一条水平线和铅垂线,两线交点为坐标原点 O,其左为 X 轴,上为 Z 轴,右为 Y_W,下为 Y_H。

②在 X 轴上取 $a_x=15$ mm;过 a_x 点作 O 轴的垂线,在这条垂线上自 a_x 向下截取 $aa_y=10$ mm和向上截取 $a'a_z=20$ mm,得水平投影 a 和正面投影 a',如图 2.9(a)、(b)所示。

③由 a' 向 OZ 轴引垂线,在所引垂线上截取 $a''a_z=10$ mm,得侧面投影 a''。

作法如图 2.9(c)所示。

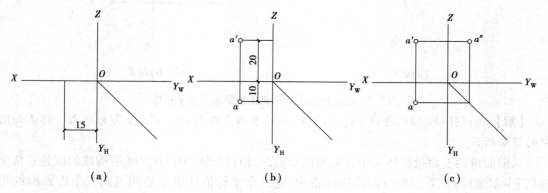

图 2.9　已知空间点的坐标,求其三面投影

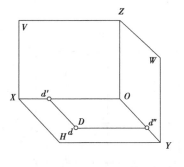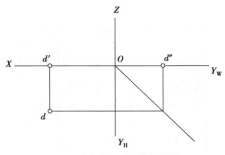

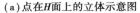

（a）点在H面上的立体示意图　　　　　　（b）点在H面上的投影图

图 2.10　属于投影面的点

当空间点为某个特殊位置时，则至少有一个坐标为零。如图 2.10 所示，空间点 D 属于 H 面，则 $z=0$，因此，D 点的 V 面、W 面投影分别在 OX 轴和 OY_W 轴上（d' 在 OX 轴上，d'' 在 OY_W 轴上），而 H 面的投影（即 d''）与空间 D 点本身重合。此时应注意，d'' 应在 OY_W 上，而不在 OY_H 上，因为 d'' 是 W 面上的投影，而非 H 面的投影。

结合点的坐标来看，特殊点的坐标及投影具有以下特点：

①属于投影面上的点，其坐标必有一个为零，它的一个投影与它本身重合，而另一个投影在投影轴上。

②属于投影轴上的点，其坐标必有两个为零，它的两个投影都在投影轴上，并与该点重合。

③当点的位置在原点时，其坐标均为零，它的三个投影都在原点处。

▶2.1.2　两点的相对位置关系及两点的无轴投影

两点之间的相对位置可以用两点之间的坐标差来表示，即两点距投影面 W、V、H 的距离差，如图 2.11 中 $X_A - X_B$、$Y_A - Y_B$、$Z_A - Z_B$。因此，已知两点的坐标差，能确定两点的相对位置，或者已知两点相对位置以及其中一个点的投影，可以求出另一个点的投影。按投影特性我们知道，点的 X 坐标值增大，该点向左移，反之，向右移；Y 坐标值增大，点向前移，反之，向后移；Z 坐标值增大，点向上移，反之，向下移。从图 2.11 中可以看出，A 点在 B 点的上、左、前方，也可以说 B 点在 A 点的下、右、后方。

如果两个点相对位置相对于某投影面处于比较特殊的位置，两点处于一条投射线上，则在该投影面上，两个点的投影相互重合，我们称这两个点为该投影面的**重影点**。如图 2.12 中，A 点在 C 点的正前方，则 A、C 两点在 V 面上的投影相互重合，我们把 A、C 两点称为 V 面的重影点。同理，如两个点为 H 面的重影点，则两点的相对位置是正上或正下方；如两个点为 W 面的重影点，则两点的相对位置是正左或正右方。按照前面所述，投射线方向总是由投影面的远处通过物体向投影面进行投射的，因此对于重影点，就有一个可见性的问题。显然，对于 V 面来说，A 点的投影 a' 可见，而 C 点的投影 c' 不可见。为了表示可见性，在不可见投影的符号上加上括号（），如 (c')。**判别可见性的原则是：前可见后不可见，上可见下不可见，左可见右不可见。**即相对于两点来说距投影面远的可见，距投影面近的不可见。从直角坐标关系来看，重影点实际上是有两组坐标相等（如图 2.12），A、C 两点的 X、Z 坐标相等，只有在 y 方向有坐标差。

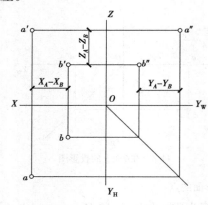

图 2.11　两点的相对位置

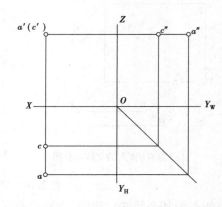

图 2.12　V 面的重影点

【例 2.4】已知 A 点的坐标为 $(10,10,20)$；B 点距 W 面、V 面、H 面的距离分别为 20,5,10；C 点在 A 点的正下方 10，求 A、B、C 三点的投影，并判别可见性。

【解】分析：A、B、C 点分别以坐标位置、距投影面距离以及两点之间的相对位置来确定空间位置，根据已知条件可以很容易作出投影。

作图：如图 2.13 所示。①由 A 点的坐标求出 A 点的三面投影。

②根据 B 点相对于投影面的距离，实际上是给出了 B 点的坐标，求出 B 点的三面投影。

③根据 C 点处于 A 点的正下方，可以求出 C 点的三面投影，A、C 两点为 H 面的重影点。

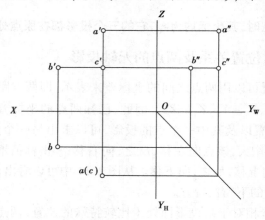

图 2.13　根据点的坐标作其三面投影图

2.2　直线的投影

▶2.2.1　各种位置直线的投影

直线的投影一般仍为直线。因为通过直线上各点向投影面作正投影时，各投射线在空间形成一个平面，该平面与投影面相交于一条直线，这条直线就是该直线的投影。只有当直线平行于投影方向或者说直线与投影面垂直时,其投影则积聚为一点,如图2.14所示。

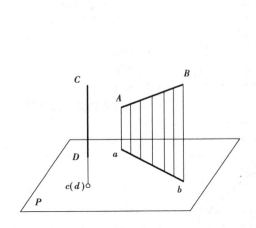

图 2.14   直线投影

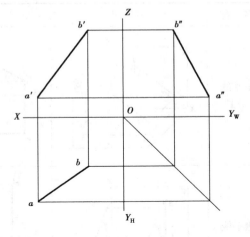

图 2.15   直线的三面投影

从几何学中我们知道,空间直线的位置可以由属于直线上的两点来决定,即两点决定一条直线。因此,在画法几何学中,直线在某一投影面上的投影由属于直线的任意两点的同面投影来决定。如图2.15所示,当已知属于直线的任意两点 A、B 的三面投影,连接两点的同面投影,即连接 a、b、a'、b'、a''、b'' 而得到直线 AB 的三面投影 ab、$a'b'$、$a''b''$。

直线与投影面的位置有三类:平行、垂直、一般。与投影面平行或者垂直的直线,称为特殊位置直线。

1)投影面的平行线

平行于某一投影面而倾斜于其余两个投影面的直线,称为投影面平行线,投影面平行线的所有点的某一个坐标值相等。其中,平行于水平投影面的直线称为水平线,z 坐标相等;平行于正立投影面的直线称为正平线,y 坐标相等;平行于侧立投影面的直线称为侧平线,x 坐标相等。表2.1列出了这三种直线的三面投影。

表 2.1   平行线的三面投影和投影特性

名　称	直观图	投影图	投影特性
水平线 //H			① $a'b' // OX$, $a''b'' // OY_W$; ② $ab = AB$; ③ ab 与投影轴的夹角反映 β、γ 实角

续表

名　称	直观图	投影图	投影特性
正平线 //V	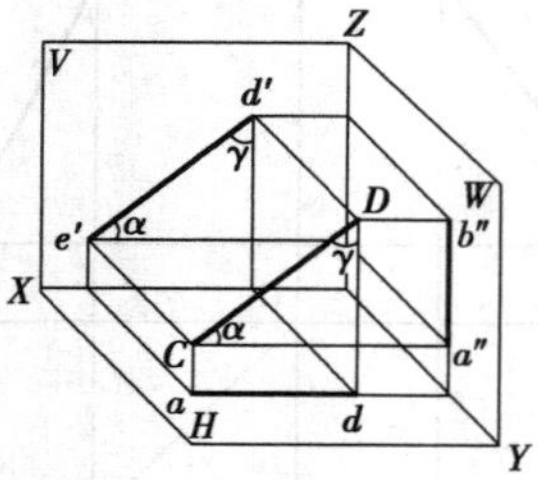	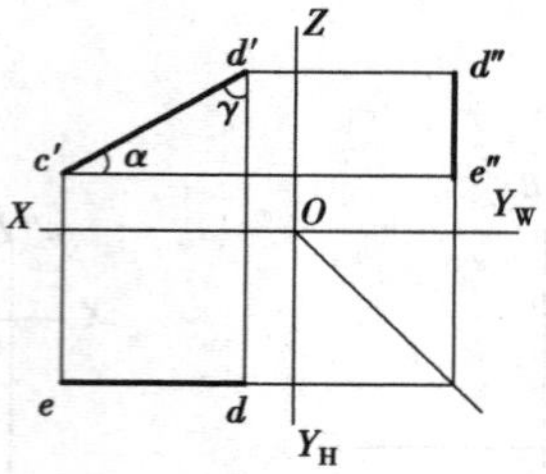	①$cd//OX$, $c''d''//OZ$; ②$c'd'=CD$; ③$c'd'$与投影轴的夹角反映α、γ实角
侧平线 //W	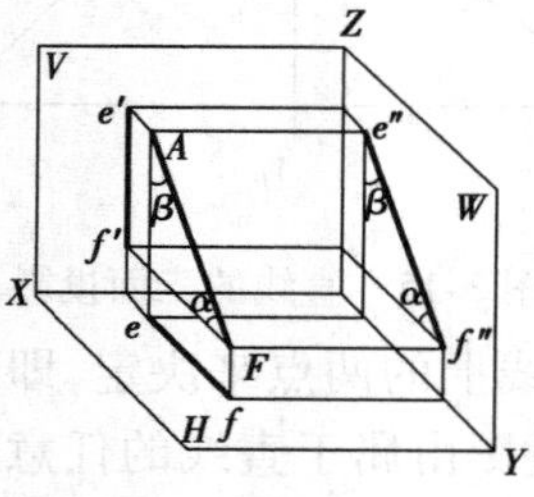	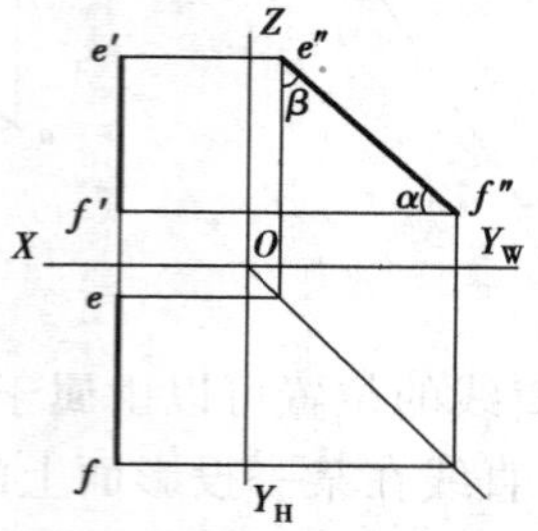	①$ef//OY_H$, $e'f'//OZ$; ②$e''f''=EF$; ③$e''f''$与投影轴的夹角反映α、β实角

表中 α 表示直线对 H 面的倾角;β 表示直线对 V 面的倾角;γ 表示直线对 W 面的倾角。分析上表,可以归纳出投影面平行线的投影特性:

①直线在它所平行的投影面上的投影反映实长(即全等性),并且这个投影与投影轴的夹角等于空间直线对相应投影面的倾角;

②其余两个投影都小于实长,并且平行于相应的投影轴。

2)投影面的垂直线

垂直于某一投影面的直线,称为投影面垂直线,投影面垂直线上的所有点有两个坐标值相等。显然,当直线垂直于某一投影面时,必然平行于另两个投影面。其中,**垂直于水平投影面的直线称为铅垂线;垂直于正立投影面的直线称为正垂线;垂直于侧立投影面的直线称为侧垂线。**表2.2列出了这三种直线的三面投影。

表 2.2　垂直线的三面投影和投影特性

名　称	直观图	投影图	投影特性
铅垂线 ⊥H	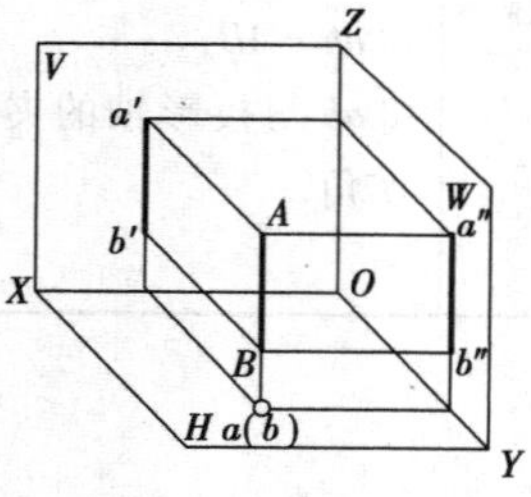	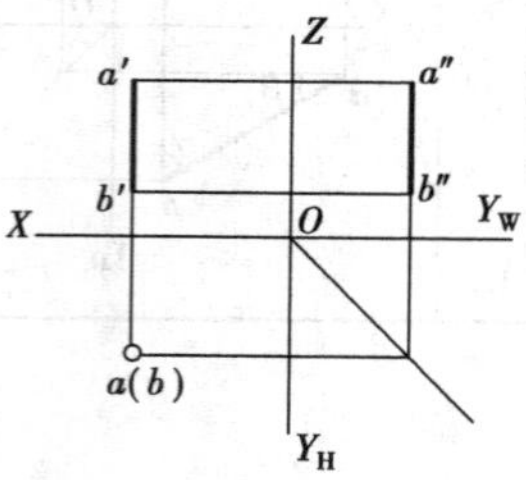	①ab积聚成一点; ②$a'b'\perp OX$, $a''b''\perp OY$; ③$a'b'=a''b''=AB$

续表

名　称	直观图	投影图	投影特性
正垂线 ⊥V	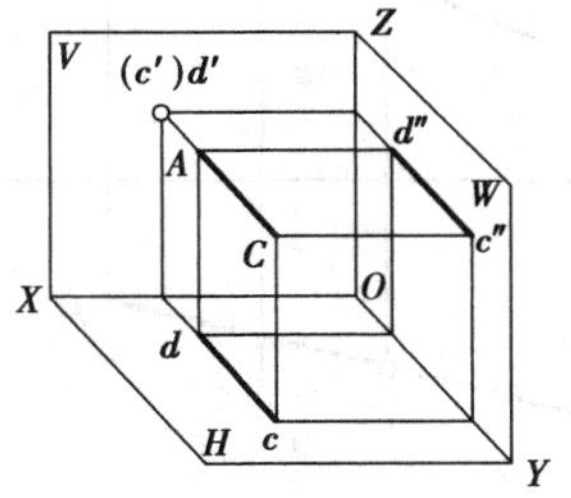	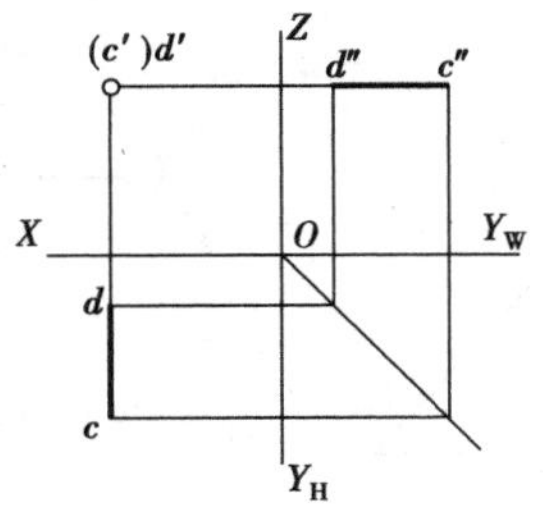	①$c'd'$积聚成一点； ②$cd \perp OX$， $c''d'' \perp OZ$； ③$cd = c''d'' = CD$
侧垂线 ⊥W	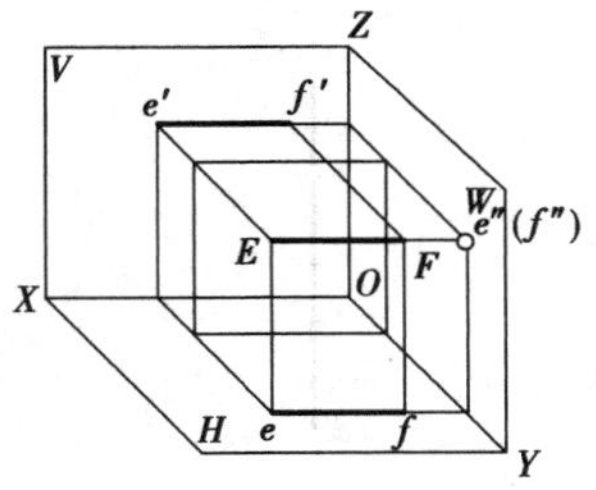	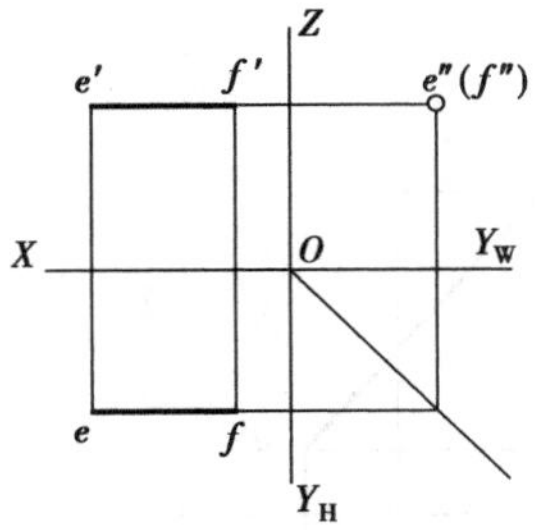	①$e''f''$积聚成一点； ②$ef \perp OY$， $e'f' \perp OZ$； ③$ef = e'f' = EF$

分析上表，可以归纳出投影面垂直线的投影特性如下：

①直线在它所垂直的投影面上的投影成为一点(积聚性)。

②其余两个投影垂直于相应的投影轴，并且反映实长(显实性)。

▶2.2.2　直线上的点

1)直线上的一般点

空间点与直线的关系有两种情况：点属于直线；点不属于直线。当点属于直线时，则有以下投影特性(如图 2.16)：

①该点的各投影一定属于这条直线的各同面投影。

②点将直线段分成一定的比例，则该点的各投影将直线段的各同面投影分成相同的比例，这条特性称为定比特性。

一般来说，判断点是否属于直线，只需观察两面投影就可以了。例如图 2.17 中的直线 AB 和两点 C、D，点 C 属于直线 AB，而点 D 就不属于直线 AB；但对于一些特殊位置直线，则一般应该观察第三面投影才能决定。例如图 2.18 中的侧平线 CD 和点 E，虽然 e 在 cd 上，e' 在 $c'd'$ 上，但当求出它的 W 面投影 e'' 以后，e'' 不在 $c''d''$ 上，所以点 E 不属于直线 CD。也可以通过定比性来判断，如图 2.18(b)所示。当然从 2.18 中也可以看出，显然 $e'c':e'd' \neq ec:ed$，则 E 点不在 CD 上。

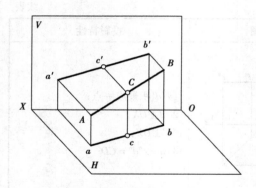

图 2.16　属于直线的点

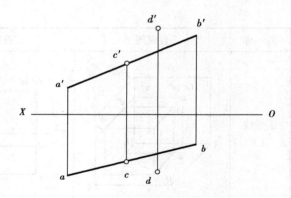

图 2.17　C 点属于直线, D 点不属于直线

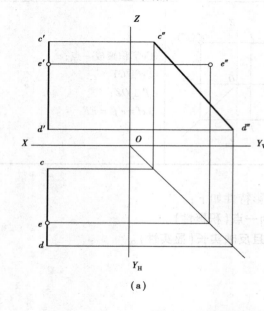

(a)

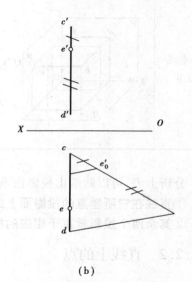

(b)

图 2.18　特殊位置直线点的从属性判断

【例 2.5】在线段 AB 上求一点 C, C 点将 AB 线段分成 AC:CB = 3:4。

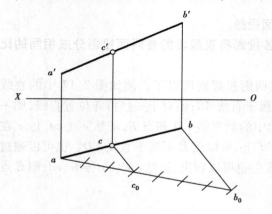

图 2.19　点分线段成定比

【解】作图如图 2.19 所示。

①过投影 a 作任意方向的辅助线 ab_0, 将之七等分, 使 $ac_0:c_0b_0 = 3:4$, 得 c_0、b_0。

②连接 b、b_0, 再过 c_0 作辅助线平行于 b_0b。

③在水平投影 ab 上得 C 点的水平投影 c, 再由 c 向上作铅垂线, 交 AB 的正面投影 $a'b'$ 于 c'。

【例 2.6】已知属于侧平线 CD 的点 E 的正面投影 e', 请作出 E 点的水平投影 e。

【解】如图 2.20 所示, 本题有两种作法:

①把正面投影 e' 所分 $c'd'$ 的比例 m:n 移

到 cd 上面作出 e，如图 2.20(a)所示。

②先作出 CD 的侧面投影 c″d″，再在 c″d″上作出 e″，最后在 cd 上找到 e，如图 2.20(b)所示。

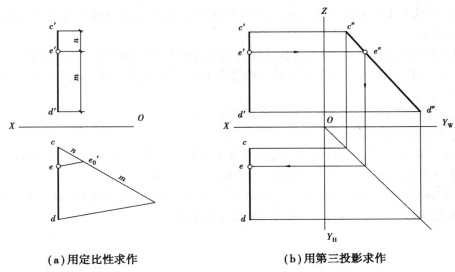

(a)用定比性求作　　　　　　　　(b)用第三投影求作

图 2.20　侧平线上的点

2)直线上的迹点

直线延长与投影面的交点称为直线的迹点，其中与 H 面的交点称为水平迹点(常用 M 表示)，与 V 面的交点称为正面迹点(常用 N 表示)，与 W 面的交点称为侧面迹点(常用 S 表示)。

如图 2.21 所示，给出线段 AB，延长 AB 与 H 面相交，得水平迹点 M；与 V 面相交，得正面迹点 N。因为迹点是直线和投影面的公共点，所以它的投影具有**两重性**：

①属于投影面的点，则它在该投影面上的投影必与它本身重合，而另一个投影必属于投影轴。

②属于直线的点，则它的各个投影必属于该直线的同面投影。

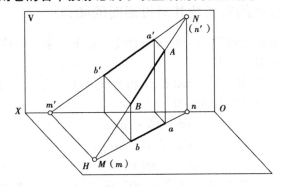

图 2.21　直线的迹点

由此可知：正面迹点 N 的正面投影 n′与迹点本身重合，而且落在 AB 的正面投影 a′b′的延长线上；其水平投影 n 则是 AB 的水平投影 ab 与 OX 轴的交点。同样，水平迹点 M 的水平投影 m 与迹点本身重合，且落在 AB 的水平投影 ab 的延长线上；其正面投影 m′则是 AB 的正面

投影 $a'b'$ 与 OX 轴的交点。

这样,就得到在两面投影体系中,根据直线的投影求其迹点的作图方法:

①为求直线的水平迹点,应当延长直线的正面投影与 OX 轴相交,即得水平迹点 M 的正面投影 m',再从 m' 作 OX 的垂线与直线的水平投影相交,交点就是水平迹点 M 的水平投影 m,M 与 m 重合。

②为求直线的正面迹点,应当延长直线的水平投影与 OX 轴相交,得正面迹点 N 的水平投影 n,再从 n 作 OX 轴的垂线与直线的正面投影相交,交点就是正面迹点 N 的正面投影 n',N 与 n' 重合。

【例 2.7】 求作直线 AB 的水平迹点和正面迹点。

【解】 作法如图 2.22 所示。

①延长 $a'b'$ 与 OX 轴相交,得水平迹点的正面投影 m',再从 m' 向下作 OX 轴的垂线与 ab 相交,得水平迹点的水平投影 m,此点即为 AB 的水平迹点 M。

②延长 ab 与 OX 轴相交,得正面迹点的水平投影 n,再从 n 向上作 OX 轴的垂线与 $a'b'$ 相交,得正面迹点的正面投影 n',此点即为 AB 的正面迹点 N。

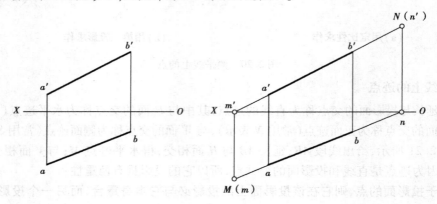

图 2.22 直线迹点的求法

▶ **2.2.3 一般位置直线的实长及其对投影面的倾角**

对各投影面均成倾斜的直线称为一般位置直线。对于一条一般位置的直线段,它的各个投影的长度均小于线段本身的实长。

如图 2.23 所示,设线段 AB 与投影面 H、V 和 W 的倾角分别为 α、β 和 γ。由于通过 A、B 两点的投影线 Aa、Bb 垂直于 H 面,所以有

$$ab = AB \cdot \cos \alpha;$$
$$a'b' = AB \cdot \cos \beta;$$
$$a''b'' = AB \cdot \cos \gamma.$$

因为夹角 α、β 和 γ 都不等于零,也不等于 $90°$,所以 $\cos \alpha$、$\cos \beta$ 和 $\cos \gamma$ 都小于 1。这就证明:一般位置线段的三个投影都小于线段本身的实长。

如何根据一般位置直线的投影来求出它的实长与倾角呢? 我们先从立体图中来分析这个问题的解法。

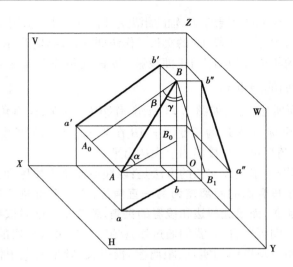

图 2.23　直线的倾角

1)直线与 H 投影面的倾角 α

在图 2.24(a)中,过空间直线的端点 A 作直线 $AB_0 /\!/ ab$,得直角三角形 AB_0B,$\angle BAB_0$ 就是直线 AB 与 H 面的倾角 α,AB 是它的斜边,其中一条直角边 $AB_0 = ab$,而另一条直角边 $BB_0 = Bb - Aa(B_0b) = Z_B - Z_A$,$Z_A$、$Z_B$ 即为 A、B 两点的高度坐标,$Z_B - Z_A$ 为 A、B 两点的高度差。

根据立体图的分析可以得知,在直线的投影图上,我们可以作出与 $\triangle AB_0B$ 全等的一个直角三角形,从而求得直线段的实长及其与投影面的倾角。其作图方法如图 2.24(b)所示。

①过水平投影 ab 的端点 b 作 ab 的垂线。

②在所作垂线上截取 bb_0 等于正面投影 $a'b'$ 两端到 OX 轴的距离差 $Z_B - Z_A$,得 b_0 点。

③用直线连接 a 和 b_0,得直角三角形 abb_0,此时,$ab_0 = AB$,$\angle ba\,b_0 = \angle\alpha$。

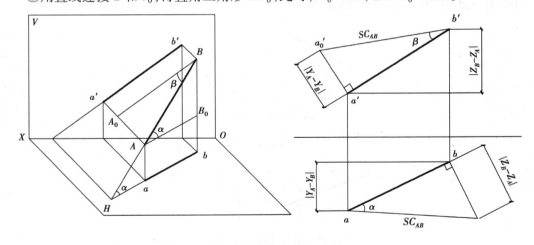

图 2.24　用直角三角形法求一般位置直线的实长与倾角

2)直线与 V 投影面的倾角 β

在图 2.24(a)上过 B 点作直线 $BA_0 /\!/ a'b'$,A_0 点在投影线 Aa' 上,$\triangle ABA_0$ 为直角三角形,AB 是它的斜边,AA_0 和 BA_0 是它的两条直角边。此时,$BA_0 = a'b'$;而 $AA_0 = Aa' - Bb'(A_0a') =$

$Y_A - Y_B$，即等于水平投影 ab 的两端到 OX 轴的距离差 $Y_A - Y_B$。因此，用 $a'b'$ 及距离差 $Y_A - Y_B$ 为直角边作直角三角形，也能求出线段 AB 的实长。作法如图 2.24(b)所示。所得的 $\triangle a'b'a_0'$ 的斜边 $b'a_0'$ 等于线段 AB 的实长，但 $b'a_0'$ 与正面投影 $a'b'$ 的夹角等于线段 AB 与 V 面的倾角 β。

3）直线与 W 投影面的倾角 γ

γ 角的求法与上面所述一样，如图 2.23 所示，作 $BB_1 // a''b''$，在直角三角形 ABB_1 中，AB_1 为 A、B 两点之间的 X 坐标差，BB_1 的长度等于 AB 在 W 面上投影的长度，即 $a''b''$，$\angle ABB_1 = \gamma$。同样的道理，该直角三角形可以在投影图上表达出来。

综上所述，在投影图上求线段实长的方法是：**以线段在某个投影面上的投影为一直角边，以线段的两端点到这个投影面的距离差为另一直角边，作一个直角三角形，此直角三角形的斜边就是所求线段的实长，而且此斜边和投影的夹角，就等于线段对该投影面的倾角。**

从以上的分析和作图可以看出：我们通过作直角三角形来求线段的实长、倾角，故此法称为直角三角形法。直角三角形中的实长、距离差、投影长、倾角四者中任知其两者，便可以求出其余两者。而距离差、投影长、倾角三者均是相对于同一投影面而言。例如，我们要求某线段对 H 面的倾角、实长，应该知道该线段的 H 面投影以及线段两端点对 H 面距离差（坐标差），即 Z 坐标差。

值得注意的是，直角三角形法是一种在平面图上模拟空间的作图法，因此，可以在任何地方表达所需的直角三角形。

【例 2.8】试用直角三角形法确定直线 CD 的实长及对投影面 V 的倾角 β。

【解】分析：此题要求直线 CD 对 V 面的倾角，所以必须以 CD 的正面投影 $c'd'$ 为一直角边。另一直角边则应是水平投影 cd 两端点到 OX 轴的距离差（Y 坐标差）。

作图：①过水平投影 c 作 X 轴的平行线，与 $d'd$ 交于 d_0，并延长该线。

②取 $d_0 c_0 = c'd'$，将 c_0 与 d 相连。

③此时，$c_0 d = CD$，$\angle c_0 = \beta$，如图 2.25 所示。

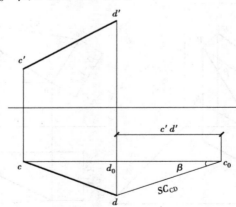

图 2.25　求直线的真长和倾角

【例 2.9】已知直线 CD 对投影面 H 的倾角 $\alpha = 30°$，如图 2.26（a）所示，试补全正面投影 $c'd'$。

【解】分析：这是与前一例题性质相反的问题，给出倾角作投影。应该注意：如果要求直线 CD 对 H 面的倾角 α，那么必须以水平投影 cd 为直角边，以正面投影 $c'd'$ 两端的高度差为另一直角边,作直角三角形。虽然题中 d' 没有给出,但已知 $\alpha = 30°$。所以这个直角三角形也可以作出(因为一个直角三角形可以由它的一条直角边及一个锐角所确定)。因此,就能确定 $c'd'$ 两端的高度差,从而补全 CD 的正面投影。

作图:如图 2.26(b)所示。

①过 c' 引 OX 轴的平行线,与过 d 向上作出的铅垂联系线相交,得 d'_0,并延长至 c'_0,使 $c'_0 d'_0 = cd$;

②自 c'_0 对 $c'_0 d'_0$ 作 $30°$ 角的斜线,此斜线与过 d 的铅垂联系线相交于 d';

③连接 c' 和 d',得正面投影 $c'd'$(由于不能确定 D 点在 C 点的上方还是下方,所以该题有两解)。

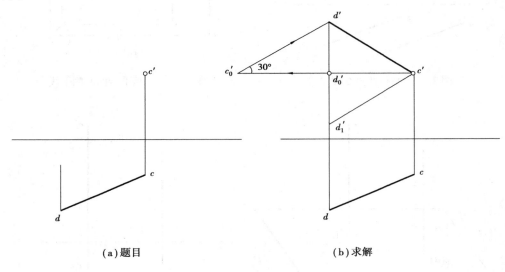

(a)题目   (b)求解

图 2.26　已知 $\alpha = 30°$,求直线的投影

▶2.2.4　两直线的相对位置

两直线在空间所处的相对位置有三种:平行、相交和相叉(即异面)。以下分别讨论它们的投影特性。

1)平行的两直线

根据平行投影的特性可知:**两直线在空间相互平行,则它们的同面投影也相互平行。**

对于处于一般位置的两直线,仅根据它们的两面投影互相平行,就可以断定它们在空间也相互平行,如图 2.27 所示。但对于特殊位置直线,有时则需要画出它们的第三面投影,来判断它们在空间的相对位置。如图 2.28 给出的两条侧平线 AB 和 CD,因为它们的侧面投影并不互相平行,所以在空间里这两条线是不平行的。

如果相互平行的两直线都垂直于某一投影面(如图 2.29),则在该投影面上的投影都积聚为两点,两点之间的距离反映出两条平行线在空间的真实距离。

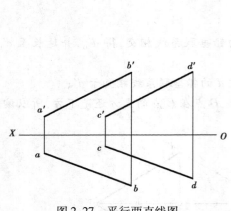

图 2.27　平行两直线图

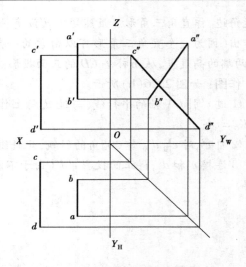

图 2.28　不相平行的两侧平线

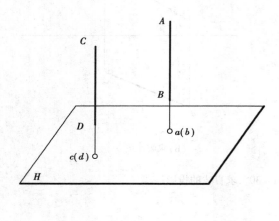

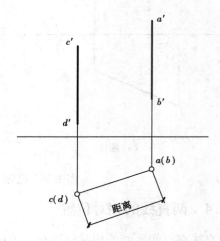

图 2.29　垂直于投影面的两平行线

2）相交的两直线

　　所有的相交问题都是一个共有的问题,因此,两直线相交必有一个公共点即交点。由此可知:**两直线在空间相交,则它们的同面投影也相交,而且交点符合空间点的投影特性。**

　　同平行的两直线一样,对于一般位置的两直线,只要根据两面投影的相对位置,就可以判别它们在空间是否相交。如图 2.30 所示的两直线是相交的,而图 2.31 中的两直线就不相交,是交叉的两直线。但是,当其中一条是投影面的平行线时,有时就需要看一看它们的第三面投影或通过直线上点的定比性来判断。

　　当两相交直线都平行于某投影面时,该相交直线的夹角在投影面上的投影反映出夹角的真实大小,如图 2.32 所示。

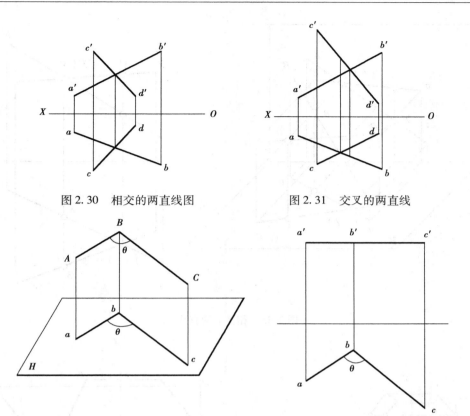

图 2.30　相交的两直线图　　　　　　图 2.31　交叉的两直线

图 2.32　平行于投影面的两相交直线在该投影面上反映真实的夹角

3）相叉的两直线

如图 2.33 所示，在空间里既不平行也不相交的两直线，就是相叉的两直线。由于这种直线不能同属于一个平面，所以在立体几何中把这种直线称为异面直线。

在两面投影图中，相叉两直线的同面投影可能相交，要判断两条直线是相交的还是相叉的，就要判断它们的同面投影交点是否符合点的投影规律，如图 2.33 中，正面投影 $a'b'$ 和 $c'd'$ 的交点与水平投影 ab 和 cd 的交点不符合投影规律，则 AB 与 CD 没有相交而是相叉。如果两线中有一条或两条是侧平线，则需要看第三面投影，如图 2.34 所示。

事实上，相叉的两直线投影在同一投影面的交点都是空间两个点的投影，即是该面的重影点。如图 2.33 中，ab 和 cd 的交点是空间 AB 上的Ⅰ点和 CD 上的Ⅱ点的水平投影。因为Ⅰ和Ⅱ处在同一条铅垂线上，所以，水平投影 1 重合于 2，用符号 1（2）表示。同样的，$a'b'$ 和 $c'd'$ 的交点是空间 CD 上的Ⅲ点和 AB 上的Ⅳ点的正面投影。因为Ⅲ和Ⅳ处在同一条正垂线上，所以正面投影 3' 重合于 4'，用符号 3'（4'）表示。根据可见性将不可见点用括号括起来。

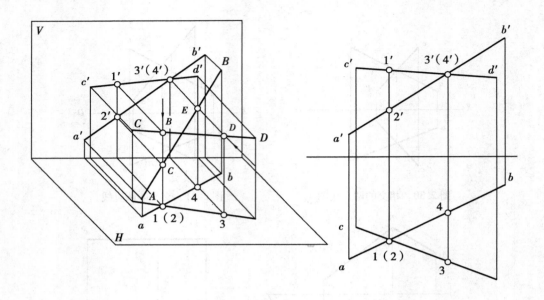

图 2.33 相叉的两直线

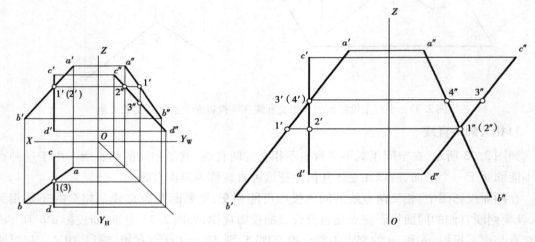

图 2.34 有一条侧平线的两相叉线　　　　　　图 2.35 判别相叉直线的可见性

【例 2.10】 判别图 2.35 给出的两相叉直线 AB 和 CD 上重影点的可见性。

【解】 如图 2.35 所示,从侧面投影的交点 1″(2″) 向左作水平的联系线,与 $c'd'$ 相交于 2′,与 $a'b'$ 相交于 1′。因为 1′ 在 2′ 的左方,所以 AB 上的 Ⅰ 点在 CD 上的 Ⅱ 点的左方。由重影点特性"左可见、右不可见"知 1 可见,2 不可见,在侧面投影上 2″ 打上括号。同理,从正面投影的交点 3′(4′),向右作水平联系线,与 $a″b$ 相交于 4″ 点,与 $c″d$ 相交于 3″ 点。因为 3″ 位于 4″ 之前,所以 CD 上的 Ⅲ 点看得见,而 AB 上的 Ⅳ 点不可见。这说明:直线 CD 在 Ⅲ 点处位于直线 AB 之前,则 3″ 可见,4″ 不可见,在正面投影上将 4″ 打上括号。

▶2.2.5　直角投影定理

两相交直线(或两相叉直线)之间的夹角,可以是锐角,也可以是钝角或直角。一般说来,要使一个角不变形地投射在某一投影面上,必须使此角的两边都平行于该投影面。通常情况下,空间直角的投影并不是直角,反之,两条直线的投影夹角为直角的空间直线之间的夹角一般也不是直角。但是,对于相互垂直的两直角边,只要有一边平行于某投影面,则此直角在该投影面上的投影仍旧是直角。

如图2.36所示,第一种情况是,相互垂直的两直角边 AB 和 BC 都平行于 H 面,则在 H 面上直接反映直角是毋庸置疑的,如图2.36(a)。第二种情况是,当空间直角 ABC 的一边 AB 平行于 H 面,而另一边 BC 与 H 面倾斜时,因为 AB 既垂直于 BC,又垂直于 Bb,所以 AB 垂直于投射面 BCcb。又知 AB 和它的投影 ab 是互相平行的,所以 ab 也同样垂直于投射面 BCcb。由此证得 ab ⊥ bc,即∠abc = 90°,如图2.36(b)。这就是**一边平行于投影面直角的投影定律,即:当构成直角的两条直线中,有一直线是投影面的平行线,则此两直线在该投影面上的投影仍然反映成直角;反之,如果两直线的同面投影构成直角,且两直线之一是该投影面的平行线,则可断定该两直线在空间相互垂直。**要注意的是,该直角∠ABC 在 V 面的投影∠a'b'c'≠90°。

上述结论既适用于相互垂直的相交叉两直线,又适用于相互垂直的相叉两直线,如图2.36(c)中 A_1B_1 与 CB 就是相互垂直交叉的两条直线,同样存在前面所述的投影定律。

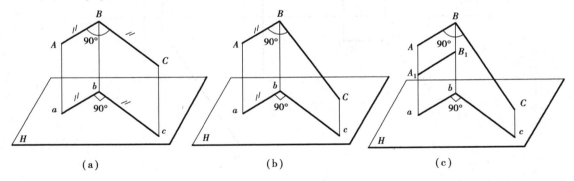

图2.36　一条边平行于投影面的直角的投影

图2.37所表示的相交两直线 AB 和 BC 及相叉两直线 MN 和 EF,由于它们的水平投影相互垂直,并且其中有一条为水平线,所以它们在空间也是相互垂直的。同样,图2.38所示的相交两直线及相叉两直线,也是相互垂直的,因为它们的正面投影相互垂直,并且其中有一条为正平线。

直角投影的这种特性,常常被用于在投影图上解决有关距离的问题。

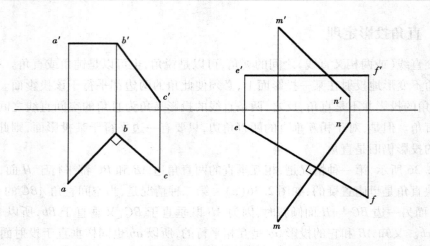

图 2.37 　交叉两直线其中一条边为水平线的直角投影

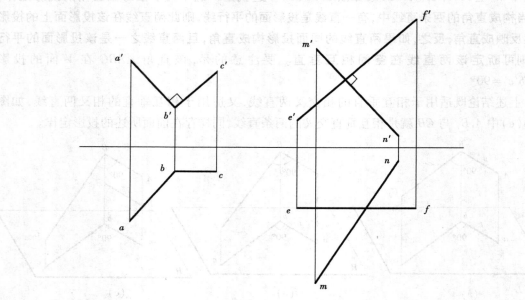

图 2.38 　一条边为正平线的直角投影

【例 2.11】 求图 2.39 中点 A 到铅垂线 CD 的距离。

【解】分析:点到直线的距离,是通过点向直线所引的垂线来确定的。由于所给的直线 CD 是铅垂线,所以它的垂线 AB 一定是一条水平线,它的水平投影反映实长。

作图:如图 2.39 所示。

【例 2.12】 求图 2.40 中点 A 到正平线 CD 的距离。

【解】分析:从图中可知,直线 CD 为正平线,通过 A 点向 CD 所引的垂线 AB 是一般位置直线,但根据直角的投影特性可知:$a'b' \perp c'd'$。

作图:①过 a' 作投影 $a'b' \perp c'd'$,得交点 b'。

②由 b' 向下作垂线,在 cd 上得到 b;连 a 和 b,得到投影 ab。

③用直角三角形法,作出垂线 AB 的实长 ab_0。

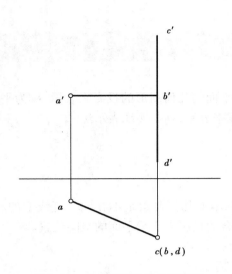

图 2.39 求点到铅垂线的距离图

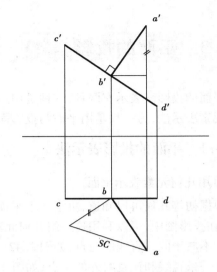

图 2.40 点到正平线的距离

【例 2.13】已知 MN 为正平线,如图 2.41(a)所示。作直角等腰三角形△ABC,且 BC 为直角边,属于 MN。

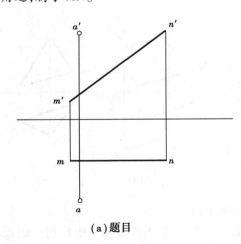

(a)题目

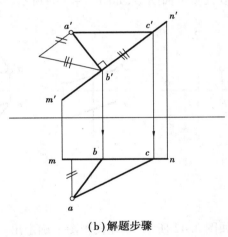

(b)解题步骤

图 2.41 综合题

【解】分析:△ABC 为直角三角形,BC 为直角边,则 $AB \perp BC$,$AB = BC$;因为 MN 为正平线,根据直角定理可求出 B 点的投影。根据直角三角形法求出 AB 实长,BC 属于 MN,在 $m'n'$ 上反映 BC 实长求得 C 点的投影。

作图:如图 2.41(b)所示。

①过 a' 点作 $m'n'$ 的垂线,交于 b' 点。由 b' 长对正得到 b。

②根据 AB 的两面投影用直角三角形法求 AB 实长。

③在 $m'n'$ 上量取 $b'c' = SC_{AB}$,求出 c',由 c' 长对正得到 c。最后,加深线型。

2.3　平面的投影

平面的投影法表示有两种:一种是用点、线和平面的几何图形的投影来表示,称为平面的几何元素表示法;另一种是用平面与投影面的交线来表示,称为迹线表示法。

▶2.3.1　平面的投影表示法

1)用几何元素表示平面

根据初等几何可以知道,决定一个平面的最基本的几何要素是不在同一直线上的三点。因此,在投影图中,可以利用这一组几何元素的组合的投影来表示平面的空间位置。

①不属于同一直线的三点,如图 2.42(a)所示;

②一条直线和该直线外的一点,如图 2.42(b)所示;

③相交二直线,如图 2.42(c)所示;

④平行二直线,如图 2.42(d)所示;

⑤任意平面图形,如图 2.42(e)所示。

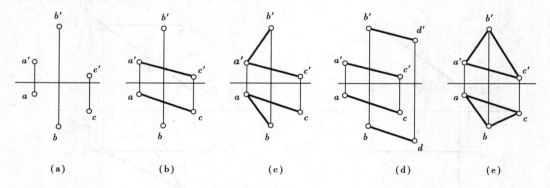

(a)	(b)	(c)	(d)	(e)

图 2.42　几何元素表示平面

如图 2.42 所示,欲在投影图上确定出一个平面,只需给出上述各组元素中任何一组投影就可以了。显然,上述各组元素是可以相互转换的。例如,将图 2.42(a)的 A、C 两点连接起来便可以换为图 2.42(b)的形式,连接图 2.42(b)的 A、B 两点便又将其转换为图 2.42(c)的形式了。但无论怎样转换,所转换的平面在转换前后都是同一平面,只是形式不同而已。

2)用平面的迹线表示平面

根据前面的讲述可知,一条直线与投影面的交点称为**迹点**。一平面与投影面相交,其交线称为**平面的迹线**。平面与 V 面相交的交线称为**正面迹线**(常用 P_V 表示),与 H 面相交的交线称为**水平迹线**(常用 P_H 表示),与 W 面相交的交线称为**侧面迹线**(常用 P_W 表示)。相邻投影面的迹线交投影轴于一点,此点称为迹线的集合点,分别用 P_X、P_Y、P_Z 表示(图 2.43)。迹线通常用粗实线表示;当迹线用作辅助平面求解画法几何问题时,迹线则用细实线(或者两端是粗线的细线)表示。

从图 2.43 中可以看出,在三面投影体系中,P_V 为 V 面上的直线,其正面投影与迹线本身重合,而其水平投影及侧面投影分别重合于 OX 轴与 OZ 轴 。习惯上,采用迹线本身做标记,而不必再用符号标出它的其他二面投影,水平迹线 P_H 与侧面迹线 P_W 与此相同。

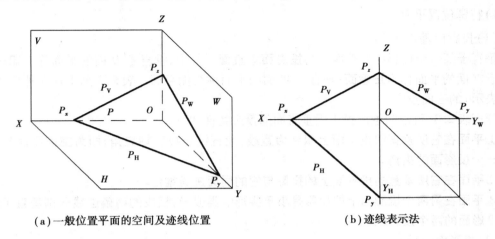

（a）一般位置平面的空间及迹线位置　　　　（b）迹线表示法

图 2.43　用迹线表示平面

用几何元素表示的平面可以转换为迹线表示的平面,其实质就是求作属于平面上的任意两直线的迹点问题。如图 2.44 所示,取平面上任意二直线（如 AB 与 BC）,作出直线的水平迹点点 D 与点 F,点 D 与点 F 必属于平面 $\triangle ABC$ 与 H 面的交线 P_H,故而连接点 D 与点 F 即得 P_H。同理,求出两直线 AB 与 BC 的正面迹点 E、G,可得 P_V。

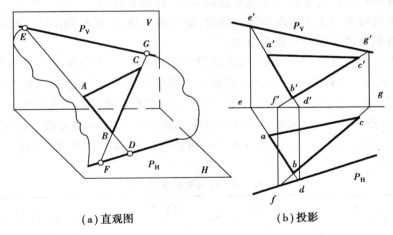

（a）直观图　　　　　　　　　（b）投影

图 2.44　非迹线平面转换为迹线平面

▶2.3.2　各种位置的平面的投影

根据空间平面与投影面的相对位置的不同,可分为特殊位置与一般位置两类共 7 种。

①特殊位置平面。对一个投影面平行或者垂直的平面为特殊位置平面,简称特殊面。

a. 空间平面与投影面之一垂直称为投影面垂直面,分别有正垂面、铅垂面、侧垂面。这类平面在某一投影面上的投影符合本教材第 1 章中所述的积聚性。

b. 空间平面与投影面之一平行称为投影面平行面,分别有正平面、水平面、侧平面。这类平面在某一投影面上的投影符合本教材第 1 章中所述的全等性。

②一般位置平面。空间平面既不垂直又不平行任一投影面,与投影面处于倾斜状态,称为一般位置平面。这种平面在各投影面的投影符合本教材第1章中所述的类似性。

1)特殊位置平面

(1)投影面垂直面

垂直于某一个投影面的平面称为**投影面垂直面**。其中,垂直于 H 面的平面称为**铅垂面**;垂直于 V 面的平面称为**正垂面**;垂直于 W 面的平面称为**侧平面**。表2.3列出这3种平面(用矩形表示)的三面投影。

分析表2.3,可以归纳出投影面垂直面的投影特性如下:

①平面在它所垂直的投影面上积聚为直线,此直线与投影轴夹角,即为空间平面与同轴的另一个投影面的夹角。

②平面在它所垂直的投影面上的投影与它的同面迹线重合。

③平面在另两个投影面上的投影是小于实形的类似形,相应的两条迹线分别垂直于所垂直的投影面的两个投影轴。

(2)投影面平行面

平行于某一个投影面的平面称为**投影面平行面**。其中,平行于 H 面的平面称为**水平面**;平行于 V 面的平面称为**正平面**;平行于 W 面的平面称为**侧平面**。表2.4列出了这3种平面(平面用矩形表示)的三面投影。

分析表2.4,可以归纳出投影面平行面的投影特性如下:

①**平面在其所平行的投影面上的投影反映实形(即显实性)。**

②**平面在另两投影面上的投影积聚为直线,即有积聚性,直线分别平行于相应的投影轴。**

③**投影具有积聚性平面的迹线表示法。**

由投影面平行面的投影特性可知,投影面平行面可视为一种投影面垂直面的特殊情况,那么,特殊位置平面均可称为投影面的垂直面。在投影图中表示投影面的垂直面,在今后是常会遇到的(如后面章节运用到的辅助平面法)。如果不考虑垂直面的几何形状,只考虑其在空间的位置,则在投影图中,仅用垂直面有积聚性的那个投影(是一条直线),即可以充分表示该平面。事实上,垂直面扩大后,它与所垂直的投影面的迹线和该直线(即该平面的积聚投影)重合。

表 2.3　投影面垂直面

名　称		直观图	投影图	投影特性
铅垂面	图形平面	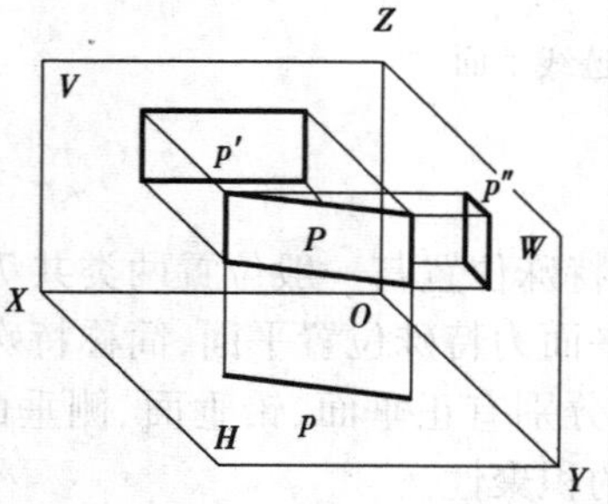	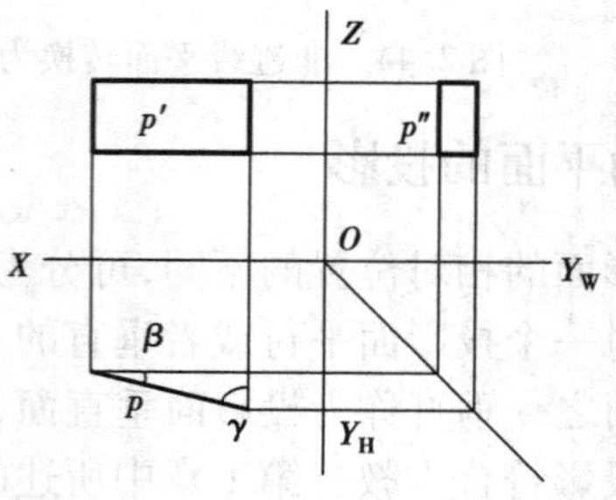	①水平投影 p 积聚为一直线,并反映对 V、W 面的倾角 β、γ; ②正面投影 p' 和侧面投影 p'' 为平面 P 的类似形

续表

名 称		直观图	投影图	投影特性
铅垂面	迹线平面	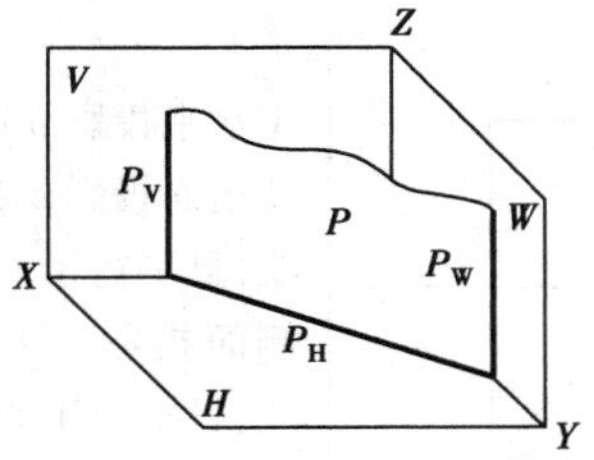	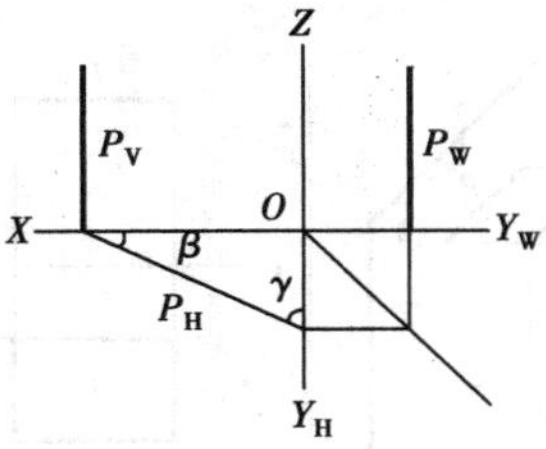	①P_H 有积聚性,与 OX 轴和 OY_H 轴的夹角分别反映角 β、γ; ② $P_y \perp OX$ 轴,$P_w \perp OY_W$ 轴
正垂面	图线平面	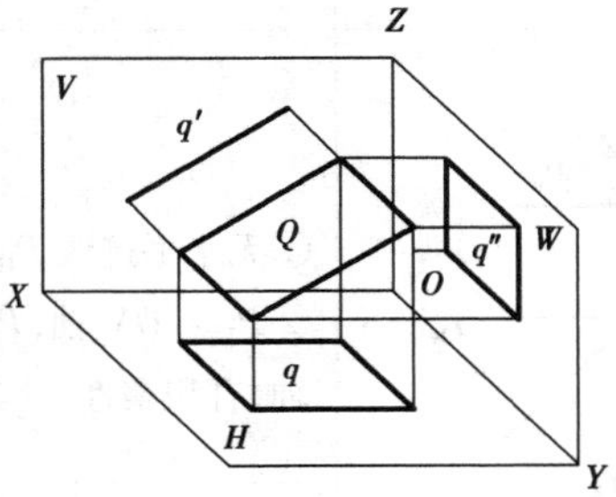	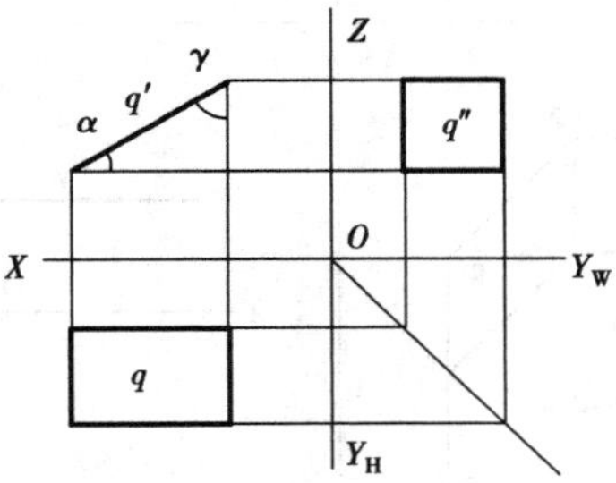	①正面投影 q' 积聚为一直线,并反映对 H、W 面的倾角 α、γ; ②水平投影 q 和侧面投影 q'' 为平面 Q 的类似形
	迹线平面	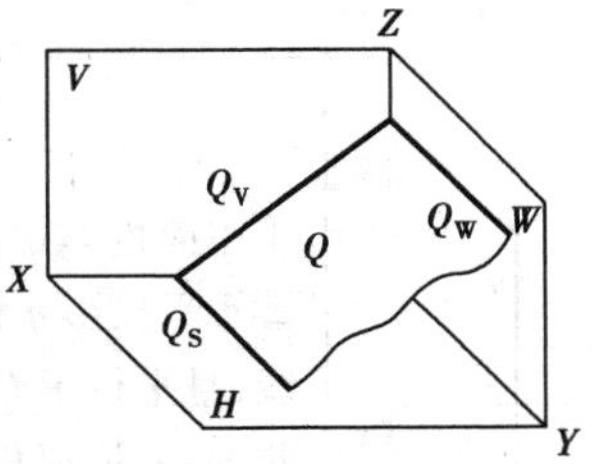	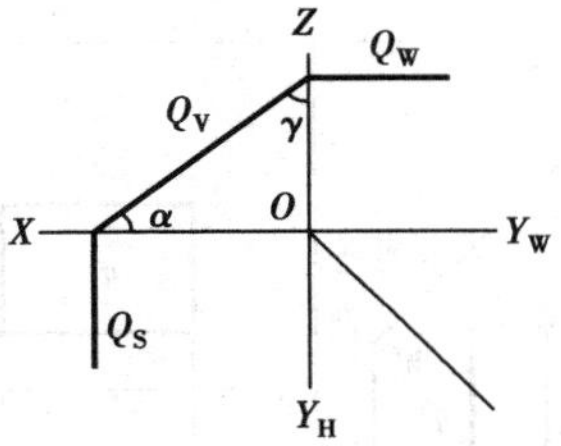	①Q_V 有积聚性,与 OX 轴和 OZ 轴的夹角分别反映角 α、γ; ②$Q_S \perp OX$ 轴,$Q_W \perp OZ$ 轴
侧垂面	图形平面	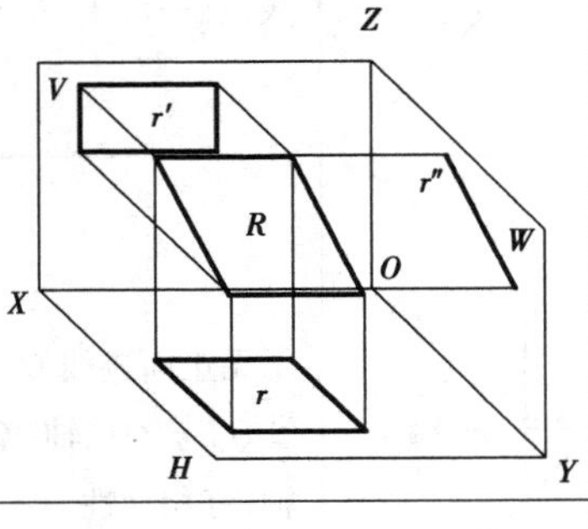	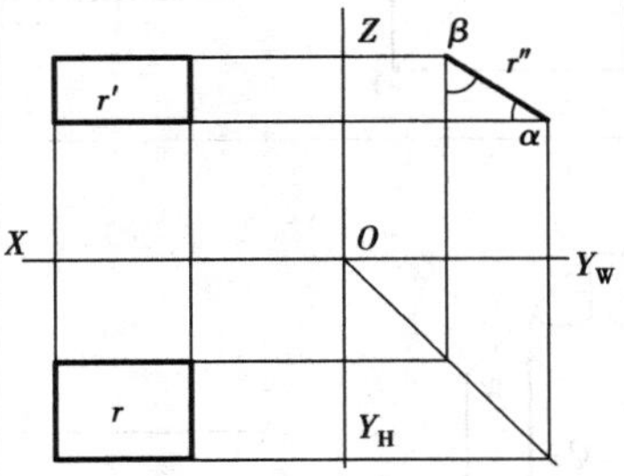	①侧面投影 r'' 积聚为一直线,并反映对 H、V 面的倾角 α、β; ②水平投影 r 和侧面投影 r' 为平面 R 的类似形
	迹线平面	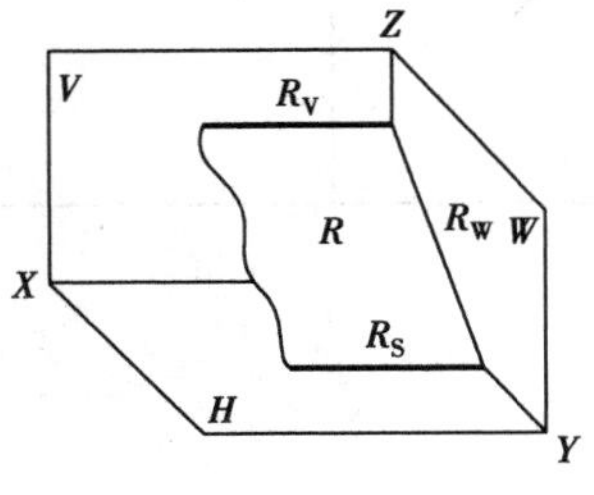	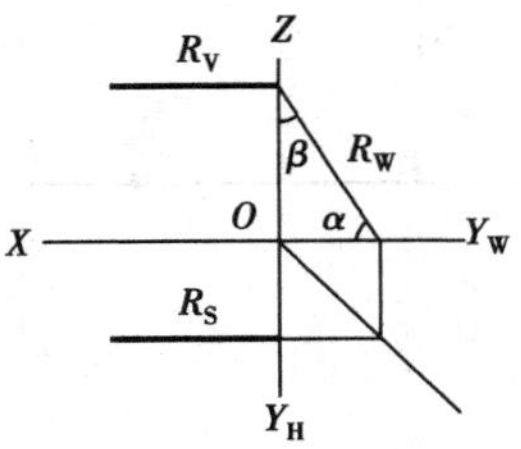	①R_W 有积聚性,与 OY_W 轴和 OZ 轴的夹角分别反映角 α、β; ②$R_W \perp OZ$ 轴,$P_H \perp OY_H$ 轴

表2.4　投影面平行面

名称		直观图	投影图	投影特性
水平面	图形平面	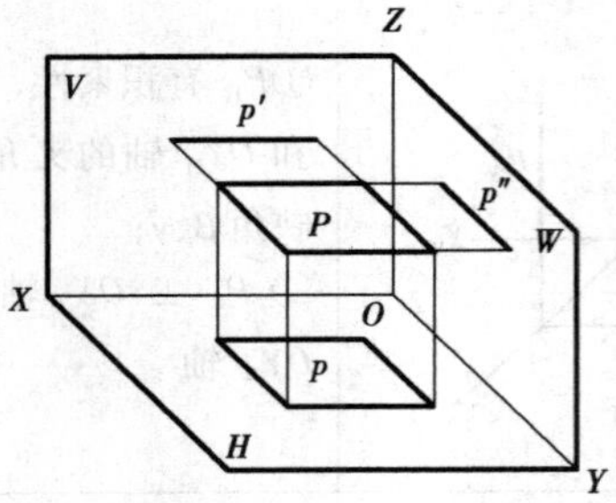	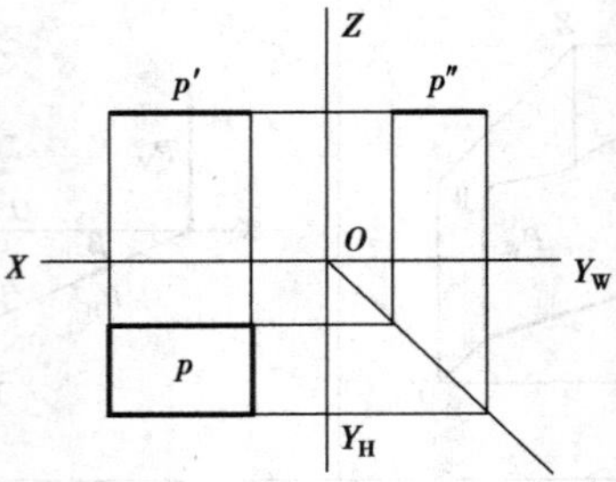	①水平投影 p 反映实形； ②正面投影 p' 积聚为一直线，且平行于 OX 轴； 侧面投影 p'' 积聚为一直线，且平行于 OY 轴；
	迹线平面	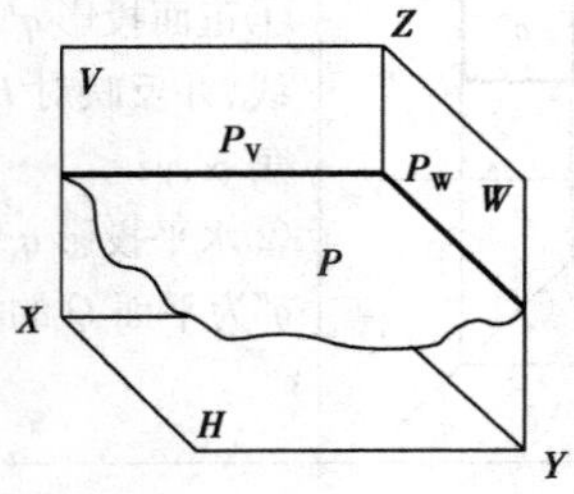	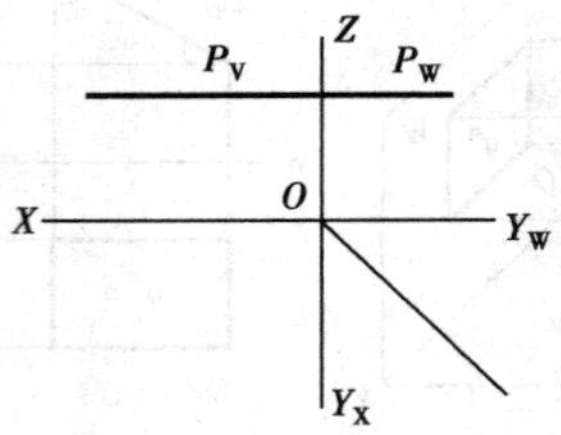	①无水平迹线 P_H； ②$P_V /\!/ OX$ 轴，$P_W /\!/ OY_W$ 轴，有积聚性
正平面	图形平面	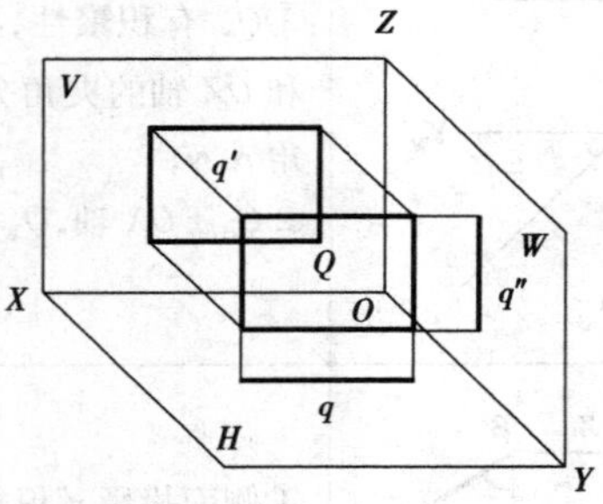	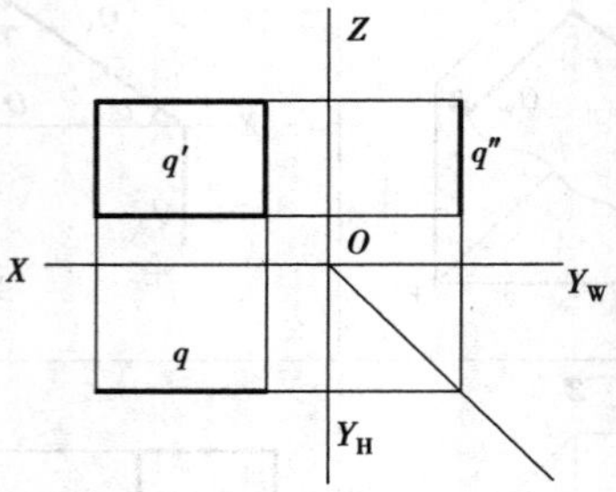	①正面投影 q' 反映实形； ②水平投影 q 积聚为一直线，且平行于 OX 轴； 侧面投影 q'' 积聚为一直线，且平行于 OZ 轴
	迹线平面	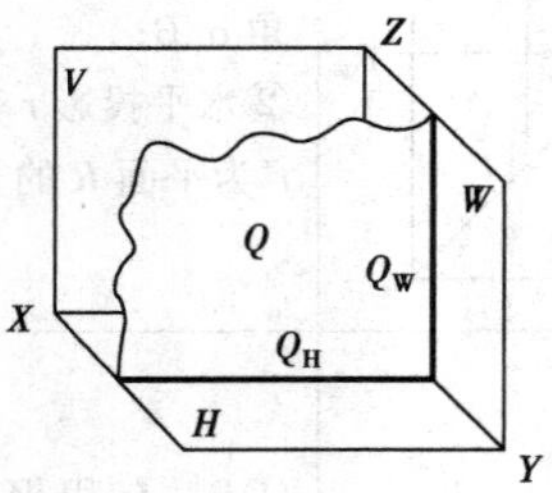	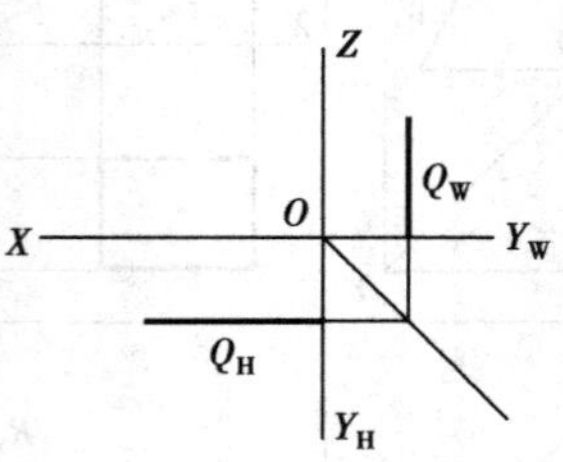	①无正面迹线 Q_V； ②$Q_H /\!/ OX$ 轴，$Q_W /\!/ OZ$ 轴，有积聚性

续表

名　称		直观图	投影图	投影特性
侧平面	图形平面			①侧面投影 r'' 反映实形； ②水平投影 r 积聚为一直线，且平行于 OY_H 轴； 正面投影 r' 积聚为一直线，且平行于 OZ 轴；
	迹线平面			①无侧面迹线 R_V； ②R_H ∥ OY_H 轴，R_V ∥ OZ 轴，有积聚性

　　如图 2.45(a)所示，用 P_V 标记的这条迹线(平行于 OX 轴)表明了一个水平面 P，脚标字母 V 表示平面垂直于 V 面；再如图 2.45(b)用 Q_H 标记的一条迹线(倾斜于 OX 轴)表示一个铅垂面，脚标字母 H 说明 Q 面垂直于 H 面。

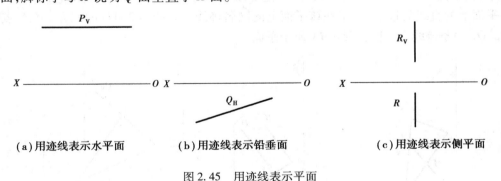

(a)用迹线表示水平面　　　(b)用迹线表示铅垂面　　　(c)用迹线表示侧平面

图 2.45　用迹线表示平面

2)一般位置平面

　　空间平面对三个投影面都倾斜的平面称为一般位置平面，如图 2.46(a)所示。图 2.46(b)为一般位置平面的投影图，三个投影均为小于实形的三角形，即 3 个投影具有类似性。平面图形的投影图是该平面图形各点同名投影的连线。

　　若用迹线表示一般位置平面，则平面各条迹线必与相应的投影轴倾斜。迹线虽在投影图的位置形象地反映此平面在空间与投影面的倾斜情况，但各迹线与投影轴的夹角并不反映平面与投影面的倾角，且相邻投影面的迹线相交于相应投影轴的同一点，如图 2.43(b)所示。

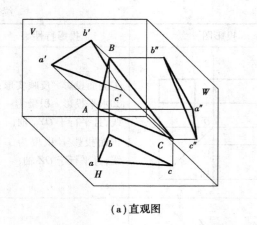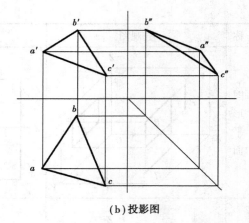

（a）直观图   （b）投影图

图 2.46   一般位置平面

►2.3.3   平面上的直线和点

1）属于一般位置平面的直线和点

（1）取属于平面的直线

由初等几何可知，一直线若过平面上的两点，则此直线属于该平面，而这样的点必是平面与直线的共有点，将这两个共有点的同名投影连线即为平面上的直线的投影，如图 2.47（a）中的 M、N 点，以及由这两点连成的直线 MN（此时直线 MN 属于平面）；或者一直线若过平面上的一点且平行于平面上的一条直线，此直线必在平面上。在投影中，这两条直线同名投影相互平行，如图 2.47（b）所示的直线 KD。直线 KD 过 K 点，且平行于 AB，此时直线 KD 属于平面。平面上的直线的迹点，一定在该平面上的同名迹线上。如图 2.47（c）所示，M、N 点分别在 Q_H、Q_V 两条迹线上，此时直线 MN 属于平面。

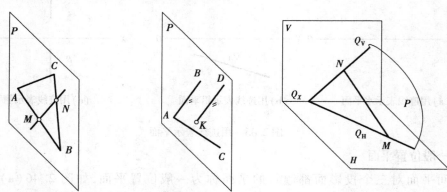

（a）直线过平面上的两点   （b）平行于平面上的一直线且过平面一点的直线   （c）平面上的直线迹点

图 2.47   平面取点、取线的几何条件

【例 2.14】已知相交两直线 AB 与 AC 的两面投影，在由该相交直线确定的平面上取属于该平面上的任意的一条直线（图 2.48）。

【解】取属于直线 AB 的任意点 D 和属于直线 BC 的任意点 E（用直线上取点的投影特性求取），并将两点 D、E 的同名投影连接即得。

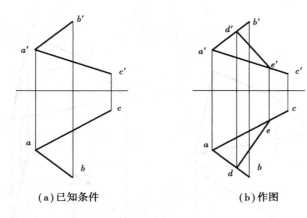

(a)已知条件　　　　　　　　　(b)作图

图 2.48　取平面上的直线

（2）取属于平面的点

若点在平面上的某一直线上,则点属于此平面。平面上点的正投影,必位于该平面上的直线的同名投影上,所以欲在平面内取点,应先在平面上取一直线,再在该直线上取点。如果点在平面上,则该点必在平面上的某一直线上。

【例2.15】如图2.49所示,已知△ABC 内一点 M 的正面投影 m′,求点 M 的水平投影 m。

【解】分析：若在△ABC 内作一辅助直线,则 M 点的两面投影必在此辅助直线的同名投影上。

作图：①在△a′b′c′上过 m′作辅助直线 1′2′。

②在△abc 上求出此辅助直线的水平投影 12。

③从 m′向下引投影连线与辅助直线的水平投影的交点,该点即为点 M 的水平投影 m。

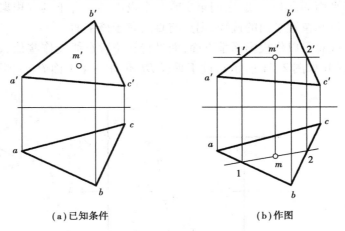

(a)已知条件　　　　　　　　　(b)作图

图 2.49　平面上取点

【例2.16】已知平面四边形 ABCD 的正面投影 a′b′c′d′和 AD 边水平投影 ad,BC 边平行正平面,如图 2.50(a)所示。完成平面的水平投影 abcd。

【解】分析：平面由不共线三点、两相交直线、两平行直线等来确定。从已知条件中可得,此平面中包含了一条正平线,可以过直线外一已知点再作一条与已知正平线平行的直线,平面即可确定;再用平面上取点的方法,将相邻点同名投影连接即可。

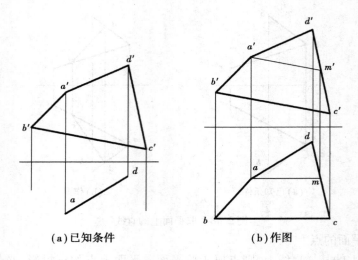

(a)已知条件　　　　　　　(b)作图

图 2.50　完成平面的投影

作图:①过点 a 作一正平线 am 的两面投影,$am /\!/ bc$,$a'm' /\!/ b'c'$。

②$a'm'$ 交 $d'c'$ 于 m',求出直线 dc 的水平投影 dc。

③过 c 作直线 bc 的水平投影 bc。

④连接 ab 即可。

由此例可以得出结论,绘制一个平面多边形的投影,必须使此多边形的各个顶点均属于同一平面。

2)属于特殊位置平面的点和直线

属于特殊位置平面的点和直线,它们至少有一个投影必重合于具有积聚性的迹线;反之,若直线或点重合于特殊位置平面的迹线,则点与直线属于该平面。

过一般位置直线总可以作投影面垂直面,而过特殊位置直线能作些什么样的特殊位置平面呢? 以正垂线为例(如图 2.51 所示),过正垂线 DE 可作一水平面 P、一侧平面 Q,以及无数多个正垂面 R。

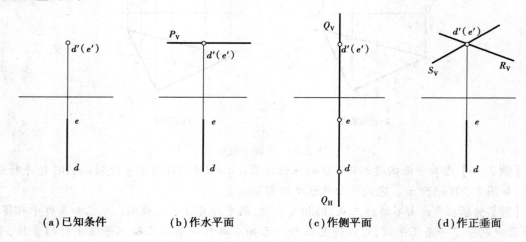

(a)已知条件　　(b)作水平面　　(c)作侧平面　　(d)作正垂面

图 2.51　过正垂线作平面

【例2.17】已知直线 AB 投影如图2.52(a)所示,包含直线 AB 作投影面的垂直面。

【解】分析:若直线 AB 属于某特殊位置平面,则该平面的迹线与直线的同名投影重合,由此可过直线 AB 作出铅垂面或正垂面。

作图:①用迹线表示法作图。过 ab 作一迹线 Q_H 即为铅垂面,如图2.52(b)所示;过 $a'b'$ 作一迹线 R_V,即为正垂面,如图2.52(c)所示。

②图2.52(d)、(e)是用几何元素表示法作出的正垂面及铅垂面。在今后空间问题思考中,包含直线作投影面垂直面(用迹线表示)是经常用到的。为了区别迹线和已知直线,在表示迹线平面时,可用细线两端画粗线的方法来表示迹线,如图2.52(b)和(c)所示。

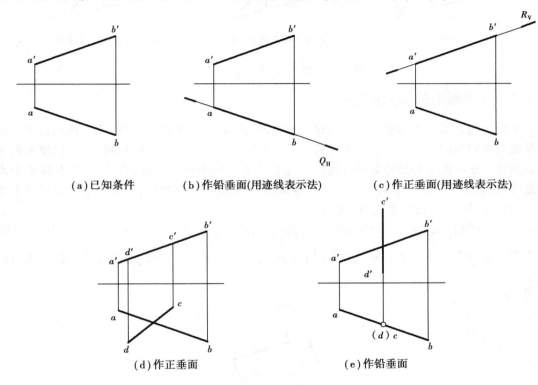

(a)已知条件　　　(b)作铅垂面(用迹线表示法)　　　(c)作正垂面(用迹线表示法)

(d)作正垂面　　　　　　　　(e)作铅垂面

图2.52　过一般位置直线作特殊位置平面

3)属于平面的投影面平行线

属于平面的投影面的平行线,不仅与所在平面有从属关系,而且还应符合投影面的平行线的投影特征。即在两面投影中,直线的其中一个投影必定平行于投影轴,同时在另一面的投影平行于该平面的同面迹线。

平面内的投影面的平行线可分为平面内的正平线、平面内的水平线及平面内的侧平线。

【例2.18】已知平面 $\triangle ABC$ 投影如图2.53(a)所示,过点 A 作平面内的水平线及正平线。

【解】水平线正面投影平行于 OX 轴,过点 a' 作 $a'e'$ 平行于 OX,与 $b'c'$ 交于点 e',在 bc 上作出 e,连接 ae 即为所求水平线,如图2.53(b)所示;正平线 AM 作法与水平线类同,绘制结果如图2.53(c)所示,此处叙述从略。

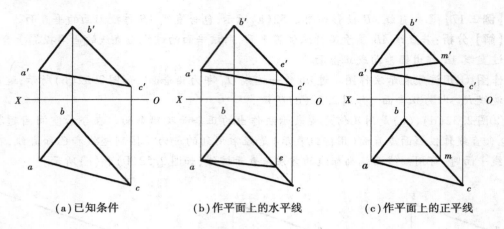

（a）已知条件	（b）作平面上的水平线	（c）作平面上的正平线

图 2.53　作平面上的投影面平行线

▶2.3.4　平面上的最大斜度线

平面上与该平面的投影面迹线垂直的直线即为**平面上的最大斜度线**，其几何意义在于测定平面对投影面的倾角。由于平面内的投影面平行线平行于相应的同面迹线，所以**最大斜度线必定垂直于平面上的投影面平行线**。垂直于平面上投影面水平线的直线，称为 H 面的**最大斜度线**；垂直于平面上投影面正平线的直线，称为 V 面的**最大斜度线**；垂直于平面上投影面侧平线的直线，称为 W 面的**最大斜度线**。

平面上的最大斜度线对投影面的倾角最大。在图 2.54 中，直线 AB 交水平面于点 B，BC 重合于平面的水平迹线 P_H，$AB \perp BC$，则 $\tan \alpha = \dfrac{Aa}{Ba} > \tan \alpha_1 = \dfrac{Aa}{ac}$，即 $\alpha > \alpha_1$，最大斜度线由此得名。

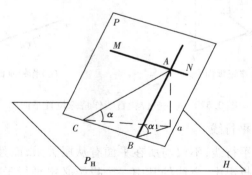

图 2.54　最大斜度线

平面对投影面的倾角等于平面上对该投影面的最大斜度线对该投影面的倾角。 如某平面的水平倾角 α 等于该平面上对 H 面的最大斜度线的水平倾角 α，若平面的最大斜度线已知，则该平面唯一确定。

欲求平面与投影面的夹角，要先求出最大斜度线，而最大斜度线又垂直于平面内的平行线（平面上的最大斜度线的正投影，**必垂直于该平面的同名迹线，或垂直于该平面上的投影面平行线的同名投影**）。得到了最大斜度线后，再用直角三角形法求最大斜度线与对应投影面的夹角即可。

【例 2.19】 如图 2.55 所示,求作平面 △ABC 与 H 面倾角 α 及 V 面的倾角 β。

【解】 ①作平面内的水平线 CD。

②BE⊥CD,据直角投影定理,作出最大斜度线 AE 的两面投影 be、b'e'。

③用直角三角形法,求出线段 BE 对 H 面的夹角 α。(β 角求法与 α 角类似)

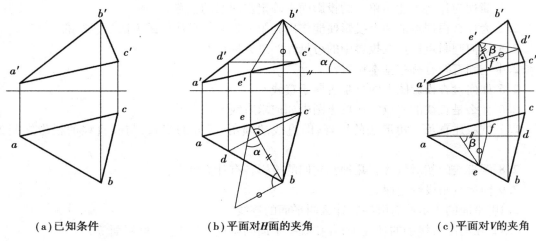

(a)已知条件　　　　　(b)平面对H面的夹角　　　　　(c)平面对V的夹角

图 2.55　平面对投影面的夹角

【例 2.20】 如图 2.56 所示,试过水平线 AB 作一个与 H 面成 30°的平面。

【解】分析: 与平面水平线 AB 垂直的直线为平面对 H 面的最大斜度线,平面对 H 面的最大斜度线与 H 面的夹角,即为欲求平面与投影面的夹角。

作图: ①据直角投影定理作 ab⊥ac。

②用直角三角形法求得点 A 与点 C 距 V 面的距离差 Δy。

③据距离差 Δy 补点 C 的正面投影 c',连接 a'c',即得所求平面。

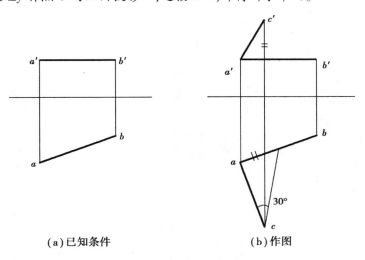

(a)已知条件　　　　　(b)作图

图 2.56　作与 H 面成 30°的平面

复习思考题

2.1 简述为什么不能用单一的投影面来确定空间点的位置。

2.2 为什么根据点的两个投影便能作出其第三投影？具体作图方法是怎样的？

2.3 如何判断重影点在投影中的可见性？怎么标记？

2.4 空间直线有哪些基本位置？

2.5 如何检查投影图上的点是否属于直线？

2.6 什么是直线的迹点？在投影图中如何求直线的迹点？

2.7 试叙述直角三角形法的原理，即直线的倾角、线段的实长、与其直线的投影之间的关系。

2.8 两直线的相对位置有几种？它们的投影各有什么特点？

2.9 简述直角投影定律。

2.10 平面的表示法有哪些？什么叫平面的迹线？

2.11 在周围所接触的环境中，存在哪些平面的特点（如门、窗、坡屋面等）？

2.12 如何进行平面上取点和取直线？

2.13 在一般位置平面内，能否画出垂直线？为什么？

2.14 什么是最大斜度线？怎么在平面上作最大斜度线？

2.15 为什么可以利用平面的最大斜度线求一般位置平面的倾角？需要通过哪几个步骤？利用对 H 面的最大斜度线能否求得该平面对 V 面的倾角？为什么？

3

直线与平面、平面与平面的相对位置

学习要点

在立体几何有关定理的基础上学习直线与平面、平面与平面之间的平行,直线与平面、平面与平面之间的相交的投影性质及投影作图方法。

3.1 直线与平面、平面与平面平行及其应用举例

▶3.1.1 直线与平面平行

空间几何元素的平行问题都可以理解为二者相交于无限远点。而直线与平面如果有从属关系,则可理解为二者有无穷多个交点。直线与平面的平行或者相交,也应在直线不属于平面的前提下讨论。

1)几何条件

若一直线与属于平面的另一直线平行,且直线不属于该平面,则直线与该平面平行。反之,若一直线与某平面平行,则过属于平面的任意一点都可作出与该直线平行的直线。

图 3.1 中,直线 AB 在平面 P 之外,同时与属于平面 P 的直线 CD 相平行,则直线

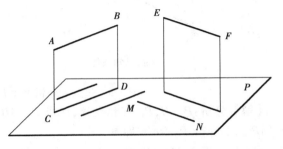

图 3.1 直线与平面平行

AB 平行于平面 P,在平面 P 中可以取出无数条平行于 AB 的直线。另一直线 EF 平行于平面

P,则过属于平面 P 的任意一点 M 可作出直线 MN 平行于直线 EF,同时 MN 属于平面 P。

2)投影作图

根据上述几何条件,可以解决两类常见的投影作图问题:一是作直线平行于某一平面或者作平面平行于已知直线;二是判断直线与平面是否平行。根据直线或平面与投影面的相对位置关系是否特殊,这两类投影作图问题又可分成一般情况和特殊情况。

(1)特殊情况——直线与特殊位置平面平行

平面与投影面具有特殊位置关系时,会出现至少一个积聚投影,此积聚投影成为解题入手点。若直线平行于特殊面,则平面的积聚投影一定与直线的同面投影平行,且两者间距等于直线与特殊位置平面的距离(图 3.2)。

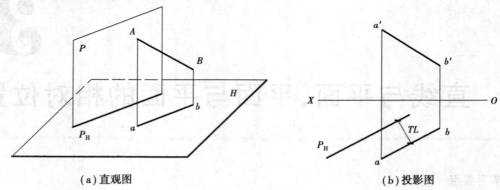

(a)直观图   (b)投影图

图 3.2 直线与垂直面平行

【例 3.1】过已知点 K 作铅垂面 P 和正垂面 Q(迹线表示)平行于已知直线 AB,如图 3.3(a)所示。

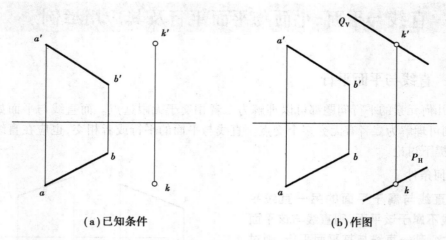

(a)已知条件   (b)作图

图 3.3 过点 K 作铅垂面 $P /\!/ AB$ 和正垂面 $Q /\!/ AB$

【解】分析:$P \perp H$,P_H 有积聚性,所求 $P /\!/ AB$ 只需 $P_H /\!/ ab$ 即可;$Q \perp V$,Q_V 有积聚性,所求 $Q /\!/ AB$ 只要保证 $Q_V /\!/ a'b'$ 即可。

作图:如图 3.3(b)所示。

①在 H 投影中过 k 作 $P_H /\!/ ab$,ab 和 P_H 间的距离为直线 AB 与铅垂面 P 间的距离。

②在 V 投影中过 k' 作 Q_V ∥ $a'b'$，$a'b'$ 和 Q_V 之间的距离为直线 AB 和正垂面 Q 之间的距离。

注意：这里的 P_H 与 Q_V 分别是两个不同平面的迹线，并不是同一条直线的两面投影。

【例 3.2】过已知点 K 作直线 KL 平行于已知平面 $\triangle ABC$，如图 3.4(a) 所示。

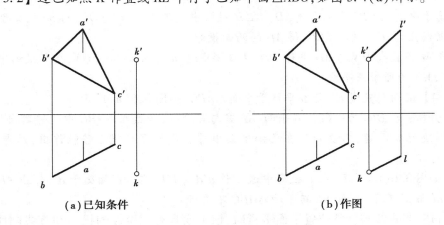

(a)已知条件　　　　　　　　(b)作图

图 3.4　过点 K 作直线 KL∥平面 $\triangle ABC$

【解】分析：KL∥平面 $\triangle ABC$，只需 KL 为平面中任意一条直线的平行线即可。平面中存在方向不同的无数条直线，故此题有无穷多解。已知平面的 H 面投影积聚为一条直线，故为铅垂面。因此，只需保证 PL 的水平投影与平面的积聚投影平行，另一个投影可任意作。

作图：如图 3.4(b) 所示，作 pl∥ab，$p'l'$∥$a'b'$，KL 为满足题目要求的答案之一。

（2）一般情况——直线与一般位置平面平行

一般位置平面的各面投影均不具有积聚性，判断直线是否与其平行，必须要对照各面投影，利用直线与平面平行的几何条件，寻找平面中是否存在与已知直线平行的直线。

【例 3.3】过已知点 M 作正平线 MN 平行于已知平面 $\triangle ABC$，如图 3.5(a) 所示。

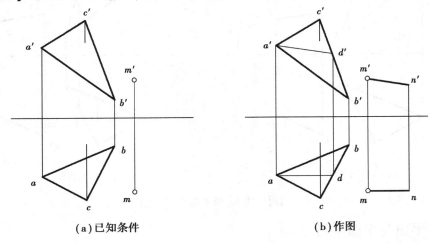

(a)已知条件　　　　　　　　(b)作图

图 3.5　过点 M 作正平线 MN∥平面 $\triangle ABC$

【解】分析：$\triangle ABC$ 为一般位置平面，要求所作 MN 既平行于 V 面，又平行于平面 $\triangle ABC$，则 MN 应平行于平面 $\triangle ABC$ 与 V 面的交线，即平面 $\triangle ABC$ 的 V 面迹线，也是属于平面 $\triangle ABC$

的正平线的方向。同时，从例 3.2 中已经分析得知，无论平面处于何种位置，过点 M 可作无数条直线平行于已知平面 $\triangle ABC$，但却只有一条是正平线。可见，首先需作属于平面 $\triangle ABC$ 的正平线。

作图：如图 3.5(b) 所示。

①作属于平面 $\triangle ABC$ 的正平线 AD。在 H 投影中过点 a 作 $ad // OX$，与 bc 相交于点 d，求得 d 点的 V 面投影 d'。连接 $a'd'$，得 AD 的两面投影。

②过点 M 作直线 MN 与 AD 平行。在 H 投影中过 m 作 $mn // ad // OX$，在 V 投影中过 m' 作 $m'n' // a'd'$，MN 为所求正平线。

【例 3.4】试判别直线 KL 是否平行于平面 $\triangle ABC$，如图 3.6(a) 所示。

【解】分析：$\triangle ABC$ 为一般位置平面，KL 若与其平行，必然在 $\triangle ABC$ 中能够取出与之平行的直线。解决此类问题，需要尝试在已知平面中作直线的平行线。若能作出，两者平行；反之，则不平行。

作图：如图 3.6(b) 所示，在 V 投影中过 a' 作 $a'd' // k'l'$，与 $b'c'$ 相交于 d'，作出 AD 的水平投影 ad。ad 与 kl 不平行，故 KL 与平面 $\triangle ABC$ 不平行。

综上所述，当直线与特殊位置平面平行时，该平面具有积聚性的投影和直线同面投影必然平行，其间距就是直线与特殊位置平面之间的实际距离，作图时不必作辅助线。讨论直线与一般位置平面的平行关系时，其投影没有明显的特征，投影作图都必须归结为两直线的平行问题，需要先作辅助线。因此，作图前必须先对平面的位置进行分析，判断其是否具有积聚投影，以便快速准确地完成题目。

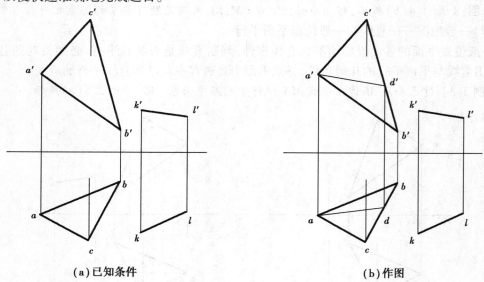

(a) 已知条件   (b) 作图

图 3.6　判别直线 KL 与平面 $\triangle ABC$ 是否平行

▶3.1.2　平面与平面平行

1) 几何条件

属于同一平面的两相交直线，若分别平行于属于另一平面的两相交直线，则两平面相互平行，如图 3.7 所示。

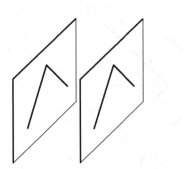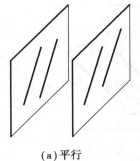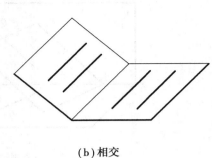

(a)平行   (b)相交

图3.7 平面与平面平行   图3.8 两平面中存在多条平行的直线

平面中同时存在着无数条直线,如果平面内相互平行的两条直线,同时与另一平面中相互平行的两直线平行,则不能判断这两个平面的关系。如图3.8(b)所示,两相交平面中都存在多条与平面的交线平行的直线。

2)投影作图

平面与平面平行中,常见问题有两类:一是作平面平行于已知平面;二是判别两平面是否平行。

根据平面本身与投影面的关系,可以获知平面是否具有特征投影。当投影图无特征时,需要作辅助线来解决两平面平行的问题;而投影图有特征时,则不必作出辅助线就能解决两平面平行的问题。

(1)特殊位置平面的相互平行

特殊位置平面的相互平行问题,平面的积聚投影是解题关键。若两平面的积聚投影在同一投影面上且相互平行,则此两平面必然相互平行,且平面的间距等于其积聚投影之间的距离(图3.9)。

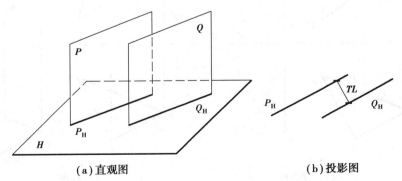

(a)直观图   (b)投影图

图3.9 两个投影面垂直面相互平行

平行平面用迹线表示时,则其同面迹线一定相互平行。

图3.10中,若$P /\!/ Q$,则$P_H /\!/ Q_H$,$P_V /\!/ Q_V$。因为P_H和Q_H是两平行平面P、Q与H面的交线。P_V和Q_V是两平行平面P、Q与V面的交线。但是这些同面迹线之间,P_H和Q_H或者P_V和Q_V的距离均不等于两平行平面P、Q之间的空间实际距离。

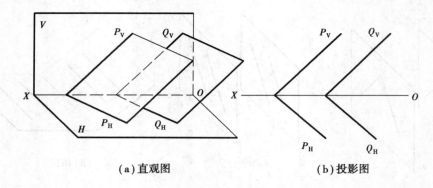

(a)直观图　　　　　　　　　　　(b)投影图

图 3.10　两个迹线表示的平面平行

（2）一般位置平面的相互平行

【例 3.5】过点 M 作一个平面平行于已知平面 ABC，如图 3.11(a)所示。

【解】分析：此题并未限定所求平面的表示方式，故可依据直线与直线、平面与平面平行的几何条件，直接作出用两相交直线表示的所求平面。只需任意选择两条属于平面 ABC 的相交直线，分别过点 M 作出其平行线，所作的两直线形成的平面 P 为所求。

作图：如图 3.11(b)所示。过点 M 作直线 $MN/\!/AB$、$ML/\!/AC$，则两相交直线 MN 与 ML 所确定的平面平行于已知平面 ABC。

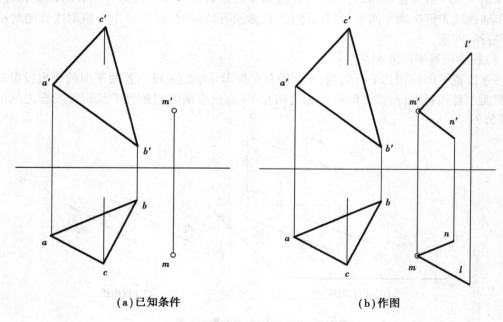

(a)已知条件　　　　　　　　　　(b)作图

图 3.11　过点 M 作一个平面平行于已知平面 ABC

【例 3.6】如图 3.12(a)所示，试判别平面 ABC 和平面 LMN 是否相互平行。

【解】分析：两平面是否平行，取决于能否作出既属于其中一平面（如平面 ABC），又能平行于属于另一平面 LMN 的两条相交直线。题目中平面 LMN 已经存在一条平行于 BC 的直线 MN，因此，关键是能否过点 L 作出另一条平行于平面 ABC 且与 MN 相交的直线。

作图：如图 3.12(b)所示。在水平投影中过点 l 作 $lk/\!/ac$，与 mn 相交于 k，求得 K 点的 V

面投影 k'，连接 $l'k'$，易知 $l'k'$ 并不平行于 $a'c'$，故平面 ABC 与平面 LMN 不平行。

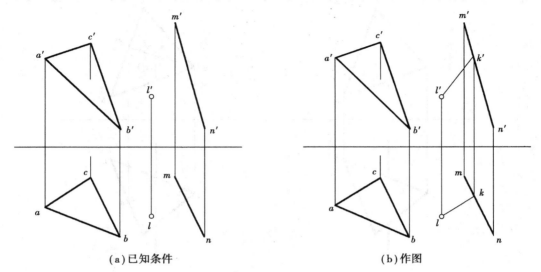

（a）已知条件　　　　　　　　　　　（b）作图

图 3.12　判别两平面是否相互平行

3.2　直线与平面、平面与平面相交

直线与平面、平面与平面若不平行，则必定相交。相交的问题实质是两元素的共有问题，关键是求得交点或者交线的具体位置。本节主要从直线与平面、平面与平面相交的特殊情况入手，讨论直线与平面的交点和两平面的交线在正投影图中的作图问题。

▶3.2.1　直线与平面相交的特殊情况

直线与平面的交点是两者的共有点，交点既属于平面的积聚投影，又属于直线的同面投影。考虑平面为不透明且具有一定边界的情况，对直线会产生部分遮挡，交点永远是可见点，同时也是直线投影可见与不可见部分的分界点。

当直线与平面相交处于特殊情况时，首先利用积聚性。利用面的积聚性在线上定点，或利用线的积聚性在面内取点。

1）投影面垂直线与一般位置平面相交

由于直线积聚为一点，直线上所有点的该面投影都在该点，当然交点的同面投影也是该点。交点是直线与平面的共有点，故交点也属于平面。于是，利用直线的积聚性，得到交点的该面投影，再用平面上取点的方法，作出此点的另一面投影。如图 3.13（a）所示，直线 MN 为正垂线，其 V 投影积聚成一点。所以，它与 $\triangle ABC$ 交点 K 的 V 投影 k' 必然与之重合。过 k' 作属于平面 $\triangle ABC$ 的任一辅助线，并求其 H 面投影与 mn 的交点即可得 k。

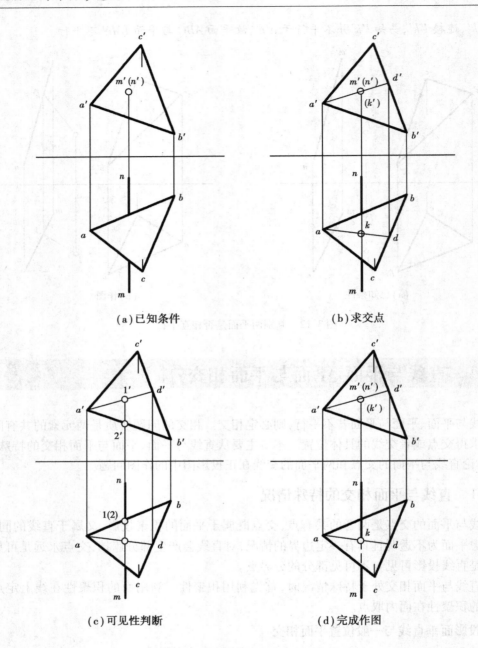

(a)已知条件   (b)求交点

(c)可见性判断   (d)完成作图

图3.13　正垂线与一般位置平面相交

【解】作图：①求交点。在 V 面投影中过直线的积聚投影作辅助线 $a'd'$，作出其 H 面投影 ad，与 mn 相交于点 k，如图 3.13(b)所示。

②判别可见性。常用的方法是利用重影点进行判别，如图 3.13(c)所示。因为直线 MN 在 V 面的投影积聚为点，故 V 投影图不必判别其可见性。在 H 面投影中取直线 MN 与平面边线 AB 的重影点，观察这两个点的 V 面投影。属于直线 MN 的点Ⅰ就在直线的积聚投影位置，其 Z 坐标大于属于 AB 的点Ⅱ。因此，在 H 面投影的相应位置是点Ⅰ挡住了点Ⅱ，即直线 MN 在上而平面边线 AB 在下，此处直线为可见。

在辨别可见性时所选择的重影点,必须选与已知直线交叉的平面内直线上的点,同时要注意在 V、H 投影图上要一致,应为同一直线,如点 II 即为 AB 上的点。那么到另一个投影上去判别遮挡状态时,必须保证仍然取的是直线 AB 上该点的投影,否则容易出现错误。

另一种较为简单、直观的判别方法是直接对比投影中的位置关系。需判别的是 H 投影,这是确定位置上下的问题,所以在 V 投影上去比较。$a'b'$ 在 k' 之下,$a'c'$ 在 k' 之上,故 H 投影中前段 mk 被遮住一部分,后段 kn 未被遮住,可见。

③完成作图。将直线水平投影所缺部分补全,kn 段为实线,km 段为虚线。投影完成后的图形如图 3.13(d) 所示。

2)一般位置直线与特殊位置平面相交

特殊位置平面至少有一个投影具有积聚性,所以交点的同面投影就是平面的积聚投影和直线同面投影的交点。根据交点属于直线作出其另一投影,如图 3.14 所示。为了更好地体现立体感,讨论相交问题时,将平面视为不透明,直线被遮挡部分需要用虚线来表示,此时还需利用交叉两直线重影点来判别可见性。由图 3.14 可知,交点总是可见的,且交点是可见与不可见的分界点。

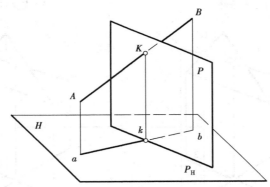

3.14　求一般位置直线与特殊位置平面交点的空间分析

【例 3.7】 如图 3.15(a) 所示,求直线 MN 与铅垂面 $\triangle ABC$ 的交点,并判别其可见性。

【解】分析:图中铅垂面 $\triangle ABC$ 的 H 投影积聚为直线段 abc,交点应属于 abc;交点是两者的共有点,交点的投影既属于 abc 又属于 mn,所以交点 K 的 H 投影 k 为 abc 和 mn 的交点。

作图:①求交点。自 abc 和 mn 的交点 k 引投影联系线与 $m'n'$ 相交得 k'[图 3.15(b)],点 K 即为所求。

②判别可见性。利用重影点判别可见性,如图 3.15(c) 所示。$\triangle ABC$ 的 H 投影积聚为直线段,故 H 投影图不必判别其可见性,而 V 投影图中 $m'n'$ 与 $\triangle a'b'c'$ 相重合的部分,需要判别其可见性。为判别两者重合处的直线 MN 和 $\triangle ABC$ 的前后,从 $m'n'$ 与属于铅垂面 $\triangle ABC$ 的任一边(如 $b'c'$)的 V 投影的交点(重影点的重合投影),向下作投影联系线到其 H 投影,先遇 bc,后遇 mn。这说明直线 MN 和 BC 在 V 投影上的重影点处,直线的 KN 段在前,属于铅垂面 $\triangle ABC$ 的 BC 在后,直线上的点 I 遮挡了平面上的点 II,该段直线为可见,为实线。交点是可见与不可见的分界点,所以过了 k' 后,$m'k'$ 与 $\triangle a'b'c'$ 重合部分为不可见,被平面 ABC 遮挡,应为虚线。完成后的图样如 3.15(d) 所示。

另一种判别方法是利用平面的积聚投影直接与直线进行位置对比。需要判别 V 投影的可见性,这是确定位置前后的问题。在 H 投影图上,以 k 为界,观察左右任一侧,如左侧。△ABC 的积聚投影在前,mn 在后,即 △ABC 在前,MN 在后。所以,在 V 投影图上,k' 左侧直线相应部分不可见,k' 右侧直线为可见。

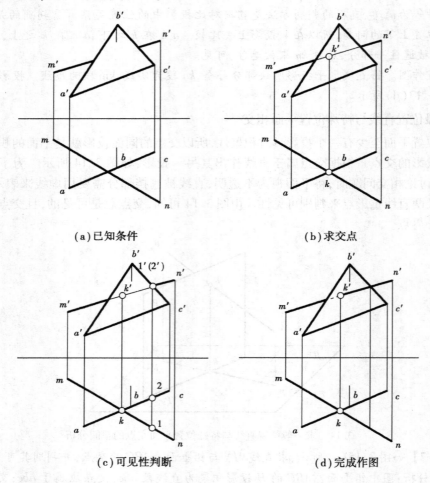

(a)已知条件　　　　　　　　　　　　　(b)求交点

(c)可见性判断　　　　　　　　　　　　(d)完成作图

图 3.15　求直线与铅垂面的交点

▶3.2.2　一般位置平面与特殊位置平面相交

两平面的相交问题重点在于求得交线并判定可见性。

两平面的交线是直线,是相交两平面的共有线,只要求得属于交线的任意两点,直接连接即得。对于闭合的平面多边形,仍然存在着各边线的虚实判断,根据两平面关系不同,可以分为全交和互交两种形式(图 3.16)。平面 Q 全部穿过平面 P,称为全交,交线的端点全部出现在平面 Q 的边线;P、Q 两平面相互咬合,交线端点分别出现在两平面各自的一条边线上,称为互交。

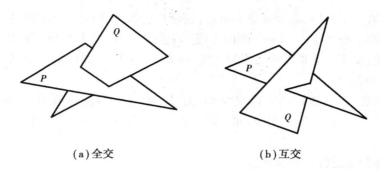

（a）全交　　　　　　　　　（b）互交

图 3.16　平面图形的全交和互交

当其中一个平面处于特殊位置时，其交线可以利用积聚性简便地作出。图 3.17（a）所示为一般位置平面和铅垂面相交。显然，按照 3.2.1 中相应方法分别作出属于△ABC 的 AB、AC 与铅垂面Ⅰ Ⅱ Ⅲ Ⅳ的交点 K、L，然后连接 K、L 即为交线。

作法具体如下：

（1）求交线

①求 AB 与平面Ⅰ Ⅱ Ⅲ Ⅳ的交点 K。在 H 投影上过 ab 与 12（3）（4）的交点 k 向上作投影联系线交 a'b'于 k'；

②按照同样的方法作出 AC 与平面Ⅰ Ⅱ Ⅲ Ⅳ的交点 L。

③连接 k'l'，KL（kl、k'l'）为所求交线。

（2）判别可见性

交线 KL 的两面投影永远为可见，直接画为实线，需要判别的是平面边线的相互遮挡问题。铅垂面Ⅰ Ⅱ Ⅲ Ⅳ中，其 H 面投影积聚为一条直线，故 H 面投影中不存在边线的相互遮挡，不需要判别可见性，为实线。判别 V 面投影中的虚线部分，有两种方法：

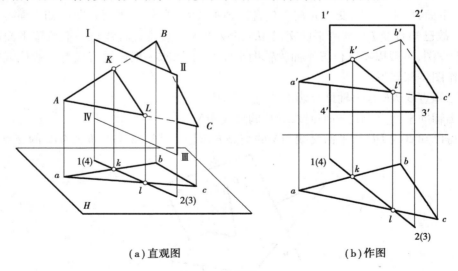

（a）直观图　　　　　　　　　（b）作图

图 3.17　一般位置平面与投影面垂直面相交

①重影点判断法。利用交叉两直线的重影点来进行判断。图 3.17（b）中，在 1'4'，2'3'与 a'b'，a'c'的 4 个投影交点中任选一个，如 1'4'和 a'b'的投影交点向下作投影联系线至 H 投影，

先遇 14，故 1'4'在 k'a'之后，重合部分不可见，投影重合部分为虚线，k'a'可见，为实线。平面是连续的，因此在 V 投影中 k'l'b'c'一侧两个图形重叠的部分，属于△ABC 的图形都为不可见，其图线均为虚线，属于 Ⅰ Ⅱ Ⅲ Ⅳ 的图线为实线。k'l'a'一侧两个图形重叠的部分，图线的虚实与 k'l'b'c'一侧相反。

②简单观察法：在 H 投影图上以交线 KL 为界，分△abc 为左右两部分，左侧 kla 在 1234 之前，其 V 投影 k'l'a'可见，应为实线，而 1'2'在后，重合部分该画虚线。右侧可见性与左侧相反，不再赘述。

③用虚实相间法进行全图验证。

两平面相交的问题作图过程相对复杂，涉及虚实性判别的图线比较多，作图完成后要用"虚实相间法"再次进行全图的关系验证。无论平面关系是全交还是互交，必然会出现两类关键点：两个交线端点、若干两平面边线投影相交位置点。在无积聚投影的情况下，它们均为可见部分与不可见部分的分界点，即"虚实分界点"。每过这样的点，平面边线的虚实性就会发生一次变化，呈现一个"虚→实→虚→实"的循环状态。正确的交线作图和可见性判断，会使平面投影出现完整的虚实循环。假若发现应该变为虚线时，所作图线仍是实线，则作图必然出现了错误，应逐项检查，找到问题并更正。

这里要特别注意 b'点所在位置。b'点本身被另一个平面的投影完全遮挡，并不是虚实分界点，其两侧的图线都是虚线。因此，虚实分界点并不包括平面图形的顶点。

▶3.2.3　一般位置直线和一般位置平面相交

一般位置直线与一般位置平面的投影均无积聚性，所以不能直接确定确定交点的投影，需要先作辅助平面。

如图 3.18 所示，交点 K 属于平面△ABC，即属于平面内的一条直线 MN，MN 与已知直线 DE 确定一平面 P。换言之，交点 K 属于包含已知直线 DE 的辅助平面 P 与已知平面△ABC 的交线 MN。故已知直线 DE 与两平面交线 MN 的交点为一般位置直线与一般位置平面的交点 K。为便于作图，一般以特殊位置平面为辅助平面。因此，求一般位置直线与一般位置平面交点的空间作图步骤如下：

①含已知直线 DE 作一辅助投影面垂直平面 P。

②作出辅助平面 P 与已知平面△ABC 的交线 MN。

③求得已知直线 DE 与平面交线 MN 的交点 K，即为直线 DE 与平面△ABC 的交点。

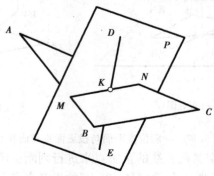

图 3.18　一般位置直线与一般位置平面相交

【例3.8】如图3.19(a)所示,求直线 DE 与△ABC 的交点 K,并判别其可见性。

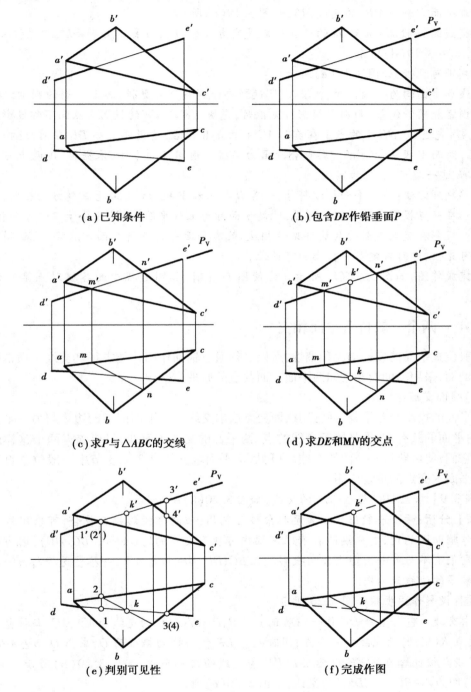

(a)已知条件　　　　　　　　　　(b)包含DE作铅垂面P

(c)求P与△ABC的交线　　　　　　(d)求DE和MN的交点

(e)判别可见性　　　　　　　　　(f)完成作图

图 3.19　求直线 DE 与△ABC 的交点

【解】分析:由已知条件可知,投影无积聚性,按上述空间作图步骤进行投影作图。

作图:如图 3.19 所示。

①过直线 DE 作辅助正垂面 P,如图 3.19(b)所示。此处无须特别作线,将直线的 V 面投

影 $d'e'$ 视为辅助正垂面的 V 面迹线即可。

②求平面 P 和 $\triangle ABC$ 的交线 MN，如图 3.19（c）所示。

③交线的 H 投影 mn 和 de 的交点 k，就是交点 K 的 H 面投影。由 k 求 k'，即得所求交点 K（k'，k），如图 3.19（d）所示。

④判别可见性，如图 3.19（e）所示。

直线和平面均为一般位置，故其 V、H 投影要分别判别可见性，各面投影的判别方法同前面所述内容相同。例如，判别 V 投影可见性时，先从 $d'e'$ 与 $a'c'$ 的投影交点向下作投影联系线至 H 投影，先遇 ac，DE 上的点 I 在前而 AC 上的点 II 在后，这说明直线 DE 在前，遮挡了平面边线 AC，因而 V 投影上 $d'e'$ 投影重叠段画为实线。用同样的方法，依据 III、IV 两点可判别 H 投影上 ek 这一端可见，应为实线。

简单判别方法：观察平面标注符号，如其 H 投影和 V 投影标注符号回转方向相同，则直线的两投影在交点投影的同一端为可见，此类平面称为上行平面；如标注符号回转方向相反，则直线的两投影在交点投影的两端可见性相反，此类平面称为下行平面。这样，只要判别一个投影的可见性，即可确定另一投影的可见性。

⑤完成作图，如图 3.19（f）所示。为使图面清晰，作图过程中的各辅助点名称均不必标出。

▶3.2.4 两个一般位置平面相交

一般位置平面的投影均无积聚性，所以必须通过辅助作图才能求得其交线。通常引用合适的辅助面，采用辅助面和已知两平面三面共点的原理作交线。

（1）线面交点法

两平面的投影相互重叠，通常用线面交点法求交线。一平面图形的边线与另一平面的交点，是两平面的共有点，也是属于交线的点，两平面的交线为直线，只要求得两个这样的交点并连接它们，便可获得两平面的交线。可见，两平面求交线是 3.2.3 节中一般位置直线与一般位置平面求交点的重复应用。

【例 3.9】 求 $\triangle ABC$ 与 $\triangle DEF$ 的交线，如图 3.20（a）所示。

【解】分析：两个一般位置平面无积聚性可利用，但两者投影相互重合，可采用线面交点法。选作辅助面的边，首先剔除在有限图幅内可能无交点的边（如 AC、BC、DE），因为在 V、H 投影中它们有不与另一图形重合的投影。在 BC、DE、DF 中选两个，并尽量选择与另一图形重叠范围较多的边线来作图。

作图：投影作图步骤如图 3.20 所示。

①求交线。包含直线 DF 作一辅助正垂面 P，P 与 $\triangle ABC$ 的交线为 MN，MN 与被包含直线 DF 的交点 K（k'，k）为交线的一个点；同时包含 EF 作一辅助铅垂面 Q，求出 Q 与 $\triangle ABC$ 的交线，此交线与被包含直线 EF 的交点 L（$l'l$）为交线的又一个点，如图 3.20（b）所示。连接 KL（$k'l'$，kl）即为 $\triangle ABC$ 与 $\triangle DEF$ 的交线，如图 3.20（c）所示。

②判别可见性。判别 V 投影的可见性时，可从 $a'c'$、$a'b'$ 和 $d'f'$、$e'f'$ 相交的 4 个投影交点中任一点（如 $a'b'$ 和 $d'f'$ 的交点）开始，向下引投影联系线，先遇 df，后遇 ab，表示 DF 上的点 II 被 AB 上的点 I 遮挡，$a'b'$ 在前，为实线，$d'k'$ 不可见，为虚线。平面是连续的，故以交线 kl 为界，在 $k'l'f'$ 一侧两平面投影重叠部分属于图形 $\triangle DEF$ 的图线可见，应为实线。而在 $k'l'e'd'$ 一

侧,可见性则与 $k'l'f'$ 侧相反。若不采用平面是连续的说法,也可以利用"虚实相间性"来作图,$d'k'$ 不可见,为虚线。交点是可见与不可见的分界点,所以 $k'f'$ 可见,为实线,$a'c'$ 相应段不可见,为虚线,顺次循环,回到可见性判别的起点并吻合。

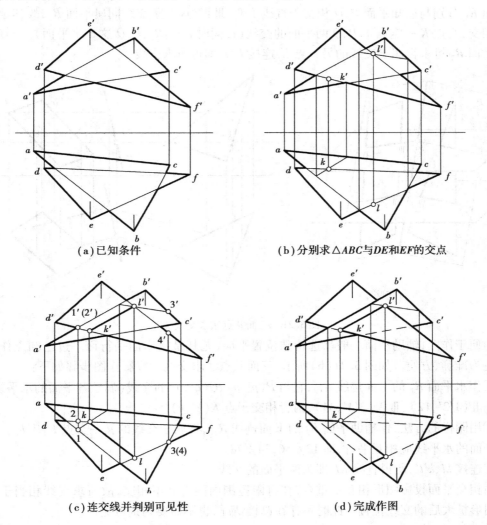

(a) 已知条件

(b) 分别求△ABC与DE和EF的交点

(c) 连交线并判别可见性

(d) 完成作图

图 3.20　线面交点法求两个一般位置平面的交线

判别 H 投影的可见性时,可从 ab、bc、de、df 相交的 4 个投影交点中任意一点(如 bc、ef 投影交点)开始,向上作投影联系线,先遇 $e'f'$,后遇 $b'c'$,即 EF 上的点Ⅳ被 BC 上的点Ⅲ遮挡,EF 在下为不可见,$l3$ 投影重叠部分应为虚线,其余类推。投影的可见性如图 3.20(c)所示。

两平面相交的可见性判别,还可以利用 3.2.3 节中的方法加以简化。从图 3.20(b)可知,DF、EF 分别与下行平面△ABC(标注符号回转方向相反)相交于 K、L,故直线 DF、EF 的 V、H 投影在交点 K、L 的两侧可见部分相反,所以只需判别一个投影的可见性,即可推断另一投影的可见性。

③完成作图,如图 3.20(d)所示。

（2）线线交点法

线线交点法又称辅助平面法。当相交两平面投影图形相互不重叠时，其交线不会在两图形的有限范围内，此时可用三面共点原理，通过作辅助平面求其交线。如图 3.21(a) 所示，辅助平面 R_1 分别与已知平面 P、Q 相交于直线 I II、III IV，这两条交线同属平面 R_1，故其延长线必然相交，交点 K 一定属于 P、Q 两平面的交线（K 同时属于 R_1、P、Q 这 3 个平面）。同理，再利用平面 R_2 可求得属于交线的另一点 L，连接 K、L 即得所求交线。

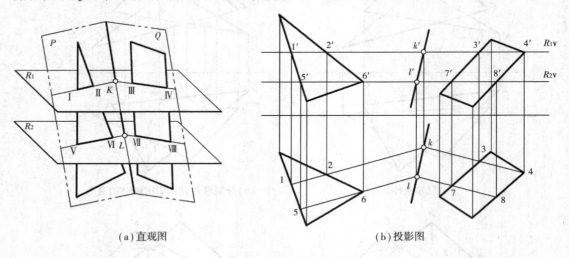

(a) 直观图　　　　　　　　　　　　　　(b) 投影图

图 3.21　三面共点法求交线

为便于作图，辅助平面一般都选特殊位置平面，尤其是投影面平行面。过已知点作辅助平面更为准确、方便。如图 3.21(b) 所示，三面共点法求交线的投影作图步骤如下：

①作水平面 R_1 的 V 面迹线 R_{1V}，它与 $P(p', p)$、$Q(q', q)$ 的交线（属于各平面的水平线）分别是 I II $(1'2', 12)$、III IV $(3'4', 34)$，两者相交于点 $K(k', k)$。

②用同样的方法，作辅助平面 R_2 的 V 面迹线 R_{2V}，得属于交线的又一交点 $L(l', l)$。注意同一平面的水平线应相互平行，即 $12 /\!/ 56$，$34 /\!/ 78$。

③连接 kl、$k'l'$，所得直线 KL 即为两平面的交线。

两相交平面投影图形相互不重合，在有限范围内两者并不相交，故所求交线相当于将两平面图形扩大后的交线位置。此时不存在遮挡情况，也不需要判别可见性。

3.3　直线和平面垂直、平面与平面垂直

直线和平面、平面与平面垂直是直线和平面、平面与平面相交的特殊情况。

▶3.3.1　直线和平面垂直

1）几何条件及其投影特点

直线垂直平面的几何条件是：若直线垂直于属于平面的任意两条相交直线，则该直线必与平面垂直。

为使作图简便,应该选择属于平面的投影面平行线,可以直接在投影图中反映垂直关系,运用直角投影定理解题。根据初等几何原理,若直线垂直于平面,则该直线必垂直于属于平面的所有直线,当然也包括属于平面的水平线和正平线,如图 3.22(a)所示。所以,若直线垂直于平面,则该直线必垂直于属于平面的水平线、正平线以及平面的迹线。

由此可以推断出直线垂直平面的投影特点是:

①若一直线垂直于某平面,则该直线的 H 投影一定垂直于属于该平面的水平线的 H 投影,包括平面的水平迹线;

②直线的 V 投影一定垂直于属于该平面的正平线的 V 投影,包括平面的正面迹线;

③当一直线的 H 投影垂直于属于平面的水平线的 H 投影或平面的水平迹线,直线的 V 投影垂直于属于平面的正平线的 V 投影或平面的正面迹线,则该直线必垂直于平面,如图 3.22(b)所示。

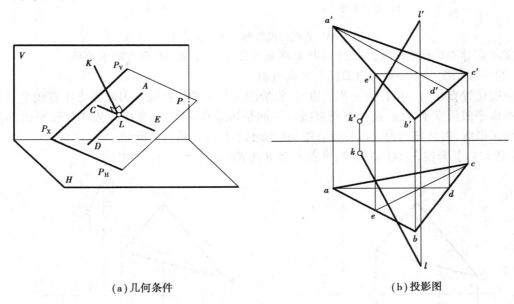

(a)几何条件   (b)投影图

图 3.22 直线垂直平面

2)投影作图

(1)特殊情况——直线垂直于特殊位置平面

直线垂直于特殊位置平面,则直线一定是特殊位置直线,该平面具有积聚性的投影与其垂线的同面投影必然垂直。例如,垂直于铅垂面的直线一定是水平线,垂直于正垂面的直线一定是正平线,垂直于侧垂面的直线必是侧平线。简而言之,某投影面垂直面的垂线一定是该投影面的平行线。

【例 3.10】如图 3.23(a)所示,过点 K 作直线 KL 垂直于平面 P。

【解】分析:已知平面 P 为铅垂面,其 H 投影具有积聚性,则直线 KL 的 H 投影垂直于该积聚投影。又因为 $H \perp P$,$KL \perp P$,所以 $KL /\!/ H$(垂直于同一平面的直线与平面相互平行),即垂直于铅垂面的直线一定是水平线。

作图:如图 3.23(b)所示。

①过 k 作 $kl \perp p$(或 P_H),交 p 于 l。

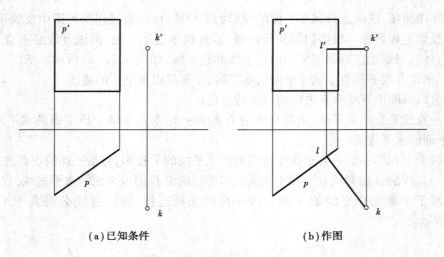

(a)已知条件　　　　　　　　　(b)作图

图 3.23　直线与投影面垂直面相垂直

②过 k' 作 OX 的平行线,与过 l 的投影联系线交于 l',直线 KL 即为所求垂线。

（2）一般情况———一般位置直线与平面垂直

一般位置直线与一般位置平面垂直时,投影图没有明显的特征。因此无论作直线垂直于平面或作平面垂直于直线,还是判断直线与平面是否垂直的问题,都必须先作属于平面的水平线和正平线,然后归结为一般位置直线与投影面平行线相垂直的问题。

【例 3.11】如图 3.24(a)所示,过点 K 作直线 KL 垂直于平面 $\triangle ABC$。

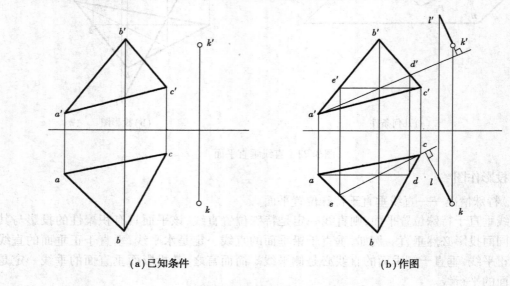

(a)已知条件　　　　　　　　　(b)作图

图 3.24　过点 K 作直线垂直于平面 $\triangle ABC$

【解】分析:由图 3.24 可知,平面 $\triangle ABC$ 为一般位置平面,故其垂线也是一般位置直线。根据直线垂直于平面的投影特点,应首先作出属于平面的水平线和正平线,然后作垂线。

作图:如图 3.24(b)所示。

①过属于平面的已知点 C、A 分别作属于平面的水平线 CE 和正平线 AD。

②过 k 作 kl 垂直于属于平面水平线的 H 投影 ce,过 k' 作 $k'l'$ 垂直于属于平面正平线的 V

投影 $a'd'$，直线 KL 为所求的平面垂线。

【例 3.12】 如图 3.25(a)所示，判断已知直线 MN 与平面 $\triangle ABC$ 是否垂直。

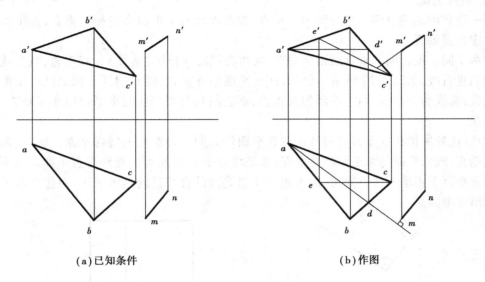

(a)已知条件　　　　　　　　(b)作图

图 3.25　判断已知直线 MN 是否垂直于平面 $\triangle ABC$

【解】分析: 已知直线和平面均属一般位置，只有先作属于平面的水平线和正平线，再检验已知直线是否同时垂直于所作水平线和正平线。若已知直线的 H 投影垂直于所作水平线的 H 投影，且已知直线的 V 投影垂直于所作正平线的 V 投影，则两者垂直;否则，不垂直。

作图: 如图 3.25(b)所示。

①过点 A 作属于 $\triangle ABC$ 的水平线 AD，过点 C 作属于 $\triangle ABC$ 的正平线 CE。

②检查已知直线 MN 是否垂直于水平线 AD 和正平线 CE。作图表明，虽然 $mn \perp ad$，但 $m'n'$ 与 $c'e'$ 不垂直，故直线 MN 与平面 $\triangle ABC$ 不垂直。

▶3.3.2　平面与平面垂直

1)几何原理

若一直线垂直于某一定平面，则包含此直线的所有平面都垂直于该定平面，如图 3.26(a)所示。同理，若两平面相互垂直，则自属于甲平面的任意一点向乙平面所作垂线一定属于甲平面，如图 3.26(b)所示。反之，若过属于甲平面的任意一点向乙平面所作垂线不属于甲平面，则甲、乙两平面不垂直，如图 3.26(c)所示。

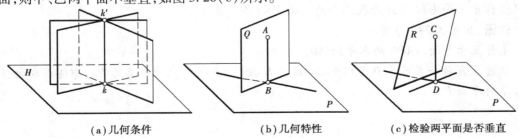

(a)几何条件　　　　　(b)几何特性　　　　(c)检验两平面是否垂直

图 3.26　两平面相互垂直的几何原理

2）投影作图

（1）特殊情况

同一投影面的垂直面与平行面相互垂直，如铅垂面与水平面必定相互垂直，正垂面与正平面必定相互垂直。

若两个同一投影面的垂直面相互垂直，则两者积聚性投影（迹线）相互垂直，且交线为该投影面的垂直线，如图 3.27 所示。例如，两正垂面相互垂直，则它们具有积聚性的正面投影相互垂直，交线为正垂线；两铅垂面相互垂直，则它们具有积聚性的水平投影相互垂直，交线为铅垂线。

注意：此处所指相互垂直的两特殊位置平面均为同一投影面的特殊平面。例如，两铅垂面相互垂直，或铅垂面与水平面相互垂直，都是相对于 H 投影面的特殊位置平面。绝不可能有铅垂面垂直于正垂面这类情况，因为垂直于铅垂面的直线只能是水平线，而包含水平线不可能作出正垂面。

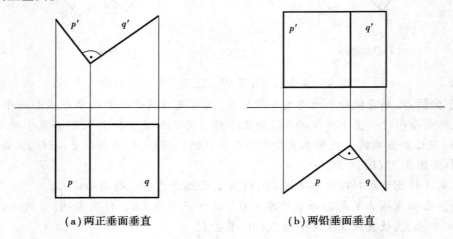

（a）两正垂面垂直　　　　　　　（b）两铅垂面垂直

图 3.27　两同一投影面的垂直面相互垂直

（2）一般情况

直线与平面均无特殊位置时，不能直接从投影图中寻找积聚投影，只能利用辅助的水平线和正平线来作图。

【例 3.13】 过点 K 作铅垂面 P 垂直于平面 △ABC，如图 3.28（a）所示。

【解】分析： 根据题目几何条件，首先需过点作平面的垂线，作法同图 3.24，然后包含垂线作铅垂面即可。同时，所求 P 为铅垂面，题目没有限定平面表示法，也可以用最简法表示 P_H，故只需作出平面垂线的 H 面投影即为平面 P 的水平迹线。

作图： 如图 3.28（b）所示。

①作属于平面 △ABC 的水平线 AD。

②过点 K 作一直线垂直于水平线 AD 的 H 投影 ad，将此直线命名为 P_H，即得用积聚性迹线表示的平面 P。

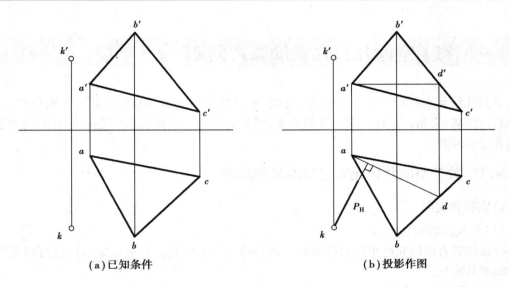

(a)已知条件 （b)投影作图

图 3.28 过点作铅垂面垂直于已知平面

【例 3.14】如图 3.29(a)所示,判断已知平面△ABC 和平面△DEF 是否垂直。

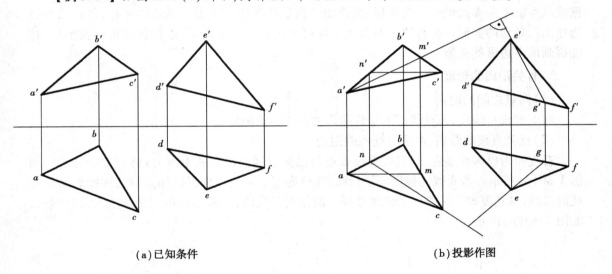

(a)已知条件 （b)投影作图

图 3.29 判断两个一般位置平面是否垂直

【解】分析:判断已知平面△ABC 和平面△DEF 是否垂直,实质上是检查平面△ABC 是否包含平面△DEF 的一条垂线,或者是检查平面△DEF 是否包含平面△ABC 的一条垂线。若能作出一条满足该要求的垂线,则两平面垂直;否则,不垂直。

作图:如图 3.29(b)所示。

①作属于平面△ABC 的水平线 CN 和正平线 AM。

②过△DEF 的顶点 E 的 V 投影 e′作 e′g′⊥a′m′,并根据 EG 属于△DEF 求出 eg。

③易知 eg 不垂直于 cn,故平面△ABC 和平面△DEF 相互不垂直。

3.4　关于空间几何元素的综合问题

空间几何元素的综合问题涉及点、直线、平面之间的从属、距离,直线与平面的平行、相交、垂直、距离、夹角,以及线、面本身的实长、实形等问题。这些综合问题一般可归纳为量度问题和定位问题。

▶3.4.1　关于空间几何元素之间的量度问题

1)实长和实形

(1)直线段的实长

特殊位置直线段在所平行的投影面上的投影反映其实长。一般位置直线段可用直角三角形法求其实长。

(2)平面图形的实形

投影面平行面在所平行的投影面上的投影反映平面图形实形。其他位置平面图形可依据最基本的平面多边形——三角形,用直角三角形法求出三角形三条边的实长,再按已知三边作出三角形的实形。所有的平面多边形均可分为若干个三角形,求得各三角形实形后,就能拼画成多边形的实形。

2)有关距离的量度

(1)两点之间的距离

两点连成直线段,该直线段的实长即为两点之间的距离。

(2)点到直线的距离、两平行线间的距离

若直线为投影面垂直线,其积聚投影点与已知点同面投影的距离为点到直线的距离,如图 3.30(a)所示。若直线为投影面平行线,在投影图上可直接作出已知点到已知投影面平行线的垂线,其长度即为所求。若该垂线是一般位置直线段,则需用直角三角形法求出其实长,如图 3.30(b)所示。

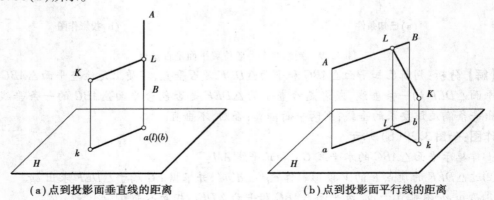

(a)点到投影面垂直线的距离　　　　　(b)点到投影面平行线的距离

图 3.30　点到特殊位置直线的距离

点到一般位置直线的距离[图 3.31(a)],其空间作图步骤为:

①过点 K 作平面 P 垂直于已知直线 MN。

②求出平面 P 与 MN 的交点,即垂足 L。

③连接已知点 K 和垂足 L,求 KL 的实长。该实长为点到直线的距离。

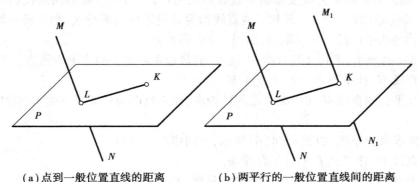

（a）点到一般位置直线的距离　　（b）两平行的一般位置直线间的距离

图 3.31　点到直线的距离、两平行线间的距离

两平行线间的距离,可视为属于直线 $M_1 N_1$ 的任一点 K 到直线 MN 的距离,其空间作图步骤类似点到一般位置直线的距离作图步骤,如图 3.31(b)所示。

（3）点到平面、相互平行的直线和平面之间的距离、两平行平面间的距离

若平面为特殊位置平面,点到平面的距离就是从该点在平面积聚投影所在的投影面上的投影到平面积聚投影的垂线长,如图 3.32 所示。

点到一般位置平面的距离[图 3.33(a)],其空间作图步骤为:

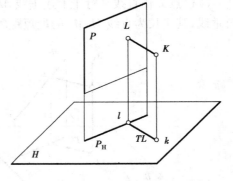

图 3.32　点到特殊位置平面的距离

①过已知点 K 向平面 P 作垂线。

②求出所作垂线与平面 P 的交点,即垂足 L。

③求 KL 的实长,即点到一般位置平面的距离。

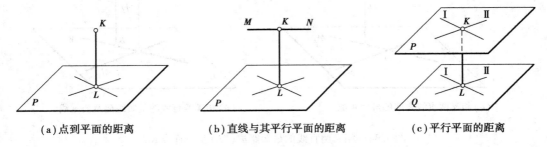

（a）点到平面的距离　　（b）直线与其平行平面的距离　　（c）平行平面的距离

图 3.33　点到平面、直线与其平行平面、平行平面的距离

如图 3.33(b)、(c)所示,相互平行的直线和平面的距离,可视为直线 MN 上任一点 K 到平面 P 的距离。平行平面 P、Q 间的距离,可视为平面 P 上任一点 K 到平面 Q 的距离。它们均可利用求点到平面的距离的方法作图。

3)相叉两直线的最短距离

相叉两直线的最短距离即相叉两直线的公垂线的长度。若相叉两直线有一条直线为投影面垂直线,则其最短距离为从投影面垂直线积聚的点,到另一直线的同面投影的垂线段的长度,如图3.34(a)所示。当然,若相叉两直线均为某投影面的平行线,则其最短距离为两者平行于投影轴的两平行投影间的距离,如图3.34(b)所示。

如图3.34(c)所示,求相叉两直线 M 和 M_1 间最短距离的空间作图步骤为:

①包含直线 M_1 作平面 P 平行于直线 M;

②求相互平行的直线 M 和平面 P 之间的距离,此距离即为相叉两直线 M 和 M_1 之间的最短距离。

如果还要求出公垂线,如图3.34(d)所示,空间作图步骤为:

①包含直线 M_1 作平面 P 平行于直线 M。

②自属于直线 M 的任一点 A 作平面 P 的垂线,并求出垂足 B。

③过垂足 B 作直线 M_2 平行于已知直线 M,且与已知直线 M_1 交于点 L。

④过点 L 作直线平行于上述垂线 AB,与已知直线 M 交于点 K。KL 即为直线 M 和 M_1 的公垂线,其实长为直线 M、M_1 的最短距离。

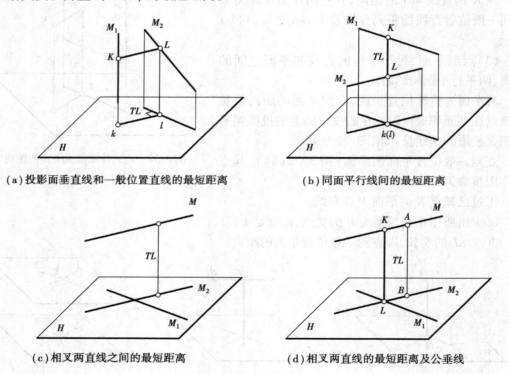

(a)投影面垂直线和一般位置直线的最短距离

(b)同面平行线间的最短距离

(c)相叉两直线之间的最短距离

(d)相叉两直线的最短距离及公垂线

图3.34　相叉两直线的最短距离(TL)及公垂线 KL

4）有关角度的量度

（1）相交二直线的夹角

如图 3.35 所示，以相交直线 AB、AC 为两边，可连成△ABC，求出△ABC 的实形即得相交直线 AB、AC 的夹角 α。

（2）直线与平面的夹角

如图 3.36 所示，求直线 AB 与平面 P 的夹角的空间作图步骤为：

①过直线上任一点 B 向平面 P 作垂线。

②求出相交直线 BC、BD 的夹角 δ（取第三边为投影面平行线较简便，如图 3.36 中第三边 CD ∥ P_H ∥ H）。

③δ 的余角（$90°-\delta$）即为直线与平面的夹角 θ。

（3）两平面的夹角

如图 3.37 所示，求两平面 P、Q 夹角的空间作图步骤为：

①过空间任一点 K 分别向 P、Q 两平面作垂线 KA、KB。相交二直线 KA、KB 所构的平面是 P、Q 二平面的公垂面。

②求出相交二直线 KA、KB 的夹角 ω（取第三边为投影面平行线，参考图 2.36）。

③ω 的补角（$180°-\omega$）即为 P、Q 两平面的夹角 φ。

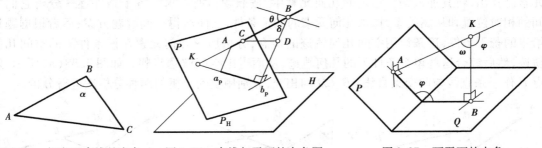

图 3.35　相交两直线的夹角　　　图 3.36　直线与平面的夹角图　　　图 3.37　两平面的夹角

►3.4.2　有关空间几何元素间的定位问题

关于空间几何元素间的定位问题，可归纳为直线上、平面上取点，求直线与平面的交点及两平面的交线的问题。这些问题的基本作图方法已在前面讨论过，不再赘述。

►3.4.3　解决综合问题的一般步骤

综合性的空间几何问题比较复杂，需要同时满足几个要求，求解它们的一般步骤为：分析、作图、检查、讨论。

（1）分析

作图前的分析内容大致有：弄清题意，明确已知条件有哪些，需要求解什么。把需要求解的问题放到空间里去解决，想象出已知条件在空间的状态（即所谓的空间分析），拟订空间作图步骤或曰解题方案。注意尽量应用在画法几何中已有的相应结论，例如与铅垂面垂直的直线一定是水平线等，见表 3.1 和表 3.2。

表 3.1　两特殊位置平面相交

	正垂面	铅垂面	侧垂面	正平面	水平面	侧平面
正垂面	正垂线	一般线	一般线	正平线	正垂线	正垂线
铅垂面	一般线	铅垂线	一般线	铅垂线	水平线	铅垂线
侧垂面	一般线	一般线	侧垂线	侧垂线	侧垂线	侧平线
正平面	正平线	铅垂线	侧垂线	不交∥	侧垂线	铅垂线
水平面	正垂线	水平线	侧垂线	侧垂线	不交∥	正垂线
侧平面	正垂线	铅垂线	侧平线	铅垂线	正垂线	不交∥

表 3.2　特殊位置平面与直线垂直

	正垂面	铅垂面	侧垂面	正平面	水平面	侧平面
直线	正平线	水平线	侧平线	正垂线	铅垂线	侧垂线

　　空间分析有相对位置关系分析法和轨迹分析法两种方法。前者假设题目所要求的几何元素已作出,将其加入题目给定的几何元素中,按照题目所要求的各个条件逐一分析它们之间的相对位置和从属关系,探求几何元素的确定条件,从而获得空间解题方案;后者根据题目给定的若干条件,逐条运用空间几何轨迹的概念,分析所求几何元素在该条件下的空间几何轨迹,然后综合这些单个条件下的几何轨迹,从而得出空间解题步骤。如图 3.38(a)所示,过点 E 作一条直线与两交叉直线 AB、CD 均相交,分别用空间分析的两种分析法进行分析。

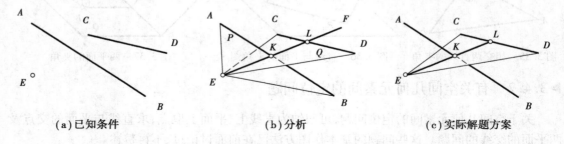

(a)已知条件　　　　　　(b)分析　　　　　　(c)实际解题方案

图 3.38　过已知点 E 作一直线与两交叉直线 AB、CD 均相交

　　①相对位置关系分析法:假定所求直线 EF 已作出,直线 EF 与已知直线 AB 相交于点 K,则 EF 必然属于点 E 和直线 AB 所确定的平面 P。同理,EF 必然属于点 E 和直线 CD 所确定的平面 Q,故所求直线 EF 为平面 P、Q 的交线[图 3.38(b)]。

　　②轨迹分析法:过点 E 与直线 AB 相交的直线的轨迹是由定点 E 和直线 AB 所确定的平面 P。同理,过点 E 与直线 CD 相交的直线的轨迹是由定点 E 和直线 CD 所确定的平面 Q。能同时满足这两条几何轨迹要求的,只有平面 P、Q 的交线[图 3.38(b)]。

　　由于已有共有点 E,所以只需再求一点即可。实际解题方案为:连接 EC、ED 得△ECD,然后求 AB 与△ECD 的交点 K,再连接并延长 EK 交 CD 于点 L。EL 即为所求直线[图 3.38(c)]。

（2）作图

在已有空间解题方案的基础上，分清投影作图步骤。有时，空间作图的一步需要几个基本投影作图才能完成，所以一定要明确投影作图步骤后，方可开始作图。

（3）检查、讨论

检查几何条件是否成立，有无过失性错误等方面内容。例如，判别可见性以后，可用三角板、铅笔等模拟空间相交情况来验证正确与否。讨论一般是考虑在现有题设条件下可能有几解，局部变动个别条件会引起作图的哪些变化等。总之，通过解答题目，为巩固投影理论知识，增强空间想象能力，尽可能地展开一些认知思维活动，可达到事半功倍的效果。

▶3.4.4 综合举例

【例3.15】如图3.39(a)所示，过点K作一平面既与直线MN平行，又与平面ABC垂直。

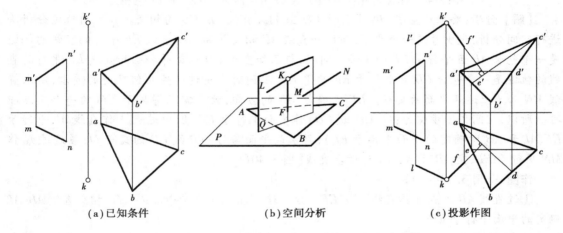

(a)已知条件   (b)空间分析   (c)投影作图

图3.39 过点K作一平面既与直线MN平行又与平面ABC垂直

【解】分析：要求所作平面平行于直线MN，只需要保证该面包含一条平行于MN的直线；同时，平面垂直于另一平面，只需要保证其中包含另一平面的垂线。本题对平面的表达方式没有特殊限定，因此只需要过已知点K分别作满足上述条件的两条直线，以相交直线的形式表达的平面即为所求［图3.39(b)］。

作图：如图3.39(c)所示。

①过点K作直线$KL//MN$。投影作图步骤为：分别过k',k作$k'l'//m'n'$,$kl//mn$。

②过点K作直线$KF⊥△ABC$。投影作图步骤为：分别在平面ABC上取出水平线AD与正平线CE，分别过k',k作$k'f'⊥c'e'$,$kf⊥ad$。

KL与KF所表达的平面即为所求。

检查、讨论：检查从略。此题只需要作出垂直于$△ABC$的直线的方向，并不需要求出准确的垂足位置，因此F点可以是垂线上任意一点。

【例3.16】如图3.40(a)所示，作一直线MN与相叉直线AB和CD相交，并平行于直线EF。

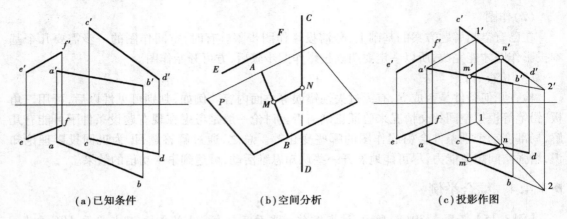

(a)已知条件　　　　　　　　　(b)空间分析　　　　　　　　　(c)投影作图

图3.40　作直线 MN 平行于直线 EF 并与两交叉直线 AB、CD 均相交

【解】分析:要求作直线 MN 平行于 EF,且相叉直线 AB、CD 均相交。如果用轨迹分析法进行空间分析,先少考虑一个要求,与已知直线 AB 相交并和已知直线 EF 平行的直线的轨迹是一个包含 AB 且平行于 EF 的平面。同理,与已知直线 CD 相交并和已知直线 EF 平行的直线的轨迹是一个包含 CD 且平行于 EF 的平面。要同时满足这两条几何轨迹的要求,所求直线 MN 必为上述两平面的交线。EF 已确定 MN 的方向,故只需求得属于交线的一个交点即可。所以,空间作图步骤为:过 AB(或 CD)作平面平行于 EF(图中过点 A 作直线 AL 平行于 EF,AL 和 AB 所确定的平面平行于 EF);再求此平面与另一直线 CD 的交点 M;最后过 N 作 MN 平行于 EF,交 AB 于 N,MN 为所求直线[图3.40(b)]。

作图:如图3.40(c)所示。

①过直线 AB 上点 A 作直线 $AL /\!/ EF$。分别过 a'、a 作 $a'l' /\!/ e'f'$,$al /\!/ ef$。相交直线 AB、AL 确定的平面平行于 EF。

②求 CD 与上述平面的交点 M。含 CD 作正垂面 R 为辅助面,R_V 与 $c'd'$ 重合,在 V 投影上直接确定辅助面 R 与上述平面交线的 V 投影 $1'2'$,由 $1'2'$ 求出 12。12 与 cd 的交点 m 即为点 M 的 H 投影,由 m 求出 m'。

③过点 M 作直线 $MN /\!/ EF$。过 m 作 $mn /\!/ ef$,且交 ab 于 n,再过 m' 作 $m'n' /\!/ e'f'$,且交 $a'b'$ 于 n'。作图时要注意 nn' 必须垂直于投影轴 OX,$MN(mn,m'n')$ 即为所求直线。

检查、讨论:检查从略。按空间分析,本题还有另一种作图方法,即过相叉直线 AB、CD 分别作平面平行于直线 EF,求出两平面的交线即得所求直线。此题和图3.38中过点 E 作一直线与两交叉直线 AB、CD 均相交一题属同一类型,思路相同。只是限定所求直线不同,一个是通过同一点,而另一个是平行于同一直线。

【例3.17】如图3.41(a)所示,求作以 AB 为底,顶点 C 属于直线 MN 的等腰三角形 ABC。

【解】分析:用相对位置关系分析法进行分析。如图3.41(b)所示,如果等腰 $\triangle ABC$ 已作出,其顶点 C 既属于 AB 的中垂面,又属于直线 MN,所以顶点 C 必为 AB 的中垂面与 MN 的交点。

作图:如图3.41(c)所示。

①作 AB 的中垂面 P。过中点 D 分别作与 AB 垂直的正平线 DⅠ和水平线 DⅡ,所确定的平面 P 为 AB 的中垂面。

②求 MN 与所作中垂面 P 的交点。为此,含 MN 作辅助正垂面 Q,求辅助面 Q 与中垂面 P

的交线 Ⅰ Ⅱ(1′2′,12)。12 与 mn 的交点 c 即为等腰△ABC 的顶点 C 的 H 投影,由 c 作出 c'。

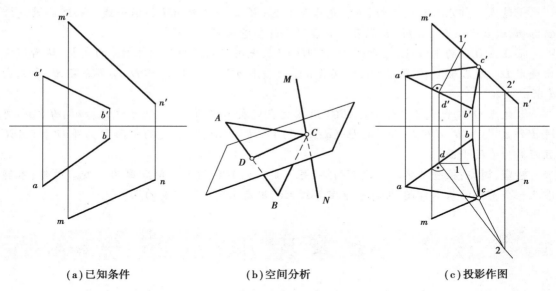

| (a)已知条件 | (b)空间分析 | (c)投影作图 |

图 3.41　作等腰△ABC

③分别连接△$a'b'c'$,△abc,△ABC 即为所求等腰三角形。

检查、讨论:检查从略。此题要求还可能有其他说法,例如,求 MN 上一点 C,使其到线段 AB 两端点 A、B 距离相等;求 MN 上一点 C,使 AB 分别与 CA、CB 的夹角均相等;求作以 AB 为对角线,顶点 C 属于 MN 的菱形等,但其分析、作图均与本例相同。

【**例 3.18**】如图 3.42(a)所示,作一平面 P,使其与△ABC 平行,且距△ABC 为定长 L。

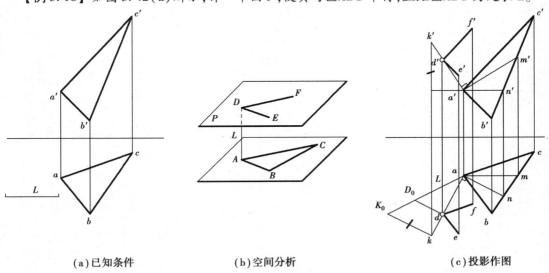

| (a)已知条件 | (b)空间分析 | (c)投影作图 |

图 3.42　作与已知平面距离为定长 L 的平行平面

【**解**】**分析**:仍用相对位置关系分析法。如图 3.42(b)所示,假定所求平面 P 已作出,则相互平行的平面 P 和△ABC 之间的任一垂线实长为 L,故只要在这样的垂线取定长 L。例如,在过顶点 A 的垂线上 $AD=L$,然后过点 D 作平面 P 平行于△ABC 即可。

作图:如图 3.42(c)所示。

①过点 A 作△ABC 的垂线 AK。先作属于△ABC 的正平线 AM 和水平线 AN,然后过 a 作 $ak\perp an$,过 a′作 $a'k'\perp a'm'$,K 点可以为垂线上的任意一点。

②在△ABC 的垂线 AK 上取点 D,使 AD = L。先用直角三角形法求 AK 的实长,然后用定比确定 D。最后确定 d′、d,在 AK 的实长 aK_0 上量取 $aD_0 = L$,过 D_0 作 $D_0d\ /\!/\ K_0k$ 交 ak 于 d,由 d 求出 d′。

③过点 D 作平面 P 平行于△ABC(用相交直线表示较简单)。过 d 作 de//ab,df//ac;再过 d′作 d′e′//a′b′,d′f′//a′c′,由 DE(de,d′e′)和 DF(df,d′f′)确定的平面 P 为平行于△ABC 且距离为 L 的平面。

检查、讨论:检查从略。本题有两解,另一解在△ABC 的另一侧距离为 L 处。另外,本题涉及一个重要的基本作图,即在一条定直线上利用定比确定所需要的点。

复习思考题

3.1 直线与平面的相对位置有哪几种? 其中有哪些对作图有利的特殊状态?

3.2 平面与平面的相对位置有哪几种? 如何进行判断?

3.3 直线与平面相交,交点有何特性? 如何判断可见性?

3.4 平面与平面的交线如何求得? 可见性判别有哪些方式?

3.5 空间几何元素的距离如何确定? 特殊位置的平面在确定距离的题目中起何作用?

4

投影变换

学习要点

学习用投影变换的方法,使空间几何问题的图示更为简单明了,图解更为简捷方便。

4.1 概　述

▶4.1.1　投影变换的目的

在正投影的情况下,投射方向是垂直于投影面的。影响空间几何元素投影性质的因素是空间几何元素与投影面的相对位置。从表 4.1 的对比中不难知道,当直线、平面对投影面处于特殊位置时,其投影或具有真实性,或具有积聚性,或直接反映距离,或直接反映交点位置等一些特殊的投影性质。这些性质对解决定位和度量问题是很有利的。从中我们得到启示:如能把空间几何元素从一般位置改变成为特殊位置,空间几何问题的求解就变得容易。投影变换正是研究如何改变空间几何元素对投影面的相对位置,以达到简化解题的目的。

▶4.1.2　投影变换的类型

我们知道,形成投影的三要素是:投射线、空间几何元素和投影面,当这三者之间的相互关系确定后,其投影也就确定了。如要变动其中的一个要素,则它们之间的相对位置随之改

变,其投影也会因此而变化。投影变换就是通过变动其中一个要素的方法来达到有利于解题的目的。其常用以下两种方法:

①空间几何元素保持不动,用新的投影面来代替旧的投影面,使空间几何元素对新投影面的相对位置变成有利于解题的位置,作出空间几何元素在新投影面上的投影。这种方法称为**变换投影面法**,简称**换面法**。

②投影体系(也即投影面)保持不动,使空间几何元素绕某一轴旋转到有利于解题的位置,作出空间几何元素旋转后的新投影。这种方法称为**旋转法**。

如图 4.1(a)所示,要求出铅垂面 △ABC 的实形,采用**换面法**是使 △ABC 不动,设置一个既平行于 △ABC 同时又垂直于 H 面的新投影面 V_1 代替 V 面,建立一个新的 V_1/H 投影体系。这样,△ABC 在新体系(V_1/H)中就成为平行面,在 V_1 面上的投影 $\triangle a_1'b_1'c_1'$ 即反映 △ABC 实形。

又如图 4.1(b)所示,要求出铅垂面 △ABC 实形。采用**旋转法**则是使投影体系 V/H 保持不动,将 △ABC 绕一个垂直于 H 面的 BC 轴旋转,直至与 V 面处于平行的位置。旋转后 △ABC 的新位置 $\triangle A_1B_1C_1$ 在 V 面上的投影为 $\triangle a_1'b_1'c_1'$,同时反映出 △ABC 的实形。

表 4.1　直线和平面的相对位置在两种情况下的比较

	实长、倾角	实　形	距　离	交　点
特殊位置	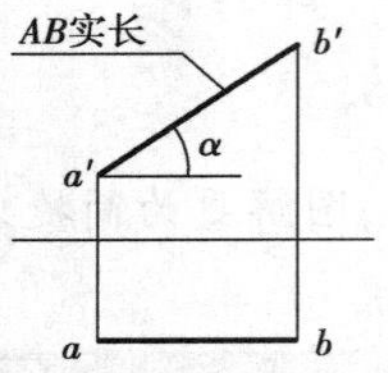 AB实长	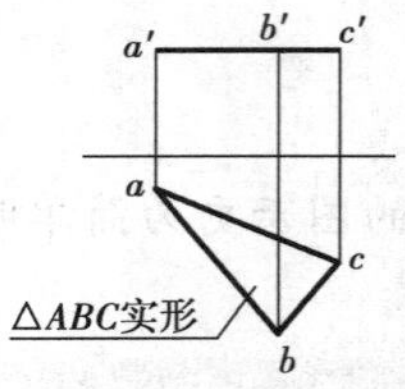 △ABC实形	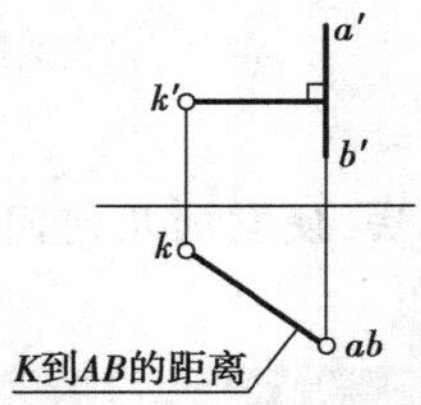 K到AB的距离	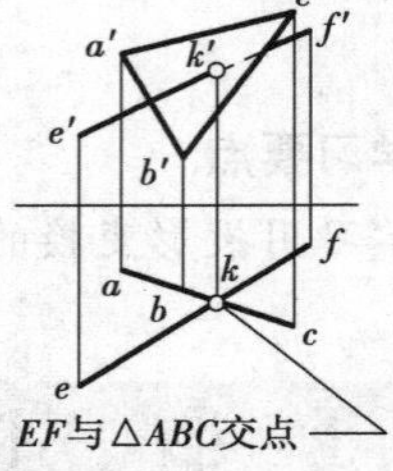 EF与△ABC交点
一般位置	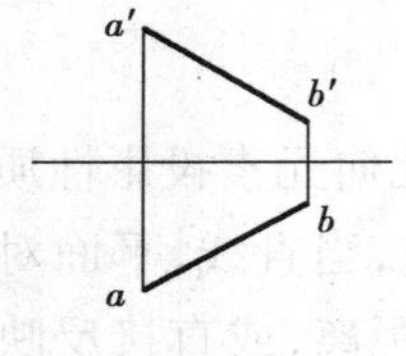 不能反映实长、倾角	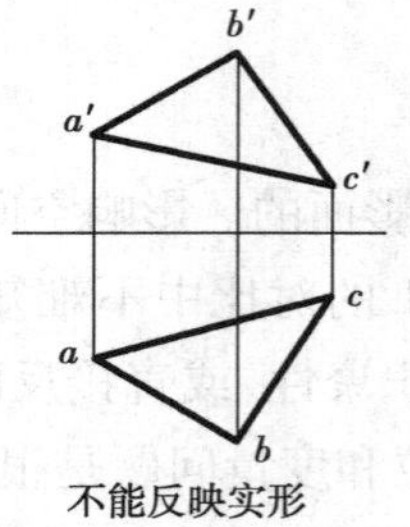 不能反映实形	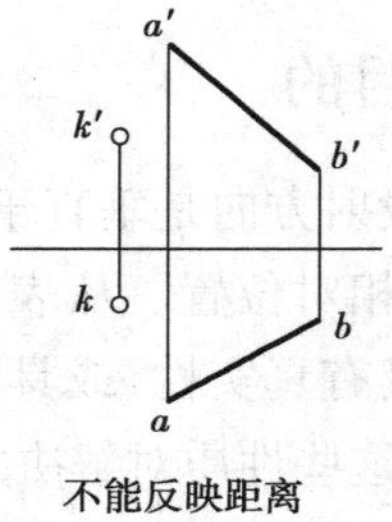 不能反映距离	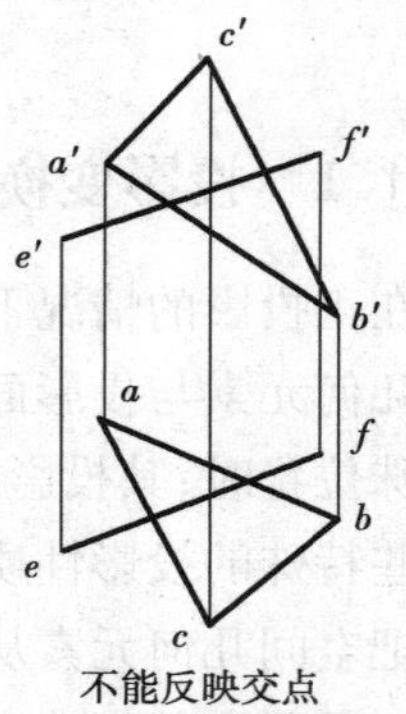 不能反映交点

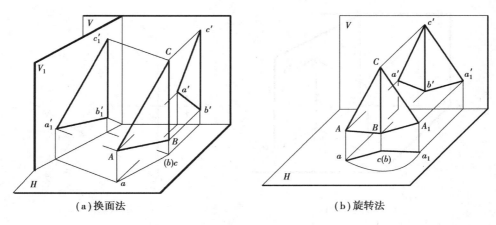

（a）换面法 　　　　　　　　（b）旋转法

图 4.1 投影变换的方法

4.2 换面法

▶4.2.1 基本概念

在换面法中,首先应考虑的问题是如何设置新的投影面。从图 4.1（a）中可看出,新投影面是不能随便选取的,既要使空间元素在新投影面上的投影能够方便解题（即空间几何元素在新投影面上的投影具有特殊性）,又要使新投影面必须垂直于原有投影面之一,以构成新的投影体系,这样才能应用第 1 章研究过的正投影原理作出点、线、面等几何元素新的投影图。因此,新投影面的选择必须符合以下两个基本原则:

①新投影面必须与空间几何元素处于有利解题的位置。

②新投影面必须垂直于原有投影面之一。

▶4.2.2 基本作图方法

点是最基本的几何元素,因此,在换面法中,必须先掌握点的投影变换规律。

1）点的一次换面

如图 4.2 所示,已知点 A 在 V/H 投影体系中的两面投影（a,a'）。设置一个新的投影面 V_1 代替原投影面 V,同时使 V_1 面垂直于 H 面,如图 4.2（a）所示,建立起一个新的投影体系 V_1/H 取代原体系 V/H。这时,V_1 面与 H 面的交线便生成新投影轴 X_1。将点 A 向新投影面 V_1 投影,便获得点 A 的新投影 a_1'。

从图 4.2 中不难看出,在以 V_1 面代替 V 面的过程中,点 A 到 H 面的距离是没有被改变的。即:

$$a_1'a_{x1} = Aa = a'a_x \tag{1}$$

将新的投影体系 V_1/H 展开,使 V_1 面绕 X_1 轴旋转至与 H 面重合。由于 V_1 面垂直于 H 面,展开后 a 与 a_1' 的连线必定垂直于 X_1 轴,又得出:

$$aa_1' \perp X_1 \tag{2}$$

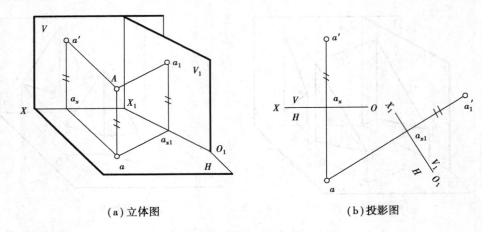

（a）立体图　　　　　　　　　　　　（b）投影图

图 4.2　点的一次换面（替换 V 面）

在图 4.2（b）中，可由上述关系作图求出点 A 在 V_1 面上的新投影 a_1'。在这样一个作图过程中，a_1' 称为新投影，a' 称为旧投影，a 称为新（V_1/H）、旧（V/H）体系中共有的保留投影；X 称为旧投影轴（简称旧轴），X_1 称为新投影轴（简称新轴）。

通过以上分析，可得出点的换面法投影规律如下：

①点的新投影和保留投影的连线，必垂直于新轴。

②点的新投影到新轴的距离等于点的旧投影到旧轴的距离。

图 4.3 表示当替换水平面时，设置一个 H_1 面代替 H 面，建立一个新体系（V/H_1），获得点 A 在 H_1 面的新投影 a_1，如图 4.3（a）立体图所示。由点的换面法投影规律得：$a_1a' \perp X_1$；$a_1a_{x1} = Aa' = aa_x$。图 4.3（b）表示求新投影的作图过程。

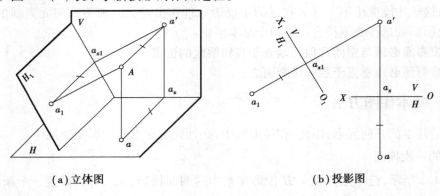

（a）立体图　　　　　　　　　　　　（b）投影图

图 4.3　点的一次换面（替换 H 面）

从以上两投影图中，不难得出点的换面法作图步骤如下：

①建立新轴（新轴的建立是有条件的），这是用换面法来解题时最关键的一步。

②过保留投影作新轴的垂线。

③量取点的新投影到新轴的距离等于点的旧投影到旧轴的距离，从而得到点的新投影。

2）点的二次换面

点的二次换面是在点的一次换面的基础上，再进行的一个点的一次换面。图 4.4 表示在第二次变换投影面时，求作点的新投影的方法，其原理与点的一次换面时完全相同。

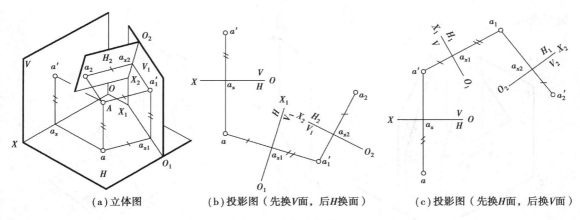

（a）立体图　　　　（b）投影图（先换V面，后H换面）　　　（c）投影图（先换H面，后换V面）

图 4.4　点的二次换面

如图 4.4（a）所示，在点 A 已进行一次换面后的 V_1/H 体系中，再作新投影面 H_2 代替 H 面，H_2 面必须垂直于 V_1 面，得到新体系 V_1/H_2，同时产生新投影轴 X_2。这时，点 A 在新投影面 H_2 的投影 a_2 到 X_2 轴的距离（即点的新投影到新轴的距离），等于点 A 在 H 面上的投影 a 到 X_1 轴的距离（即点的旧投影到旧轴的距离），也就是 $a_2a_{x2} = aa_{x1} = Aa_1'$。点 A 在 H_2 面上的投影 a_2 与点 A 在 V_1 面上投影 a_1' 的连线垂直于 X_2 轴，即 $a_2a_1' \perp X_2$。图 4.4（b）表示的是求点 A 二次换面后投影的作图过程。

同理，也可先作 H_1 面代替 H 面（一次换面），得到 V/H_1 体系，再作 V_2 面代替 V 面（二次换面），得到 V_2/H_1 体系。在这种情况下，是由点 A 的正投影 a' 及第一次换面后的投影 a_1，作出点 A 在 V_2 面上的新投影 a_2'，如图 4.4（c）所示。二次换面的作图步骤与一次换面的作图步骤相同，只是重复进行一次。

▶4.2.3　换面法在解决定位和度量问题中的运用

1）一次换面的运用

在换面法中，新投影面的设置是十分重要的。下面结合几个例子说明用一次换面解决空间几何元素间定位和度量问题时，如何设置新面。从前面的分析中我们得知：新投影面必须垂直原投影面之一；新面的设置必须有利于解题。**在投影图上，新面的设置是体现在画新轴的位置上的。**

【例 4.1】如图 4.5（a）所示，求一般位置直线 AB 的实长及其倾角 α。

【解】分析：当直线 AB 为正平线时，AB 的正投影就反映实长，同时，正投影与投影轴的夹角反映直线 AB 的 α 倾角。所以，在考虑本例的变换过程中，应将直线 AB 变换成正平线，如图 4.5（a）所示。从中不难看出，用新的 V_1 面代替 V 面，使 V_1 面平行于直线 AB 的同时垂直于 H 面。注意：该图中新轴与保留投影之间的关系是：新轴平行于保留投影，即 $X_1 /\!/ ab$。

作图：如图 4.5（b）所示。

①作新轴 $X_1 /\!/ ab$。

②过保留投影 a、b 作新轴垂线。

③量取 $a_1'a_{x1} = a'a_x$，$b_1'b_{x1} = b'b_x$，从而获得 A、B 两点在 V_1 面上的新投影 a_1'、b_1'。

④连接 $a_1'b_1'$，得直线 AB 的新投影，此时 $a_1'b_1'$ 反映实长，它与 X_1 轴的夹角即为直线 AB

的倾角 α。

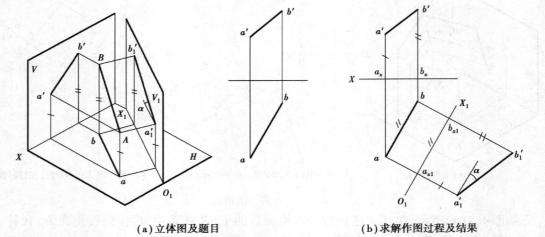

(a)立体图及题目　　　　　　　　(b)求解作图过程及结果

图 4.5　求一般位置直线 AB 的实长及其倾角 α

注意:在图 4.5(b)所示的作图过程中,X_1 轴只需保持与 ab 平行,两者间的距离对于求 AB 直线的实长及倾角是没有影响的。

【例 4.2】如图 4.6 所示,求铅垂面 $\triangle ABC$ 的实形。

【解】分析:从图 4.6(a)中可以看出,需设置新投影面 V_1 代替原投影面 V。由于 $\triangle ABC$ 是铅垂面,所以 V_1 面在平行于 $\triangle ABC$ 的同时一定要垂直于 H 面。注意:此图中新轴与铅垂面积聚投影的关系是:新轴平行于铅垂面积聚投影,即 $X_1 /\!/ abc$。

作图:如图 4.6(b)所示。

①作新轴 $X_1 /\!/ abc$(铅垂面的积聚性投影)。

②过保留投影 a、b、c 作新轴垂线。

③分别量取点的新投影到新轴距离等于点的旧投影到旧轴距离,得 a_1'、b_1'、c_1',此时 $\triangle a_1' b_1' c_1'$ 反映 $\triangle ABC$ 实形。

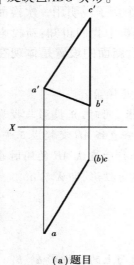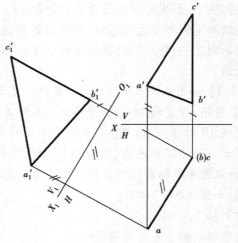

(a)题目　　　　　　　　(b)求解作图过程及结果

图 4.6　求三角形 ABC 的实形

【例4.3】如图4.7所示,求点到水平线 AB 的距离 L 及其投影 l、l'。

【解】**分析:** 如设置新投影面垂直于直线 AB,则直线 AB 在新面上投影积聚为一点,此时,点 C 的新投影亦是一个点,这两点间的距离就是所求点 C 到直线 AB 的距离;由于 AB 是正平线,所以,应保留 V 面,用新投影面 H_1 代替原投影面 H,H_1 面垂直于 AB 的同时一定垂直于 V 面。

作图: 如图4.7(b)所示。

①作新轴 $X_1 \perp a'b'$;过保留投影 a'、b' 作新轴垂线,分别量取点的新投影到新轴距离等于点的旧投影到旧轴距离,求出直线 AB 的新投影 a_1b_1(积聚性)。同理,可求出点 C 的新投影 c_1。

②积聚点 a_1b_1 与 c_1 的连线 l_1 即为所求距离的实长 L。

③对于 H_1 面,由于距离 L 是一条水平线,所以 $l' // X_1$。

④根据距离的一个端点属于直线 AB,即可求出 l。

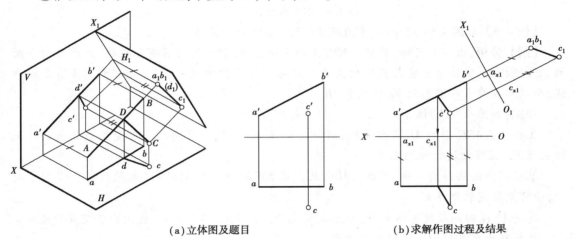

(a)立体图及题目　　　　　　　　　(b)求解作图过程及结果

图4.7　求点到平行线(正平线)的距离

【例4.4】如图4.8(a)所示,求一般位置面 $\triangle ABC$ 的倾角 α。

【解】**分析:** 当把一般位置面变成垂直面后,倾角就可由垂直面的积聚投影与对应投影轴的夹角来获得。由于题目中要求的是 α 倾角,故 H 面应当保留。从前面章节的学习中我们得知,正垂面的正投影具有积聚性,它与投影轴的夹角反映该平面的 α 角。所以,需设置一个既与 H 面垂直又与 $\triangle ABC$ 垂直的 V_1 面代替 V 面。如图4.8(a)立体图中所示,如果在 $\triangle ABC$ 上作一条水平线 AD,使 V_1 面垂直于水平线 AD,这样就保证了新建 V_1 面既垂直于 $\triangle ABC$ 又垂直于 H 面。

作图: 如图4.8(b)所示。

①在 $\triangle ABC$ 中作一条水平线 AD,先由 $a'd' // X$,作出 ad。

②作新轴 $X_1 \perp ad$,由换面法的作图步骤,求出 $\triangle ABC$ 的新投影 $a'_1b'_1c'_1$,此投影具有积聚性。

③积聚性投影 $a'_1b'_1c'_1$ 与 X_1 轴的夹角反映 $\triangle ABC$ 的 α 倾角。

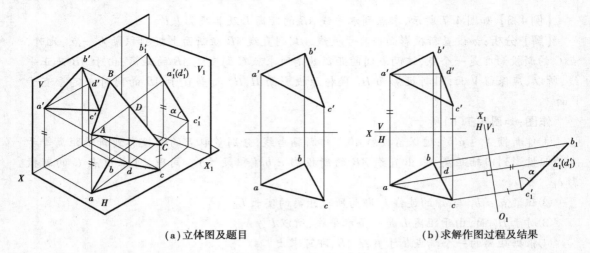

（a）立体图及题目　　　　　　　（b）求解作图过程及结果

图 4.8　求平面的水平倾角

【例 4.5】如图 4.9（a）所示，求直线 EF 与 $\triangle ABC$ 的交点 K。

【解】分析：由前例可知，若将 $\triangle ABC$ 变换成垂直面，则新投影具有积聚性，此时可由平面的积聚性投影，直接求出它与直线的交点。从题目的条件中可看出，$\triangle ABC$ 的 AB 边是水平线，所以需要建立新投影面 V_1 垂直于 AB。

作图：如图 4.9（b）所示。

①由于 $\triangle ABC$ 中的 AB 是水平线，所以作新轴 $X_1 \perp ab$，便可将 $\triangle ABC$ 变换成正垂面。此时直线 EF 应随之进行投影变换。

②根据换面法作图步骤，求出 $\triangle ABC$ 及直线 EF 的新投影 $a_1'b_1' c_1'$（积聚性）及 $e_1'f_1'$。此时，便可直接获取交点 k_1'。

③将 k_1' 返回到原投影体系中，由点 K 从属于直线 EF，得 k 及 k'，便求出了交点的投影。

④判断出可见性即完成题目的要求。

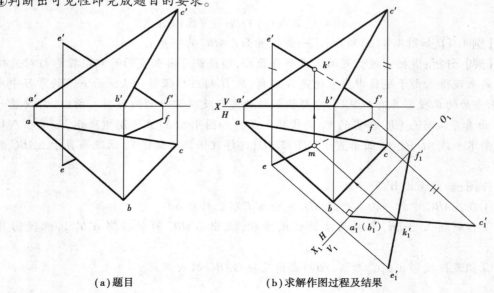

（a）题目　　　　　　　　　（b）求解作图过程及结果

图 4.9　求直线 EF 与 $\triangle ABC$ 的交点

2)二次换面法的运用

【例 4.6】如图 4.10(a)所示,求一般位置平面△ABC 的实形。

【解】分析:若直接设置新投影面平行△ABC,则新投影反映△ABC 实形。但由于△ABC 是一般位置面,与它平行的新投影面也一定是一般位置面,不能与原体系(V/H)之一的 V 面或 H 面构成相互垂直的新体系。从例 4.2 可知,垂直面可以通过一次换面成为平行面,从而反映实形;又从例 4.4 可知,一般位置面可以通过一次换面成为垂直面,因此得到启示:先将一般位置面经一次换面变换成垂直面,再将垂直面经第二次换面变换成平行面,从而可获得△ABC 的实形。

作图:如图 4.10(b)所示。

①在△ABC 中作出正平线 AD,即作 $ad /\!/ X$,再由 $d →$得 d'。

②作一次换面的新轴 $X_1 \perp a'd'$。

③由换面法作图步骤,求出△ABC 一次换面后在 H_1 面上的新投影 $a_1b_1c_1$(具有积聚性)。

④再作二次换面的新轴 $X_2 /\!/ a_1b_1c_1$,再由换面法作图步骤求出△ABC 在 V_2 面上的新投影△$a'_2b'_2c'_2$,该投影即反映△ABC 的实形。

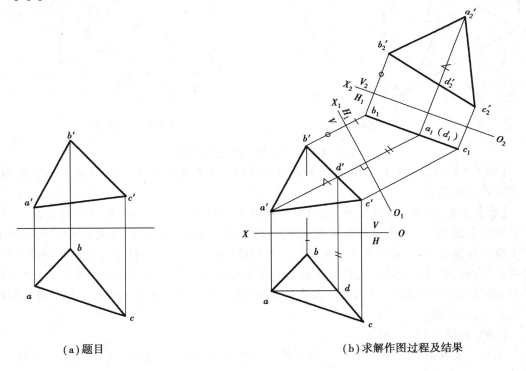

(a)题目　　　　　　　　　　　　(b)求解作图过程及结果

图 4.10　求一般位置平面△ABC 的实形

【例 4.7】如图 4.11(a)所示,求点 C 到一般位置直线 AB 的距离 CD 及投影 cd、c'd'。

【解】分析:从前面例 4.1 及例 4.3 的求解中知道,当把一般位置直线变换成垂直线时,点到直线的距离在积聚投影中可直接反映出来。如图 4.11(a)所示,一般位置直线只能先变换成平行线后,才能再次变换成垂直线;在直线的二次变换过程中,点 C 是随之进行变换的。

作图:如图 4.11(b)所示。

①作一次换面的新轴 $X_1//ab$，将直线 AB 变换成一平行线（正平线），此时点 C 随之变换。

②由换面法作图步骤，求出直线 AB 在 V_1 面的新投影 $a_1'b_1'$ 及 c_1'。

③再作二次换面的新轴 $X_2 \perp a_1'b_1'$，使直线 AB 变换成垂直线（铅垂线），此时点 C 也随之变换。

④再由换面法作图步骤，求出直线 AB 及点 C 在 H_2 面上的投影 a_2b_2（积聚性）及 c_2，将积聚点 a_2b_2 与 c_2 连线，即获得所求点 C 到直线 AB 的距离 CD 在 H_2 面上的投影 c_2d_2。c_2d_2 反映距离 CD 的实长。

⑤由于 $CD \perp AB$，故在 V_1/H_2 体系中直线 CD 为 H_2 面的平行线。作 $c_1'd_1'//X_2$，再由点 D 从属于直线 AB，就可逐步返回求出直线 CD 的 H 面及 V 面投影。

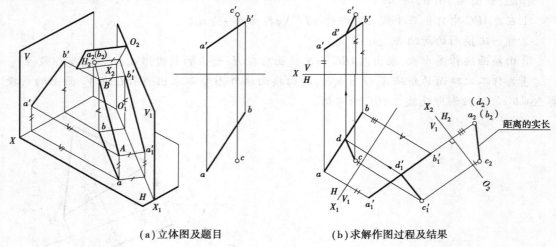

（a）立体图及题目　　　　　　（b）求解作图过程及结果

图 4.11　求点到一般直线的距离

【例 4.8】如图 4.12（a）所示，已知由四个梯形平面组成的漏斗，求漏斗相邻两平面 $ABCD$ 和 $CDEF$ 的夹角 θ。

【解】分析：如图 4.12（b）所示，只要将两平面同时变换成同一投影面的垂直面，也就是将它们的交线 CD 变换成投影面的垂直线时，两个平面积聚投影线段间的夹角就反映出这两个平面间的真实夹角；由于平面 $ABCD$ 与平面 $CDEF$ 的交线是一般位置直线 CD，由前例知道，要将它变换成垂直线需要经过两次变换。由于直线及直线外一点可确定一个平面，所以对于平面 $ABCD$ 和平面 $CDEF$，只需变换共有的交线 CD 以及平面 $ABCD$ 上的点 A 和平面 $CDEF$ 上的点 E，无须变换整个平面。

作图：如图 4.12（c）所示。

①作一次换面的新轴 $X_1//c'd'$，根据换面法的作图步骤，求出 c_1、d_1、b_1、e_1 并连接 c_1d_1。此时，共有的交线 CD 变换成了平行线（水平线）。

②作二次换面的新轴 $X_2 \perp c_1d_1$，根据换面法的作图步骤，求出 c_2'、d_2'、a_2'、e_2'。这时 c_2'、d_2' 具有积聚性，它与 a_2'、e_2' 的连线即为平面 $ABCD$ 和平面 $CDEF$ 的积聚投影，即反映出了两平面的夹角 θ。

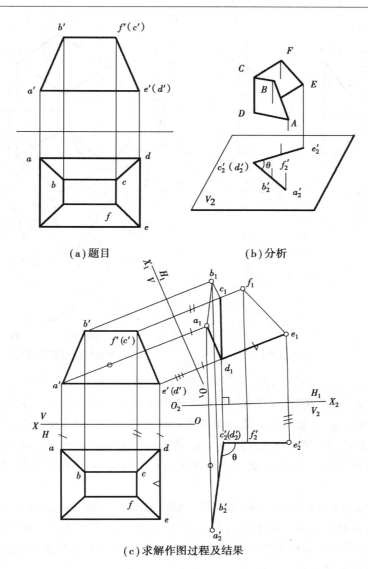

(a)题目　　　　　　　　　(b)分析

(c)求解作图过程及结果

图4.12　求相邻两平面的夹角 θ

【例4.9】如图4.13(a)所示,正方形 $ABCD$ 的顶点 A 在直线 SH 上,顶点 C 在直线 BE 上,请补全正方形 $ABCD$ 的两面投影。

【解】分析:因为正方形相邻两边相互垂直并相等,其中 BC 边在直线 BE 上,所以需经过一次换面,将直线 BE 变换成平行线。此时,可按一边平行于投影面的直角的投影特性,求出 BC 边相邻边 AB 的投影。在一次换面后的投影体系中, AB 边仍为一般位置直线,故应再作第二次换面,只将 AB 边变换成平行线,这样就求出了正方形的边长。在直线 BE 反映实长的投影中,由 AB 等于 BC ,便可确定出 C 点。

作图:如图4.13(b)所示。

①将直线 BE 变换成平行线,求出顶点 A 和 AB 边。作一次换面的新轴 $X_1 /\!/ be$,根据换面法的作图步骤,求出 b_1' 、 e_1' 、 s_1' 、 h_1' ,并且连接 $b_1'e_1'$ 和 $s_1'h_1'$ 线段。此时,已将直线 BE 变换成了正平线,由直角投影定理作 $a_1'b_1' \perp b_1'e_1'$,求出点 a_1' 及线段 $a_1'b_1'$ 。

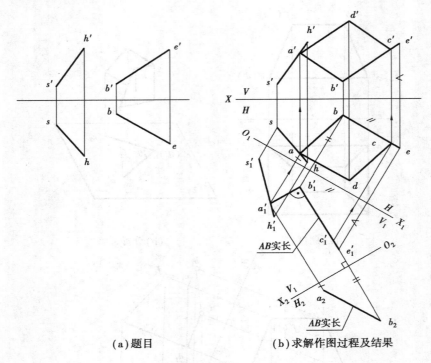

（a）题目 　　　　　　（b）求解作图过程及结果

图 4.13　补全正方形 $ABCD$ 的投影

②进行第二次换面,此时,只需将 AB 边变换成平行线。作新轴 $X_2 /\!/ a_1'b_1'$,根据换面法的作图步骤,求出线段 a_2b_2,它为反映正方形边长的实长投影(即 $AB = a_2b_2$)。

③由 $a_2b_2 = b_1'c_1'$(即 $AB = BC$),得到 c_1' 点,再由点 C 从属于直线 BE、点 A 从属于直线 SH,逐次返回原投影体系中。根据正方形的几何性质——对边平行并且相等,便可求出正方形 $ABCD$ 的投影。

【例4.10】 如图 4.14 所示,已知点 K 到 $\triangle ABC$ 的距离为 10 mm,求点 K 的水平投影 k。

【解】分析: 从前面的例 4.4 中我们知道,一般位置平面可以经过一次换面变换成为垂直面;当平面在新投影面上的投影具有积聚性时,平面外一点到平面的距离,就会在平面具有积聚性的投影中直接反映出来。

作图: 如图 4.14(b)所示。

①进行一次换面,将 $\triangle ABC$ 变换成投影面的垂直面。先在 $\triangle ABC$ 上作水平线 AD,作新轴 $X_1 \perp ad$,根据换面法的作图步骤,作出 $\triangle ABC$ 在新投影面 V_1 上的投影 $a_1'b_1'c_1'$。此投影具有积聚性,K 点在 V_1 面上的投影只能根据 K 点的旧投影到旧轴的距离等于新投影到新轴的距离,画出一条平行于 X_1 轴的直线 l_1'。

②根据已知条件 K 点到 $\triangle ABC$ 的距离等于 10 mm,在 $\triangle ABC$ 具有积聚性的投影面(V_1 面)上,作与积聚性投影 $a_1'b_1'c_1'$ 相距 10 mm 的平行线(可作出两条),这两条平行线与前面作的平行于 X_1 轴的平行线 l_1' 相交,就是 K 点在 V_1 面上的新投影 k_1'。

③由 k_1' 向 X_1 轴作垂线并延长,它与由 k' 向 X 轴所作垂线的交点,就为 K 点的水平投影 k。

④由于第②步骤所作的距离等于 10 mm 平行线有两条,所以该题有两解。

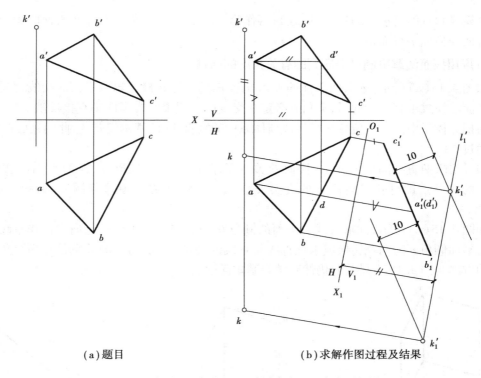

(a)题目　　　　　　　　　(b)求解作图过程及结果

图 4.14　已知点 K 到平面的距离为定长 10,求水平投影 k

▶4.2.4　换面法的四个基本问题及换面中应注意的问题

1)四个基本问题

从上述的一系列例子可以看出,当空间几何元素变换成有利于解题的特殊位置时,其定位和度量问题就容易解决。直线、平面对投影面的特殊情况有这样 4 种:直线平行于投影面,直线垂直于投影面;平面垂直于投影面,平面平行于投影面。所以,换面法的基本问题就是围绕这 4 种情况进行的投影变换。归纳起来有以下 4 条:

①用一次换面,把原体系中的一般位置直线变换成新体系中的**平行线**(如例 4.1)。此时,新轴平行于原体系中选定的保留投影。例如:若需获得水平线,保留投影为直线的正面投影;若需获得正平线,保留投影为直线的水平投影。

②用一次换面,把原体系中的一般位置平面变换成新体系中的**垂直面**(如例 4.4)。此时,应先在平面上确定一条平行线。例如:若要获得正垂面,需先在平面上作水平线;若要获得铅垂面,需在平面上作正平线;新轴垂直于该平行线反映真长的投影,便可获得所需垂直面。

③用连续的二次换面,把原体系中的一般位置线变换成新体系中的**垂直线**(如例 4.7)。此时,先作第一次变换,使新轴平行于原体系中选定的保留投影,把一般位置直线变换成平行线(同第一种基本问题);再作第二次变换,作新轴垂直于第一次变换后获得的平行线反映真长的投影,把平行线变换成垂直线。

④用连续二次换面,把原体系中的一般位置平面变换成新体系中的**平行面**(如例 4.6)。此时,先作第一次变换,作新轴垂直于平面上一条投影面平行线反映实长的投影,把一般位置

平面变换成垂直面(同第二种基本问题);再作第二次变换,作新轴平行于垂直面的积聚投影,把垂直面变换成平行面。

2)应用换面法解决题目中遇到的有关角度的问题

如图4.15(a)所示,欲求两平面的夹角θ,换面的关键是确定出两平面的交线,并将交线经过换面变换成垂直线。此时,夹角θ必定在交线产生积聚的投影图中直接反映。这一问题归结为把原体系中的一般位置线变换成新体系中的垂直线,即**基本问题③**,此问题已在例4.8中讲述过。

如果要求两直线间的夹角φ,换面的关键是求出直线AB、BC所在的平面的实形(求$\triangle ABC$的实形),即可获得夹角φ的真实大小,这一问题归结为**基本问题④**,如图4.15(b)所示。

如图4.15(c)所示,欲求直线与平面的倾角θ,可先过直线上的一点向平面作垂线,把求直线与平面倾角θ的问题转换成求该直线与垂线的夹角φ。φ与θ的关系是互为余角,此时求解的方法与图4.15(b)相同,仍然归结为**基本问题④**。

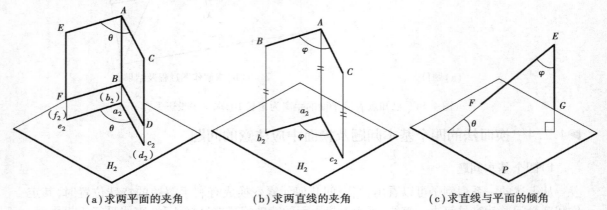

(a)求两平面的夹角　　　(b)求两直线的夹角　　　(c)求直线与平面的倾角

图4.15　有关角度方面的问题

3)应用换面法解决题目中遇到的有关距离的问题

如图4.16(a)所示,欲求点到直线的距离,换面的关键是将直线变换成垂直线,在直线具有积聚性的投影中距离可直接反映出来,这一问题归结为**基本问题③**,此问题已在例4.7中讲述过。

如图4.16(b)所示,欲求交叉两直线间的公垂线或距离,换面的关键是将其中一条直线变换成具有积聚性投影的垂直线,在该投影中公垂线或距离可直接反映出来,这一问题归结为**基本问题③**。

如图4.16(c)所示,欲求点到平面的距离,换面的关键是将平面变换成具有积聚性投影的垂直面,这一问题归结为**基本问题②**,此问题已在例4.10中讲述过。

如图4.17(a)所示,要求在直线EF上找出一点K,使它到$\triangle ABC$的距离为定长L。此时换面的关键是,首先将平面变换成具有积聚性投影的垂直面,在该投影中作一个与已知平面$\triangle ABC$距离为L并且相互平行的辅助平面Q,而直线EF与辅助平面Q的交点,即为所求K点,如图4.17(b)所示。

通过对以上几类问题的分析,不难总结出,空间几何问题的求解,均可归结为利用这4个基本问题来解决。

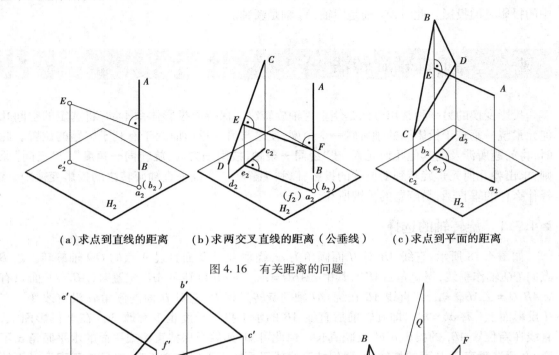

（a）求点到直线的距离   （b）求两交叉直线的距离（公垂线）   （c）求点到平面的距离

图 4.16   有关距离的问题

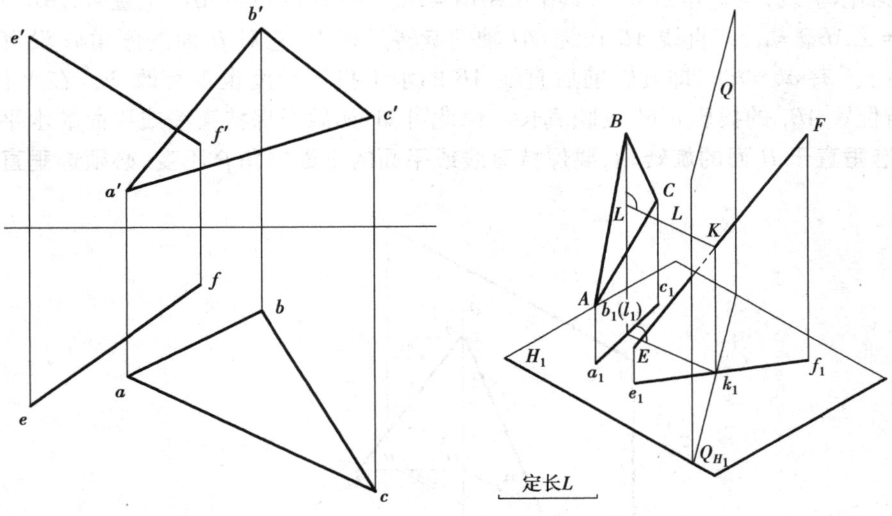

（a）   （b）

图 4.17   求满足一定条件的点

4）用换面法解题时应注意的一些问题

①在换面过程中,每次只能变换一个投影面,新的投影面必须与保留投影面垂直,使之构成一个新的投影体系,如 $V/H \rightarrow V_1/H$ 或 $V/H \rightarrow V/H_1$,绝不能一次同时变换两个投影面。

②换面时要交替进行,即第一次以 V_1 面代替 V 面,第二次必须以 H_2 面代替 H 面,若还需继续变换下去,则第三次以 V_3 面代替 V_1 面……,即按 $V/H \rightarrow V_1/H \rightarrow V_1/H_2 \rightarrow V_3/H_2$……的顺序交替进行下去。

③每一次换面后所构成的新投影体系,都是在前一次两面体系的基础上进行的,因此,必须弄清楚每次换面的过程中,谁是新投影、谁是旧投影、谁是保留投影,以及谁是新轴、谁是旧轴。这样,才能保证在等量量取新投影到新轴距离等于旧投影到旧轴距离时不会出错。如在

由 $V_1/H \rightarrow V_1/H_2$ 的变换过程中,在 H_2 面中的投影是新投影,V_1 面中的投影是保留投影,H 面中的投影是旧投影。此时,X_1 轴是旧轴,X_2 轴是新轴。

4.3 绕垂直轴旋转法

投影变换的另一种常用方法是绕垂直轴旋转法。保持原投影体系不动,将选定的空间几何元素绕一垂直于投影面的轴旋转一个角度,使之与另一投影面处于有利于解题的位置。此时,将问题所涉及的其他几何元素,按**"绕同一条轴,按同一方向,旋转同一角度"**的"三同"原则,求出各几何元素旋转到新位置的投影,以利于解题。在绕垂直轴旋转法的投影变换中,选择什么样的垂直轴,是解题的关键所在。

▶4.3.1 旋转轴的选择

如图 4.18 所示,直线 AB 对 H 面倾角为 α,绕垂直于 H 面且过 A 点的 OO 轴旋转。过 B 点向 OO 轴作垂线,得直角 $\triangle ABO$,其中 $\angle ABO = \alpha$。当 AB 旋转至 AB_1 位置时($AB_1//V$ 面),有 $\angle AB_1O = \angle ABO = \alpha$,即直线 AB 在绕 OO 轴的旋转过程中,它对 H 面的倾角 α 没有改变。在 H 投影面上,有 $ab = ab_1$,即旋转前后直线 AB 的水平投影长度也没有改变。在 V 投影面上,直线在新位置 AB_1 的投影 $a'b_1'$ 反映真长。由此可知:**如果要保持直线或平面的水平倾角 α 不变,必须选垂直于 H 面的旋转轴;要保持直线或平面的正面倾角 β 不变,必须选垂直于 V 面的旋转轴。**

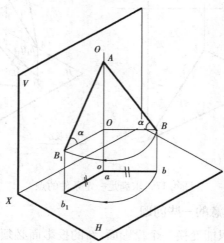

图 4.18 绕垂直轴旋转时的倾角

▶4.3.2 点的旋转

如图 4.19(a)所示,当点 A 绕一过 O 点的正垂轴旋转时,其轨迹为一正平圆线,该圆所在的平面称为旋转平面,它必定垂直于旋转轴并平行于 V 面。因此,轨迹圆的 V 面投影反映实形,其圆心 o' 为旋转轴 OO 的投影,轨迹圆投影的半径 $o'a'$ 等于旋转半径 OA;轨迹圆的 H 面投影积聚为一条平行于 X 轴的线段,长度等于轨迹圆的直径。当点 A 绕 OO 轴旋转 θ 角到达

A_1 位置时,A 点的正面投影同样旋转 θ 角,形成 $a'a_1'$ 圆弧,其水平投影则沿 X 轴的平行线方向移动为一线段 aa_1,如图 4.19(b)所示。

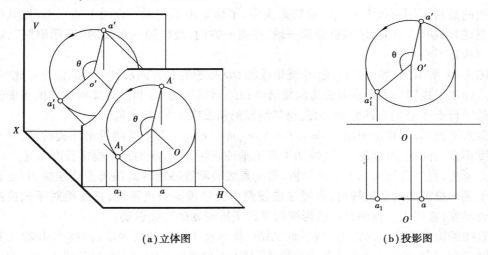

(a)立体图   (b)投影图

图 4.19　点绕正垂线旋转

如果点绕铅垂轴旋转,则旋转平面平行于 H 面,如图 4.20 所示。轨迹圆的 H 面投影反映实形,旋转半径等于轨迹圆投影的半径(即 $OA = oa$),而它的 V 面投影则积聚为一条平行于 X 轴的线段,其长度为轨迹圆直径。

从上面的分析,可得出点绕垂直轴的旋转投影变换规律:**当点绕垂直于某一投影面的轴旋转时,点在该投影面上的投影做圆周运动,在另一投影面上的投影则在做平行于投影轴的直线运动。**

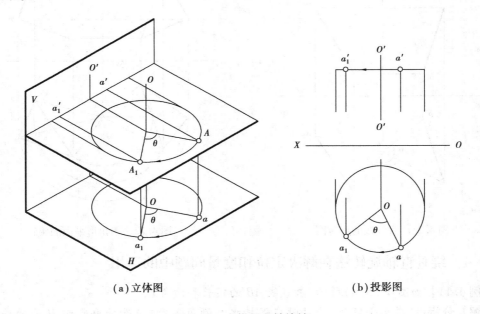

(a)立体图   (b)投影图

图 4.20　点绕铅垂轴旋转

▶4.3.3 直线、平面的旋转

直线的旋转可用直线上两点的旋转来决定,平面则由不在同一直线上的三点(或其他几何要素组成)来决定。但**必须遵循绕同一轴,按同一方向,旋转同一角度的"三同原则"**,以保证其相对位置不变。

如图4.21所示,一般位置直线AB绕铅垂轴OO按逆时针方向旋转θ角的情况。此时,直线两端点的水平投影分别做逆时针方向旋转θ角的圆周运动。同时,直线两端点的正面投影也分别做平行于X轴的直线移动,由此得到线段的新投影a_1b_1及$a_1'b_1'$。

观察水平投影,不难证明出$\triangle abo \cong \triangle a_1b_1o$、$ab = a_1b_1$。即直线绕铅垂轴旋转时,其水平投影长度不变。同理,可推论出:直线如果绕正垂轴旋转,则直线的正面投影长度不变。

综上所述,再结合第4.3.1节的分析,得出**直线绕垂直轴旋转的投影变化规律为:当直线绕垂直于某一投影面的轴旋转时,直线在该投影面上的投影长度不变,直线相对于该投影面的倾角也不变;直线上各点的另一投影则做平行于投影轴的直线运动。**

由直线的旋转规律可以知道,当平面$\triangle ABC$绕垂直于投影面的轴旋转时(图4.22),其三边AB、BC和CD在该投影面上的投影长度不变,因而投影所形成的三角形形状不变。由此可以推论出**平面绕垂直轴旋转的投影变化规律:当平面图形绕垂直于某一投影面的轴旋转时,它在该投影面上的投影形状和大小不变,平面相对于该投影面的倾角也不变;平面上各点的另一投影则做平行于投影轴的直线运动。**

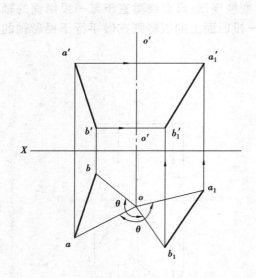

图4.21 直线段的旋转图

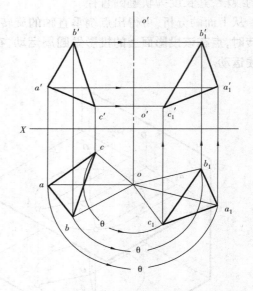

图4.22 三角形平面的旋转

▶4.3.4 绕垂直轴旋转法在解决定位和度量问题中的运用

【**例**4.11】如图4.23(a)所示,求直线AB的实长和倾角α。

【**解**】**分析**:欲求水平倾角,旋转时应保持水平倾角不变,应选择垂直于H面的旋转轴。令旋转轴过A点,在旋转过程中A点将不动,只需将B点旋转。

作图:如图4.23(b)所示。

①在水平投影图中,以 a 为圆心、ab 为半径作 bb_1 圆弧,使 $ab_1 // x$。

②在正投影图中,由点的旋转规律知,B 点正投影应做平行于投影轴的直线移动 ,即由 $b' \rightarrow b'_1$,$b'b'_1 // x$,得 b'_1。

③连接 $a'b'_1$ 即获得反映 AB 直线实长的投影;$a'b'_1$ 与 X 轴的夹角即为所求倾角 α。

图 4.23(b)中旋转轴的位置很明显,在应用时旋转轴经常无须指明,而图 4.23(c)则表示了一般位置直线 AB 绕不指明位置的铅垂轴旋转成正平线的情况。由于保证了旋转时其水平投影长度不变,正面投影高差不变,故旋转后的正投影反映该直线实长和倾角。由此可见,若旋转轴性质不变,仅改变其位置,对旋转后的结果是没有影响的。在解题中,为了使图面更加清晰,常采用**不指明轴的旋转法**。

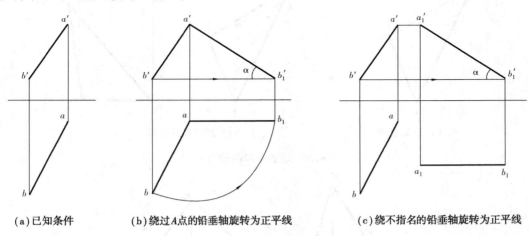

(a)已知条件 (b)绕过 A 点的铅垂轴旋转为正平线 (c)绕不指名的铅垂轴旋转为正平线

图 4.23 求直线的实长及倾角 α

【**例 4.12**】如图 4.24(a)所示,求平面 $\triangle ABC$ 的倾角 α。

【**解**】**分析**:由于需要求出平面的水平倾角 α,所以必须绕铅垂轴旋转;若要将一般位置面旋转成正垂面,则必须将属于 $\triangle ABC$ 的一条水平线旋转为正垂线。

作图:用绕不指明轴旋转法,如图 4.24(b)所示。

①在 $\triangle ABC$ 中作水平线 AD,由 $a'd' // X$,$a'd' \rightarrow ad$。

②将 AD 绕铅垂轴旋转成正垂线的同时(即 $a_1d_1 \perp X$),用 $\triangle abc \cong \triangle a_1b_1c_1$ 求出 $\triangle ABC$ 新的水平投影 $\triangle a_1b_1c_1$。

③过 a'、b'、c' 分别作平行于 X 轴的直线,并以 $a'_1a_1 \perp X$、$b'_1b_1 \perp X$、$c'_1c_1 \perp X$,求出 $a'_1b'_1c'_1$,此投影具有积聚性。

④积聚投影 $a'_1b'_1c'_1$ 与 X 轴的夹角即为所求 α。

用同样的思考方法,可求出平面的正面倾角 β。如图 4.25 所示,在 $\triangle ABC$ 上作正平线 BE,将正平线 BE 绕正垂轴旋转成铅垂线。根据平面绕垂直轴旋转的投影规律,有 $\triangle a'b'c' \cong \triangle a'_1b'_1c'_1$。过 a、b、c 分别作平行于 X 的直线,由 $a a'_1 \perp X$、$b b'_1 \perp X$、$c c'_1 \perp X$,得到 $\triangle ABC$ 具有积聚性的投影 $a_1b_1c_1$,它与 X 轴的夹角即为 $\triangle ABC$ 的 β。

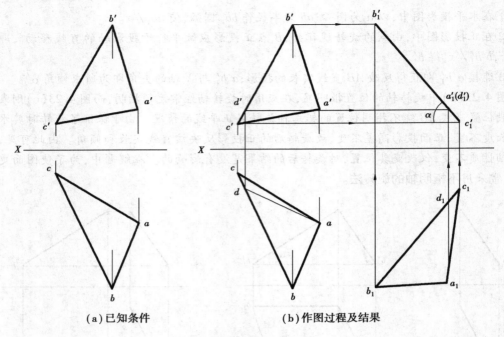

(a)已知条件　　　　　　　(b)作图过程及结果

图 4.24　求△ABC 的倾角 α

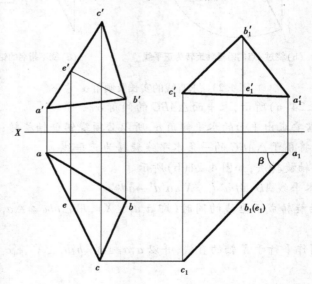

图 4.25　求△ABC 的倾角 β

【例 4.13】 如图 4.26(a)所示,过点 C 作直线 CD 与 AB 垂直相交,求 CD。

【解】分析: 当直线 AB 垂直于某一投影面时,由于 AB⊥CD,直线 CD 一定平行于该投影面,且反映实长。同时,在该投影面上的投影反映出 AB⊥CD 的直角。因此,需将直线 AB 旋转成垂直线;而一次旋转只能将一般位置直线旋转成平行线(如例 4.11),还需将平行线再次旋转成垂直线,所以本例应进行二次旋转。

作图: 用不指明垂直轴旋转法,如图 4.26(b)所示。

①第一次旋转,使 AB 直线成为正平线 A_1B_1,C 点按"三同"原则随着直线 AB 一起旋转至

C_1,即 $a_1b_1 /\!/ X$,$a_1b_1 = ab$;c_1 与 a_1b_1 的相对位置与旋转前 c 与 ab 的相对位置保持不变,以点、直线绕垂直轴旋转的规律,作出 $a_1'b_1'$ 及 c_1'。

②第二次旋转,使 A_1B_1 直线变换成铅垂线 A_2B_2,C_1 点按"三同"原则随 A_1B_1 一起旋转,即 $a_1'b_1' = a_2'b_2'$,$a_2'b_2' \perp X$。c_2' 与 $a_2'b_2'$ 的相对位置与旋转前 c_1' 与 $a_1'b_1'$ 的相对位置保持不变,$c_2'c_2 \perp X$,同样以点、直线绕垂直轴旋转的规律,作出 a_2、b_2 及 c_2。

③过点 C 作直线 CD 垂直于 AB。由于此时 a_2b_2 已积聚,它与 c_2 的连线 c_2d_2 就是反映垂线 CD 实长的投影,其正投影平行于 X 轴($c_2'd_2' /\!/ X$)。

④按旋转前后旋转轴所垂直投影面中的投影,其相对位置不变的规律,且由 D 点是属于 AB 直线上的,逐次返回,求出 D 点的各个投影 d_1、d_1'、d、d',与 C 点同名投影的连线就是距离的各个投影。

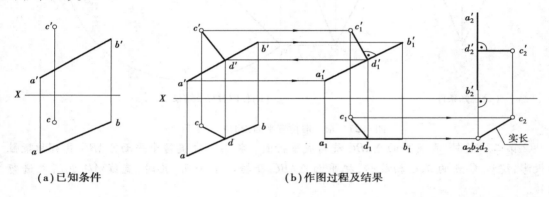

(a)已知条件　　　　　　　　　　　　　　(b)作图过程及结果

图 4.26　求 C 点到直线 AB 的距离

【**例 4.14**】如图 4.27(a)所示,求一般位置平面 $\triangle ABC$ 的实形。

【**解**】**分析**:为求 $\triangle ABC$ 的实形,需将 $\triangle ABC$ 旋转成平行平面。在两面体系中,平行面的倾角一个为 90°,一个为 0°。从例 4.12 中可获得启示:先用一次旋转将 $\triangle ABC$ 旋转成垂直面,产生一个具有 90°倾角的积聚投影,保持这个 90°倾角不变(在投影图中体现为积聚投影不变),再进行一次旋转,产生另一个倾角为 0°的投影,该投影反映 $\triangle ABC$ 的实形。

作图:如图 4.27(b)所示,综合运用不指明垂直轴和指明垂直轴旋转法。

①第一次旋转,绕过不指明的正垂轴,将 $\triangle ABC$ 旋转成铅垂面。其作图方法同例 4.12,产生 $c_1'a_1'b_1'$、$c_1'a_1'b_1'$ 具有积聚性的正面投影 $a_1b_1c_1$ 及 $\triangle a_1'b_1'c_1'$。

②第二次旋转,绕过 C 点的铅垂轴旋转,将积聚投影 $a_1b_1c_1$ 旋转至平行于 X 轴的位置,即 $a_2b_2c_2 /\!/ X$。由平面绕垂直轴旋转的规律,作出 $\triangle a_2'b_2'c_2'$,即为 $\triangle ABC$ 的实形。

【**例 4.15**】如图 4.28(a)所示,求直线 AE 与平面 $\triangle ABC$ 的夹角 θ。

【**解**】**分析**:可以把平面 $\triangle ABC$ 通过两次旋转,使它变换成平行面。此时,直线 AD(其中 A 点是直线与平面的共有点)也随着平面进行旋转。在平面 $\triangle ABC$ 反映实形的投影中,保持平面不动,只将直线 AD 绕垂直于平面 $\triangle ABC$ 所平行投影面的轴(一条垂直轴)旋转,将直线 AD 旋转成另一投影面平行线,在这个直线 AD 所平行的投影面中,直线 AD 与平面 $\triangle ABC$ 的夹角 θ 就可直接反映出来。

作图:如图 4.28(a)所示。

①第一次旋转,将平面 $\triangle ABC$ 旋转成垂直面。在 $\triangle ABC$ 上作一条水平线 AE,绕不指明的

铅垂轴将它旋转成正垂面,此时,直线 AD 随之进行旋转。

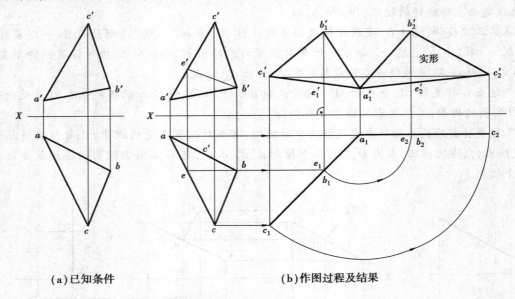

(a)已知条件   (b)作图过程及结果

图 4.27　求一般位置平面△ABC 的实形

　②第二次旋转,再将平面△ABC 旋转成平行面。将第一次旋转中平面△ABC 具有积聚性的投影,绕过 C 点的正垂轴旋转,把平面△ABC 旋转成水平面,此时,直线 AD 也随之进行旋转。

　③第三次旋转,保持平面不动,只将直线 AD 绕过 A 点的铅垂轴旋转,使直线 AD 旋转成正平线。此时,直线 AD 反映实长的投影 $a_3'd_3'$ 与平面△ABC 具有积聚性的投影 $a_2'b_2'c_2'$ 之间的夹角,即为题目所求的夹角 θ。

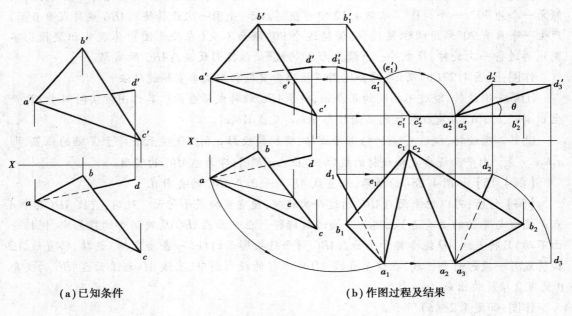

(a)已知条件   (b)作图过程及结果

图 4.28　求直线 AE 与平面△ABC 的夹角 θ

►4.3.5 垂直轴旋转法的四种基本问题及几点注意事项

1）四个基本问题

①**一般位置直线经一次旋转成为投影面平行线**（如例4.11）。将直线其中一个投影"不变"地旋转到平行于 X 轴的位置，另一投影始终作平行于 X 轴的"移动"，便获得直线反映实长的投影。

②**一般位置平面经一次旋转成为投影面垂直面**（如例4.12）。先在平面上确定一条平行线，将这条平行线反映实长的投影"不变"地旋转到垂直于 X 轴的位置，此时，平面上其他各点与平行线的相对位置保持不变；另一投影始终作平行于 X 轴的"移动"，便获得平面反映积聚的投影。

③**一般位置直线经两次旋转成为投影面垂直线**（如例4.13）。先作一次旋转，将一般位置直线旋转成平行线（同第①种基本问题）；再作二次旋转，将平行线反映实长的投影"不变"地旋转到垂直于 X 轴的位置，另一投影始终作平行于 X 轴的"移动"，便获得直线反映积聚的投影。

④**一般位置平面经两次旋转成为投影面平行面**（如例4.14）。先作一次旋转，将一般位置平面旋转成垂直面（同第②种基本问题）；再作二次旋转，将垂直面反映积聚的投影"不变"地旋转到平行于 X 轴的位置，另一投影始终作平行于 X 轴的"移动"，便获得平面反映实形的投影。

2）在用绕垂直轴旋转法解决问题时还应注意的几点问题

①当直线、平面进行旋转变换时，除点的旋转规律是基础外，它们对旋转轴所垂直投影面的倾角不变、在该投影面上的投影大小不变往往是解题的关键所在。无论是属于直线的两点，还是属于平面的点和直线，在旋转过程中，其相对位置必须保持不变。

②在具体作图时，虽然旋转轴的选择是关键，但在知道直线、平面的旋转规律后，就可按解题需要，直接将某面的投影"不变"地与投影轴旋转到有利于解题的新位置，此时的旋转轴自然是该投影面的垂线。另一投影则作平行于投影轴的"移动"。

③旋转也是交替进行的，第一次若是绕铅垂轴旋转，则第二次必须是绕正垂轴旋转，第三次又必须是绕铅垂轴旋转……以此类推。

复习思考题

4.1 在正投影的情况下，投影变换是通过什么途径实现的？常用的方法有哪几种？

4.2 在换面法中，新面设置的基本原则是什么？为什么要遵守这个原则？

4.3 点的换面的规律是什么？

4.4 试述换面的四个基本问题，并说明在解题中如何运用。

4.5 在绕垂直轴旋转法中，点、直线、平面的旋转规律是什么？

4.6 若空间几何元素不止一个，在旋转过程中应注意什么？

5

平面立体的投影

学习要点

由各表面围成,占有一定空间的形体称为**立体**。凡各表面均由平面多边形围成的立体称为**平面立体**。基本的平面立体有**棱柱、棱锥**和**棱台**等。

完成平面立体的投影,即画出围成该立体的各点、直线和平面的投影。

5.1 平面立体的三面正投影

▶5.1.1 棱柱的三面正投影

在一个平面立体中,如果有两个面互相平行且形状全等,其余每相邻两个面的交线均相互平行且等长,这样的平面立体称为**棱柱**。两个平行且相等的多边形称为**棱柱的底面**,其余的面称为棱柱的**侧面**或**棱面**,相邻两侧面的交线称为棱柱的**侧棱**或**棱线**。棱柱底面的边数与侧面数、侧棱数相等,所以棱柱的名称由底面边数决定。当底面边数为 N,底面是 N 边形时,就称为 N 棱柱($N \geqslant 3$)。

两底面之间的距离为**棱柱的高**;侧棱垂直于底面的棱柱为**直棱柱**,其高等于侧棱的长度,其中底边是正多边形的直棱柱称为**正棱柱**。侧棱倾斜于底面的棱柱为**斜棱柱**,斜棱柱的高与侧棱长度并不相等。

1)直棱柱

如图 5.1 所示,下面以直三棱柱为例对直棱柱的特征、安放、投影作图等进行讲解。

（1）直棱柱的特征

如图 5.1（a）所示，直棱柱有以下 3 个特征：

①上、下底面是两个相互平行且相等的多边形，图中所示上下底面为等腰三角形。

②各个侧面都是矩形，图中所示侧面一个较宽，两个较窄且相等。

③各条侧棱相互平行、相等，且垂直于底面，其长度等于棱柱的高。

（2）直棱柱的安放位置

安放原则：为便于识图和画图，放置形体时，应使棱柱尽可能多的表面平行或垂直于某一投影面，以便投影图中出现较多的反映物体表面实形的投影或积聚投影。

如图 5.1（a）所示，放置三棱柱于三面投影体系时，使三棱柱的两底面平行于 H 面，后侧面平行于 V 面，左、右两侧面垂直于 H 面（若另有需要时，也可使两底面平行于 V 面或 W 面，而较大的侧面平行于 H 面）。

（3）直棱柱的投影作图

完成直棱柱的三面投影，就是画出直棱柱两底面和各侧面的三面投影。

作图：如图 5.1（b）所示。

①画上、下底面的各投影。先画其实形投影，如图 H 面中的 $\triangle abc$ 和 $\triangle a_1b_1c_1$；后画积聚投影，如图 V、W 面中的水平线段 $a'b'c'$、$a_1'b_1'c_1'$ 和 $a''b''b''$、$a''_1b''_1b''_1$。

②画每条侧棱的各投影。画出 AA_1、BB_1、CC_1 侧棱的三面投影。完成棱柱的投影作图，如图 5.1（b）所示。

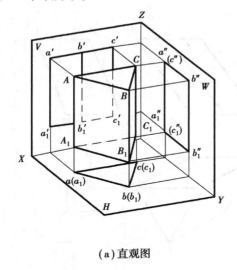

（a）直观图

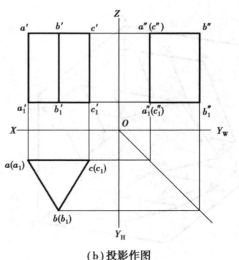

（b）投影作图

图 5.1　直三棱柱的投影

（4）直棱柱的投影分析

直棱柱的 H、V、W 面各个投影，应包含该直棱柱所有表面的该面投影，如图 5.1（b）所示。

水平面投影：棱柱上下底面的实形投影重合（上底面可见，下底面不可见），投影边线是棱柱各侧面的 H 面积聚投影，顶点为棱柱各侧棱的 H 面积聚投影。

正面投影：基本形状为矩形，根据底面形状不同，在矩形内部出现对应的高度方向侧棱投影，如图 5.1（b）所示，为左右两个矩形合成的一个大矩形。左右矩形是左右侧面的类似形投影（可见），大矩形是后侧面的实形投影（不可见），大矩形的上下边线是棱柱上下底面的积聚投影。

侧面投影：基本形仍为矩形加高度侧棱投影的形式。侧面投影为一个矩形，是左右侧面的类似形投影重合（左侧面可见，右侧面不可见）。矩形的上下边线及左边线是三棱柱上下底面及后侧面的积聚投影，右边线是前侧棱（BB_1）的 W 面投影。

2）斜棱柱

下面以斜三棱柱为例对斜棱柱的特征、安放、投影作图等进行讲解。

（1）斜棱柱的特征

如图 5.2(a) 所示，斜棱柱有以下 3 个特征：

①上下底面是两个相互平行且相等的多边形，图中底面为等腰三角形。

②各个侧面都是平行四边形。

③各条侧棱相互平行、相等，且倾斜于底面，其长度不等于棱柱的高。

（2）斜棱柱的安放

斜棱柱的安放原则同直棱柱。

如图 5.2(a) 所示，使此斜三棱柱的上下底面平行于 H 面，后侧棱面垂直于 W 面，3 条侧棱相互平行，且与底面倾斜。

（3）斜棱柱的投影

完成斜棱柱的三面投影，就是画出此斜棱柱两底面和各侧面的三面投影。

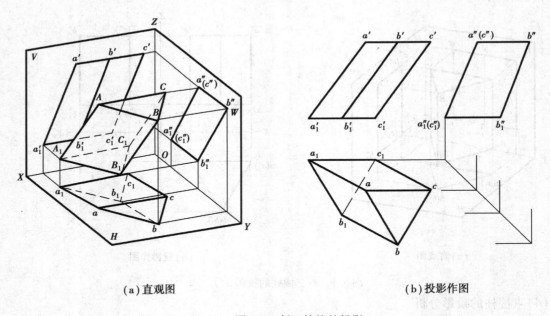

(a)直观图   (b)投影作图

图 5.2 斜三棱柱的投影

作图：如图 5.2(b) 所示。

①画上、下底面的各投影。**先**画实形投影，如 H 面中的 $\triangle abc$ 和 $\triangle a_1b_1c_1$，**后**画积聚投影，如 V、W 面中的水平线段 $a'b'c'$、$a'_1b'_1c'_1$ 和 $a''b''c''$、$a''_1b''_1c''_1$。

②画每条侧棱的各投影。如画出图中 AA_1、BB_1、CC_1 侧棱的三面投影，完成斜棱柱的投影作图。

（4）斜棱柱的投影分析

斜棱柱的 H、V、W 面各个投影，应包含该斜棱柱所有表面的该面投影，如图5.2（b）所示。

斜棱柱侧棱面常不具有积聚投影，需要判别表面可见性的情况较直棱柱多。判断某一表面投影的可见性原则是：若该表面的全部边线此面投影可见，则该表面此面投影可见；若该表面有一条边线此面投影不可见，则该表面此面投影不可见，如图5.2（b）所示。

水平面投影：斜棱柱上下底面的实形投影（上底面可见，下底面不可见），以及侧棱的相应可见投影如图5.2（b）所示，为两个底面的三角形投影，加上三条斜线，是该斜棱柱三条侧棱的 H 面投影。

正面投影：基本形状为平行四边形，如图5.2（b）所示，为左右两个平行四边形合成的一个较大的平行四边形。左右两个平行四边形是左右侧面的类似形投影（不可见），较大平行四边形是后侧面的类似形投影（不可见）；其上下边线是棱柱上下底面的积聚投影。

侧面投影：基本形状仍为平行四边形，如图5.2（b）所示，平行四边形是左右侧面类似形投影的投影重合（左侧面可见，右侧面不可见）。该平行四边形的上下边线及左边线是该斜三棱柱上下底面及后侧面的积聚投影，右边线是前侧棱（BB_1）的 W 面投影。

▶5.1.2 棱锥的三面正投影

底面为平面多边形，其余各侧面都是三角形，且各侧棱相交于一个顶点的平面立体称为**棱锥**。棱锥底面的边数与侧面数、侧棱数相等，当底面边数为 N，底面是 N 边形时，就称为 N **棱锥**（$N \geqslant 3$）。

顶点到底面的距离称为**棱锥的高**。当棱锥的底面为正多边形时，棱锥的顶点与该正多边形中心的连线即为棱锥的高，若与底面垂直，则该棱锥被称为**正棱锥**；反之，则为**斜棱锥**。

下面以正三棱锥为例，对棱锥的特征、安放、投影作图等进行讲解。

（1）棱锥的特征

如图5.3（a）所示，棱锥有以下3个特征：

①底面为多边形，图中所示底面为 $\triangle ABC$。

②每个侧面均为三角形，图中所示侧面分别为 $\triangle SAB$、$\triangle SBC$、$\triangle SAC$。

③每条侧棱均交于同一顶点，图中 SA、SB、SC 均交于顶点 S。

（2）棱锥的安放位置

安放原则：使棱锥的底面平行于某一投影面，顶点通常朝上、朝前或朝左。

如图5.3（a）所示，使三棱锥的底面 $\triangle ABC$ 平行于 H 面，后侧面 $\triangle SAC$ 垂直于 W 面。

（3）棱锥的投影作图

作棱锥的投影，就是画出该棱锥底面及各侧面的投影。

作图：如图5.3（b）所示。

①画底面 $\triangle ABC$ 的实形投影（$\triangle abc$）和积聚投影 [$a'b'c'$、$a''(c'')b''$]。

②画顶点 S 的三面投影（s、s'、s''）。

③连接各侧棱的三面投影，完成棱锥的投影作图。

（4）棱锥的投影分析

棱锥的 H、V、W 面各个投影，应包含该棱锥所有表面的该面投影，如图5.3（b）所示。

水平面投影：由若干个小三角形组合而成，小三角形的数量由底面边数决定，是该棱锥各个侧面的类似形投影与底面的实形投影的重合（各侧面可见，底面不可见）。如图5.3（b）所示为由 3 个小三角形组合成的大三角形。

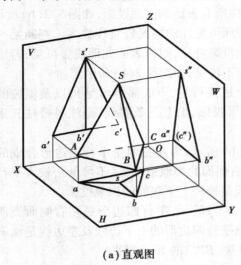 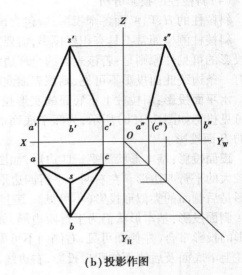

（a）直观图　　　　　　　　　　　　　（b）投影作图

图 5.3　三棱锥的投影

正面投影：基本形状为三角形，图 5.3（b）所示，为左右两个小三角形合成的一个大三角形。左右两个小三角形是棱锥左右侧面类似形投影（可见），大三角形是后侧面的类似形投影（不可见），大三角形的下边线是棱锥底面的积聚投影。

侧面投影：基本形状为三角形，如图 5.3（b）所示。三角形是三棱锥左右侧面的类似形投影的重合（左侧面可见，右侧面不可见），三角形的左边线及底边线是棱锥后侧面及底面的 W 面积聚投影，三角形右边线是前侧棱（SB）的 W 面投影。

▶5.1.3　棱台的三面正投影

当棱锥被一个平行于底面的平面截割，得到的平面立体称为**棱台**。棱台底面的边数与侧面数、侧棱数相等，当底面边数为 N，底面是 N 边形时，就称为 N **棱台**（$N \geqslant 3$）。

两底面之间的距离称为**棱台的高**。当棱台的底面为正多边形，且棱台的上下底面正多边形中心的连线与底面垂直，则该棱台被称为**正棱台**。

下面以正四棱台为例对棱台的特征、安放、投影作图等进行讲解。

（1）棱台的特征

如图 5.4（a）所示，棱台有以下 3 个特征：

①底面为多边形。

②每个侧面均为梯形。

③每条侧棱延长后，均交于同一顶点。

（2）棱台的安放

安放原则：使棱台的底面平行于某一投影面。

如图 5.4（a）所示，使四棱台的上下底面平行于 H 面，左右侧面垂直于 V 面，前后侧面垂直于 W 面。

（3）棱台的投影作图

作棱台的投影，就是画出此棱台底面及各侧面的投影。

作图:如图5.4(b)所示。

①画出上下底面的各投影。先画实形投影,如 H 面上的矩形 $abcd$ 和 $a_1b_1c_1d_1$,后画实形投影,如 V 面上的水平线段 $(a')b'c'(d')$ 和 $(a'_1)b'_1c'_1(d'_1)$,以及 W 面上的 $a''(d'')b''(b'')$ 和 $a''_1(d''_1)b''_1(c''_1)$。

②画出侧棱的各面投影,如遇投影重合的情况只用画出一条,完成正棱台的投影作图。

(4)棱台的投影分析

水平面投影: 如图5.4(b)所示的两个矩形,是该四棱台上下底面的实形投影(上底面可见,下底面不可见),左右及前后共4个梯形是棱台左右及前后侧面的类似形投影(均可见)。

正面投影: 如图5.4(b)所示的一个梯形,是棱台前后侧面的类似形投影(前侧面可见,后侧面不可见)。梯形的上下边线是棱台上下底面的积聚投影,其左右边线是棱台左右侧面的积聚投影。

侧面投影: 如图5.4(b)所示的一个梯形,是棱台左右侧面的类似形投影(左侧面可见,右侧面不可见)。梯形的上下边线是棱台上下底面的积聚投影,其左右边线是棱台后前侧面的积聚投影。

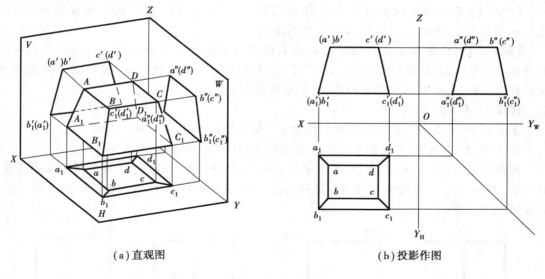

(a)直观图　　　　　　　　(b)投影作图

图5.4　棱台的投影

5.2　平面立体的表面取点

在平面立体表面取点,要满足一定的作图条件,并要结合作图原理,按照作图步骤进行。

作图条件: 当点的一个**已知投影**位于立体的某一表面、棱线或边线的**非积聚投影**上时,可由该已知投影,根据点的从属性及点的三面投影规律,补出立体表面点的另两个投影;反之,不能补出点的另两个投影。

作图原理: 平面立体所有的表面均为平面,故其表面取点、直线的作图原理与作属于平面的点、直线的作图相同。

作图步骤:

①分析。根据点的某一已知投影位置及其可见性,判断、分析出该点所属表面的空间位置及其投影。

②作图。当点所属表面**有积聚投影**时,根据点属于面可直接补出点在该面的积聚投影上的投影,再根据点的三面投影规律,补出点的第三面投影;当点所属表面**无积聚投影**时,则应过点在其所属面内作一条合理的辅助线,找到该线的三面投影,再根据点属于该线,求出点的三面投影。

③判别可见性。对某一投影面而言,根据点属于表面,则点的该面投影的可见性,与点所属表面的该面投影的可见性一致;当点的某一投影位于面的该面积聚投影上时(一般不可见),通常不必判别点的该面投影的可见性,其投影不用打括号。

注意:立体表面取点的作图方法是立体表面取点、线,以及求平面截割立体的截交线、两立体相交的相贯线投影作图的基础,必须熟练掌握。

▶5.2.1　棱柱表面取点

【例 5.1】已知三棱柱表面 K 点的 H 面投影 k(可见),以及 M 点的 V 面投影 m'(不可见),如图 5.5(a)所示。求 K、M 点的另两面投影。

【解】分析:根据 K 点的 H 面投影 k,可判断 K 点应属于上底面△ABC,且上底面的 V、W 面投影有积聚性,积聚投影为 $a'b'c'$,$a''b''(c'')$。根据 M 点的 V 面投影 m',可判断 M 点应属于棱柱的右侧面,且其 H 面投影有积聚性,积聚投影为 bc。

作图:如图 5.5(b)所示。

①求 K 点:由 k 向上作垂线与积聚投影 $a'c'$ 相交得 k',再由 k、k' 和 y 求得 k''。

②求 M 点:由 m' 向下作垂直线与 bc 相交得 m,再由 m、m' 和 y_1 求得 m''。

判别可见性:对 K 点,因 k'、k'' 属于上底面的 V、W 面的积聚投影,故不必判别其可见性。对 M 点,因 m 属于右侧面的 H 面的积聚投影,故不必判别其可见性,右侧面的 W 投影不可见,故 m'' 不可见,记为(m'')。

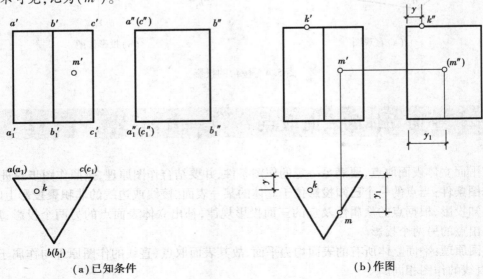

(a)已知条件　　　　　　　　　　(b)作图

图 5.5　棱柱表面取点

▶5.2.2　棱锥表面取点

【例5.2】已知三棱锥表面 K 点的 H 面投影 k（可见）, M 点的 V 面投影 m'（可见）, 如图 5.6(a)所示。求 K、M 点的另两面投影。

【解】分析: 根据 K 点的 H 面投影, 可判断 K 点应属于 $\triangle SAC$, 且 $\triangle SAC$ 的 W 面有积聚投影 $s''a''(b'')$, 故 $k'' \in s''a''$。根据 M 点的 V 面投影 m' 可见, 判断点 $M \in \triangle SBC$, 且该面的 3 个投影均无积聚性。

作图: 如图 5.6(b)所示。

①求 K 点。方法 1: 由 K 点的 y 坐标, 在 $s''a''$ 上定 k'', 再由 k、k'' 求得 k'。方法 2: 在 $\triangle sac$ 内过 k 引辅助直线 sk, 并延长与 ac 相交得 2 点, 过 2 点向上作垂线交 $a'c'$ 得 $2'$, 连 $s'2'$ 与过 k 向上所作的垂线相交得 k', 再由 k、k' 求得 k''。

②求 M 点。在 $\triangle s'a'c'$ 内过 m' 作辅助直线 $s'm'$, 并延长与 $b'c'$ 相交于 $1'$, 由 $1'$ 求得 1、$1''$。连接 $s1$、$s''1''$。根据 $M \in S1$, 则 $m \in s1$, $m'' \in s''1''$, 由 m' 可求得 m、m''。

判别可见性: 对 K 点, 因 K 点所在的 $\triangle SAC$ 的 V 面投影 $\triangle s'a'c'$ 不可见, 故 k' 不可见, 记为 (k')。$k'' \in s''a''(c'')$（面的积聚投影）, 不判别可见性。对 M 点, 因 M 点所在的 $\triangle SBC$ 的 H 投影可见, 故 m 为可见; $\triangle SBC$ 的 W 投影为不可见, 故 m'' 为不可见, 记为 (m'')。

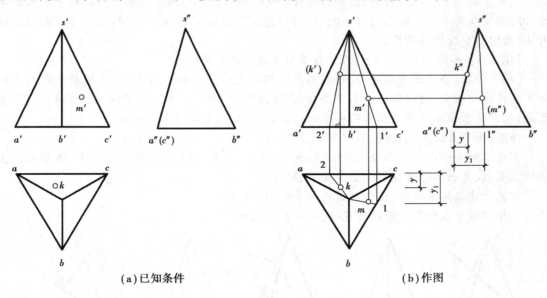

(a)已知条件　　　　　　　　　(b)作图

图 5.6　棱锥表面取点

5.3　平面与平面立体相交

平面与立体相交, 在立体表面产生交线, 称为**截交线**。与立体相交的平面, 称为**截平面**。截平面截切立体所得的由截交线围合成的图形, 称为**截断面**, 简称**断面**。

如图 5.7 所示为截平面与三棱锥相交的情况。从图中不难看出, 截交线的形状由截平面相对平面立体的位置来决定, 任何截交线都具有两个共同性质:

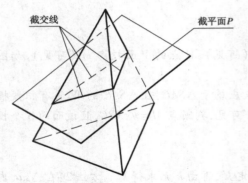

截交线   截平面P

①平面立体各表面均为平面,故截交线是封闭的多边形;多边形的各边是截平面与平面立体各表面的交线;多边形的各个顶点则是截平面与平面立体各条棱线的交点。

②截交线是截平面与平面立体的共有线,截交线上的每个点都是截平面与平面立体的共有点。

因此,平面与平面立体相交的问题,实质上是平面立体各表面或各棱线与截平面相交产生交线或交点的问题。求截交线的方法也可归纳为以下两种:

图 5.7 截平面与三棱锥相交

①交线法:求出截平面与平面立体各表面的交线,即得截交线。

②交点法:求出截平面与平面立体各棱线的交点,按照一定的连点原则将交点两两相连,也可得截交线。

▶5.3.1 特殊位置平面与平面立体相交

当截平面处于特殊位置时,截平面具有积聚性的投影必与截交线在该投影面上的投影重合,即:截交线有一个投影为已知。此时,可根据这个已知的投影,利用前面所述表面取点的方法,求出截交线的其余投影。

【例 5.3】 如图 5.8(a)所示,求正垂面与三棱锥的截交线。

【解】 分析:截平面为正垂面,故它与三棱锥的交线的正投影为已知;又因截平面与三棱锥 3 条棱线均相交,所以截平面与 3 条棱线 SA、SB、SC 的交点 Ⅰ、Ⅱ、Ⅲ 的正投影 $1'$、$2'$、$3'$ 也已知;故只需求出截交线的水平投影及侧投影,即可完成题目要求。

作图: 由交点法求截交线,如图 5.8(b)所示。

①由已知截平面与 3 条棱线 SA、SB、SC 的交点 Ⅰ、Ⅱ、Ⅲ 的正投影 $1'$、$2'$、$3'$,根据直线上点的从属性,求出其余两投影 1、2、3 及 $1''$、$2''$、$3''$。

②依次连接同名投影,得截交线的水平投影和侧投影。

③根据截交线所在表面的可见性,确定其可见性。

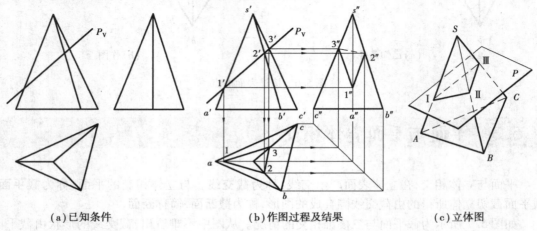

(a)已知条件   (b)作图过程及结果   (c)立体图

图 5.8 正垂面与三棱锥的截交线

【例5.4】如图5.9(a)所示,求正三棱锥被水平面 P_V 和正垂面 Q_V 截切后的三面投影。

【解】分析:水平面 P_V 截切三棱锥,将得一个与底面相似的正△ⅠⅡⅢ,它的正投影积聚为一段水平线 $1'2'3'$;正垂面 Q_V 截切正三棱产生的截交线,求解方法同例5.3。两平面均未切断正三棱锥,它们的交线是一条正垂线ⅥⅦ。立体图如图5.9(c)所示。

作图:如图5.9(b)所示。

①首先求出正三棱锥未被截切前的侧面投影。

②水平面 P_V 截切正三棱锥的正投影 $1'$、$2'$、$3'$ 为已知,由此可求出其水平投影 1、2、3 及侧投影 $1''$、$2''$、$3''$。

③正垂面 Q_V 截切正三棱锥的正投影 $4'$、$5'$、$6'$、$7'$ 已知,其中积聚点 $6'$、$7'$ 是 P_V 面与 Q_V 面交线的正投影,求出其水平投影和侧投影 4、5、6、7 和 $4''$、$5''$、$6''$、$7''$。

④ 如图5.9(c)所示,分两个截面按 P_V 截面上从Ⅰ→Ⅱ→Ⅵ→Ⅶ→Ⅰ、Q_V 截面上从Ⅳ→Ⅴ→Ⅵ→Ⅶ→Ⅳ的顺序,连接其水平投影和侧面投影。

⑤判定可见性:两个截切平面截切三棱锥得到一个向左上方的缺口,所以产生的截交线在投影中全部可见,仅截面 P 与截面 Q 的交线ⅥⅦ的水平投影不可见。

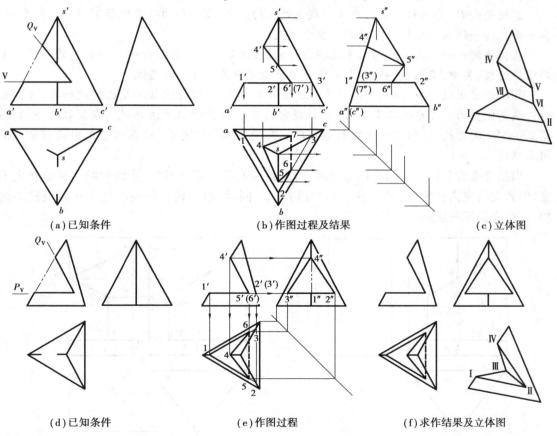

图5.9 完成正三棱锥被截割后的三面投影

如图 5.9(e)、(f)、(g)所示仍是一个正三棱锥被水平面 P 和正平面 Q 截切。但是,截切口与立体间相对位置与(a)、(b)、(c)所示的立体不同,所以两组截交线是完全不相同的。

【例 5.5】 如图 5.10(a)所示,求带缺口的三棱柱的投影。

【解】分析: 三棱柱分别被正垂面 P_V 水平面 Q_V 及侧平面 R_V 截切。观察该三棱柱,其水平投影具有积聚性,所以,属于三棱柱表面截交线的水平投影一定重合在该积聚投影上,也就是截交线的水平投影已知。3 个截切平面的正投影均具有积聚性,所以它们与三棱柱产生的交线的正投影也已知。因此,只需要求出截交线的侧投影,即可完成题目要求。

作图: 如图 5.10(b)所示。

①先求正垂面 P_V 与三棱柱产生截交线上的点Ⅰ、Ⅱ、Ⅲ、Ⅷ。截平面 P_V 是正垂面,与棱柱的交点 1′、2′已知,同时,它与侧平面 R_V 的交线 3′、8′也已知。根据平面立体表面取点的方法,求出这些点的水平投影和侧投影。

②再求水平面 Q_V 与三棱柱相交产生截交线上的点Ⅳ、Ⅴ、Ⅵ、Ⅶ。水平面 Q_V 的正投影具有积聚性,它与棱柱的交点 5′、6′已知,同时,它与侧平面 R_V 的交线 4′、7′也已知。同理,可求出这些点的水平投影和侧投影。

③侧平面 R_V 与三棱柱相交产生的截交线上的点Ⅲ、Ⅳ、Ⅶ、Ⅷ的正投影 3′、4′、7′、8′已知,其水平投影和侧投影已经在前面的作图中完成。

④根据同在一个表面的两点才能相连的原则,按Ⅰ→Ⅱ→Ⅲ→Ⅳ→Ⅴ→Ⅵ→Ⅶ→Ⅷ→Ⅰ的顺序连接,其中,交线Ⅲ→Ⅷ和Ⅳ→Ⅶ在水平投影中为不可见的虚线。

⑤从题目正投影中可知:三棱柱的左边棱线Ⅰ→Ⅵ、中间棱线Ⅱ→Ⅴ已经被切掉,只有右边棱线是完整的。在水平投影中,三棱柱投影的积聚性使缺口无法体现。在侧投影中,1″→6″、2″→5″之间无棱线,但右边棱线完整且后侧面的大部分都存在,故在该投影中只有 2″→5″间无线段。

当条件变为三棱柱与四棱柱相交时,所求各点的位置完全不变,连线的顺序和形状也不变,但截交线变为相贯线,可见性必须严格判断。同时,原三棱柱的棱线也由于四棱柱的遮挡,而产生局部的虚线。

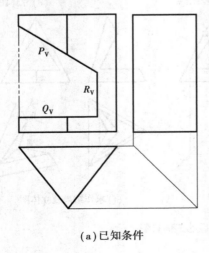

(a)已知条件

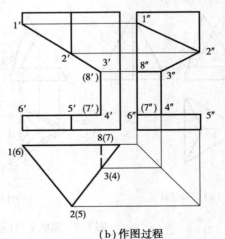

(b)作图过程

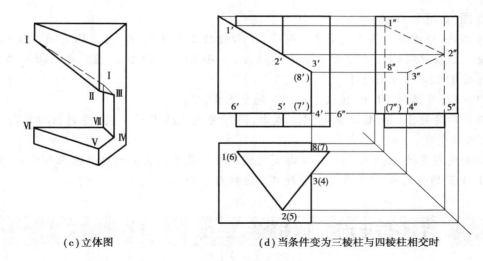

（c）立体图　　　　　　　（d）当条件变为三棱柱与四棱柱相交时

图 5.10　求带缺口的三棱柱投影

►5.3.2　一般位置平面与平面立体相交

平面立体与一般位置平面相交时，通常用求一般位置平面与棱线交点的方法来求出截交线。

【例 5.6】如图 5.11（a）所示，求平面△DEF 与三棱锥 S-ABC 的截交线。

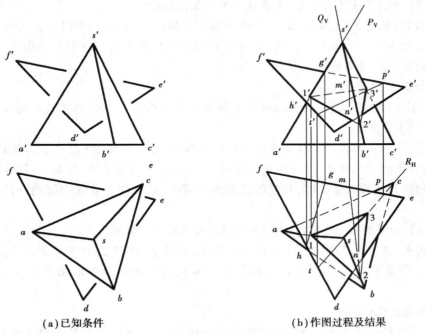

（a）已知条件　　　　　　　（b）作图过程及结果

图 5.11　求平面△DEF 与三棱锥的截交线

【解】分析：用一般位置直线与一般位置平面相交求交点的方法是辅助平面法，求出平面△DEF 分别与 SA、SB、SC 棱线产生的交点Ⅰ、Ⅱ、Ⅲ，两两相连即得截交线。

作图:如图 5.11(b)所示。

①求 SA 棱线与△DEF 的交点。包含 a's'作辅助正垂面 P_V，P_V 与△DEF 的交线 GH 的正投影 g'h'直接得到;由 g'h'求出水平投影 gh,gh 和 as 的交点即为 SA 棱线与△DEF 的交点 Ⅰ 的水平投影 1;再由 1 作出 1'。

②同理,可求出 SB、SC 棱线与△DEF 的交点 Ⅱ、Ⅲ。

③依次连接 Ⅰ、Ⅱ、Ⅲ 各点的同名投影,同时考虑△DEF 的范围,得到△DEF 与三棱锥 S-ABC的截交线。

④判定可见性:截交线的可见性由截交线线段所属立体表面的可见性来判断;三棱锥与 △DEF 平面的可见性,可按交叉两直线可见性判断方法进行。

5.4　直线与平面立体相交

直线与平面立体相交产生的交点,称为**贯穿点**。求贯穿点的实质就是求真线与立体表面 的交点。由于直线"穿入""穿出"立体,所以 ,一般情况下贯穿点有两个。当直线或平面立体 表面的投影具有积聚性时,应利用积聚性来求贯穿点;当直线或平面立体表面的投影无积聚 性时,则采用辅助平面法求贯穿点。

▶5.4.1　直线或平面立体表面的投影具有积聚性

【例 5.7】如图 5.12(a)所示,求直线 MN 与三棱柱的贯穿点。

【解】分析:从图 5.11(a)所示的水平投影中可知,三棱柱的水平投影具有积聚性,直线 MN 贯穿过三棱柱的左右侧棱面。所以,贯穿点的水平投影可直接得到。再由直线上点的从 属性,可求出贯穿点的正投影。

作图:如图 5.12(b)所示。

①求贯穿点的水平投影。线段 mn 与三棱柱左右侧面的积聚性水平投影的交点,即为贯 穿点的水平投影 1、2。

②求贯穿点的正面投影。根据直线上点的从属性,由水平投影 1、2 求出正投影 1'、2'。

③判断可见性。根据 Ⅰ、Ⅱ 点所属三棱柱左、右侧棱面的可见性,判断 1'、2'均可见。

必须注意:直线穿入立体时,与立体已融为一整体,故直线在立体内部的一段并不存在, 不能画线。

【例 5.8】如图 5.13(a)所示,求正垂线 ED 与三棱锥的贯穿点。

【解】分析:正垂线 ED 的正投影具有积聚性,故属于 DE 直线的贯穿点其正投影必定与 积聚点重合,即贯穿点的正投影为已知。用立体表面取点法即可求出贯穿点的其余两个 投影。

作图:如图 5.13(b)所示。

①求贯穿点的水平投影。由 DE 的正投影积聚,直接得到贯穿点 F、G 的正投影 f'、g'。

②求贯穿点的水平投影。由立体表面取点的方法,过 f'作 1'2' // a'b',过 m'作 1'3' // a'c',求得贯穿点的水平投影 f、g 和侧投影 f''、g''。

③判断可见性。由贯穿点所属表面的可见性,分别判断出 F、G 点的 3 个投影除 g'不可见

外,其余均可见,并完成直线贯穿立体后的投影。同样需要注意的是,直线穿入立体内部后,两贯穿点之间不能画线。

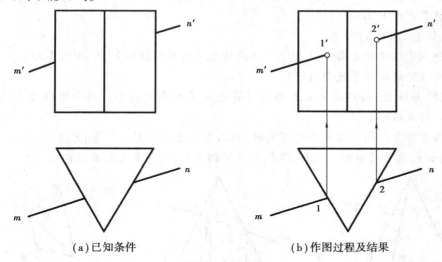

(a)已知条件　　　　　　　(b)作图过程及结果

图 5.12　求一般位置直线与三棱柱的贯穿点

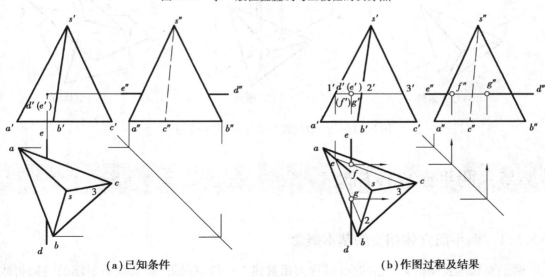

(a)已知条件　　　　　　　　　　　　(b)作图过程及结果

图 5.13　求正垂线与三棱锥的贯穿点

▶5.4.2　直线或平面立体表面的投影无积聚性

直线或平面立体表面的投影无积聚性可利用时,贯穿点的求解就要采用辅助平面法,其作图步骤如下:

①包含直线作辅助平面。为使作图简便,辅助平面宜为垂直面或平行面。

②求辅助平面与立体表面的交线(截交线)。

③该交线与已知直线的交点,即为所求的贯穿点。

【例 5.9】如图 5.14(a)所示,求一般位置直线 MN 与三棱锥的贯穿点。

【解】分析:直线与三棱锥表面的投影均无积聚性,所以,本例采用辅助平面法求贯穿点。包含直线 MN 作辅助平面(垂直面),再求出辅助平面与三棱锥的截交线,便可求出直线 MN 与三棱锥的贯穿点 K、L。

作图:如图 5.14(b)所示。

①包含 MN 作辅助正垂面 P_V,P_V 与三棱锥截交线的正投影 $1'$、$2'$、$3'$ 为已知。

②求出截交线的水平投影 $\triangle 123$。

③$\triangle 123$ 与线段 mn 的交点 k、l,即为贯穿点 K、L 的水平投影。再由直线上点的从属性,求出贯穿点的正投影 k'、l'。

④根据贯穿点所属立体表面的可见性,判断贯穿点 k、l、l' 为可见,k' 为不可见,完成直线 MN 与三棱锥相交后的投影。同样,直线与立体相交后,贯穿点之间不能画线。

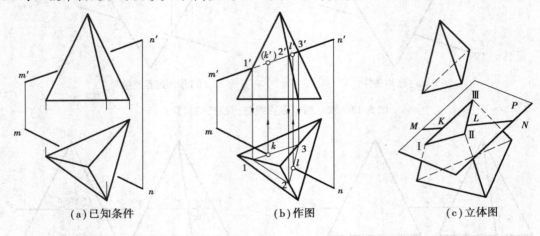

(a)已知条件   (b)作图   (c)立体图

图 5.14 求一般位置直线与三棱锥的贯穿点

5.5 两平面立体相交

▶5.5.1 两平面立体相交的基本概念

两平面立体表面相交产生的交线,称为**相贯线**。一般情况下,相贯线为封闭的空间折线或平面多边形。如图 5.15 所示,除(a)图后侧面上产生的交线是平面多边形(四边形)外,其余均为封闭的空间折线;在特殊情况下,相贯线也可能不封闭[图 5.14(c)],三棱柱与三棱锥共底面,故产生的交线是不封闭的空间折线。

当一个立体全部贯穿另一个立体时,称为全贯,如图 5.15(a)所示;当两立体相互贯穿时,称为互贯,如图 5.15(b)、(c)所示。

▶5.5.2 两平面立体相交的作图方法

从图 5.15 可看出:两平面立体相交产生的空间折线或平面多边形的各线段,是两平面立体相关表面产生的交线,折线的顶点是两平面立体相关棱线与表面的交点。所以,**求两平面立体相交的相贯线问题,实质上是求直线(棱线)与平面(立体表面)的交点及求两平面(立体**

表面)交线的问题。

相贯线连线原则:属于某立体同一表面,同时也属于另一立体同一表面上的两点才能相连。

相贯线可见性判别原则:相贯线上的线段只有同时属于两立体可见表面上时,才为可见,否则为不可见。

当求出属于相贯线上的点之后,按照上述原则连接得到相贯线。应当注意:**两立体贯穿后是一个整体,相贯线既是两立体表面共有线,也是两立体表面的分界线,立体表面的棱线只能画到相贯线处为止,不能穿入另一立体中**,如图 5.15 所示。

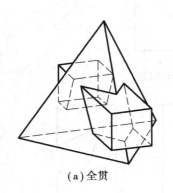 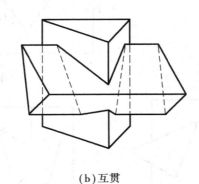 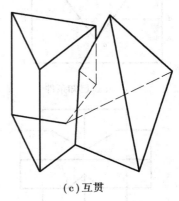

(a)全贯　　　　　　　　(b)互贯　　　　　　　　(c)互贯

图 5.15　两平面立体相交

【例 5.10】 如图 5.16(a)所示,求两三棱柱的相贯线。

【解】分析:从图 5.16(a)可看出,两三棱柱为互贯,三棱柱 ABC 的棱线垂直于 H 面,它的水平投影 abc 具有积聚性,故属于其上的相贯线的水平投影为已知;又三棱柱 DEF 的棱线垂直于 W 面,它的侧投影 $d''e''f''$ 具有积聚性,故属于其上的相贯线的侧投影也为已知。只需求出相贯线的正投影,即可完成两三棱柱相交的投影。

作图:如图 5.16(b)所示。

①三棱柱 ABC 的水平投影具有积聚性,可以确定它与三棱柱 DEF 的交点 1、2、(3)、(4)、5、(6);三棱柱 DEF 的侧投影具有积聚性,也可以确定它与三棱柱 ABC 的交点 1″、(2″)、3″、(4″)、5″、6″。

②相贯线各点的正投影和侧投影 Ⅰ(1、1″)、Ⅱ(2、2″)、Ⅲ(3、3″)、Ⅳ(4、4″)、Ⅴ(5、5″)、Ⅵ(6、6″)均已知,即可求出它们的正投影 1′、3′、3′、4′、5′、6′。

③根据相贯线的连线原则,从任一点开始,按 Ⅰ→Ⅴ→Ⅱ→Ⅳ→Ⅵ→Ⅲ→Ⅰ 的顺序连线。在图 5.16(b)的正投影中,将它们的同名投影相连,即得相贯线的正投影,为封闭的空间折线。

④判定可见性。根据相贯线上的线段,只有同时属于两立体可见表面时才可见的原则,在图 5.16(b)的正投影中,判断 1′5′、2′5′、3′6′、4′6′线段为可见;1′3′、2′5′线段为不可见,完成相贯线的可见性判定。同时,判断出三棱柱 ABC 的 AA 棱线、BB 棱线被遮住部分不可见,完成两三棱锥相交后的投影。

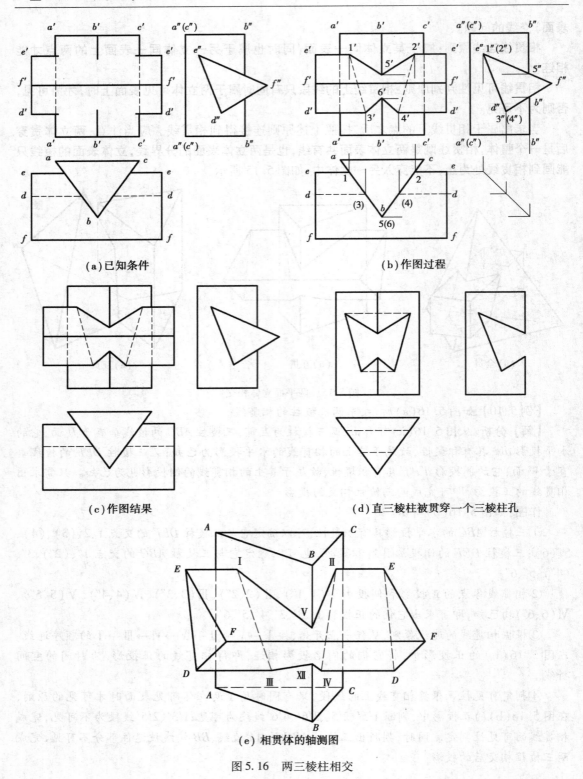

(a) 已知条件

(b) 作图过程

(c) 作图结果

(d) 直三棱柱被贯穿一个三棱柱孔

(e) 相贯体的轴测图

图 5.16　两三棱柱相交

若相交的两立体一个为实体一个为虚体,相贯线的求解方法与两实体相交时完全相同。如图5.16(d)所示,可看成将三棱柱 DEF 沿水平方向抽出(形成虚体)。应注意相贯线可见性与图5.16(c)的变化,以及新出现的虚线。

【例5.11】如图5.17(a)所示,求三棱锥与四棱柱相交后的投影。

【解】分析:

①四棱柱的4条棱线均正垂线,故其正投影具有积聚性,属于四棱柱表面的相贯线的正投影为已知。

②从正投影观察,四棱柱完全贯穿三棱锥,为全贯;从水平投影观察,四棱柱"穿入""穿出"三棱锥,所以相贯线有前后两组。

③三棱锥的底面是水平面,四棱柱上下表面为水平面,左右表面为侧平面。它们相交后产生的相贯线,将分别属于四棱柱的水平及侧平表面上。

④ 投影图左右对称,所以相贯线也是左右对称的。

作图:如图5.17(b)所示,分别采用辅助线法和辅助面法。

①辅助线法:要求四棱柱 DD 棱线与三棱锥表面的交点,可利用 DD 棱线正投影的积聚性,连 $s'd'$ 到 q',$s'q'$ 为三棱锥 SAB 表面上过 I 点的一辅助线。按投影关系求出 sq、$s''q''$,其上的 1、$1''$ 即为贯穿点 I 的两个投影。同理,可求出贯穿点 II、III、IV、V、VI、VII、VIII 的投影。又有棱线 SB 与四棱柱上下表面的交点 J、K,便求出了相贯线上各点的投影。

②辅助面法:要求三棱锥表面与四棱柱表面的交线,可作包含四棱柱上表面 DDEE 平面的水平面 P_V 及包含四棱柱下表面 GGFF 平面的水平面 R_V,与三棱锥相交产生截交线 △IJK 和 △LMN。这两组交线分别与四棱柱的4条棱线相交于 I、II、III、IV、V、VI、VII、VIII 点,同时与三棱锥 SB 棱线交于 J、M 点,便求出了相贯线上各线段的投影。

③根据相贯线的连线原则,可得三棱锥与四棱柱全贯后前、后两部分的相贯线,前面为封闭的空间折线,后面为封闭的平面多边形。它们的侧投影具有积聚性和重影性。

④ 判定可见性。根据同时属于两立体可见表面的相贯线线段才可见的原则,判断属四棱柱上表面的相贯线段为可见,属于四棱柱下表面的相贯线为不可见。同时,判断两立体相交后,三棱锥底面被四棱柱遮住部分的投影可不见,如图5.17(c)所示。

如图5.17(d)所示为一个实体的三棱锥,被一虚体的四棱柱相贯穿后(将四棱柱沿水平方向抽出)的投影图。其作图方法与上述相同,注意对比两种情况下相贯线可见性、三棱锥可见性的变化及新出现的虚线。

【例5.12】如图5.18(a)所示,求正六棱柱被一个三棱柱穿孔后的投影。

【解】分析:从正六棱柱被穿孔的正投影和正六棱柱具有积聚性的水平投影可以看出,正六棱柱被穿孔后,前后、左右均是对称的。前面孔口是正三棱柱的3个棱面与正六棱柱的左前、前、右前3个侧表面产生的交线,分别为 I II、II III、III IV、IV V、V VI、VI VII、VII I。交线的正投影为已知,交线的水平投影积聚在正六棱柱的水平投影中(在前面);后面孔口为正三棱柱的3个棱面与正六棱柱的左后、后、右后3个侧表面产生的交线,分别为 $I_0 II_0$、$II_0 III_0$、$III_0 IV_0$、$IV_0 V_0$、$V_0 VI_0$、$VI_0 VII_0$、$VII_0 I_0$。前后两组交线具有对称性,如它们的正投影重影,水平投影积聚正六棱柱的水平投影中(在后面)。

作图:如图5.18(c)所示。

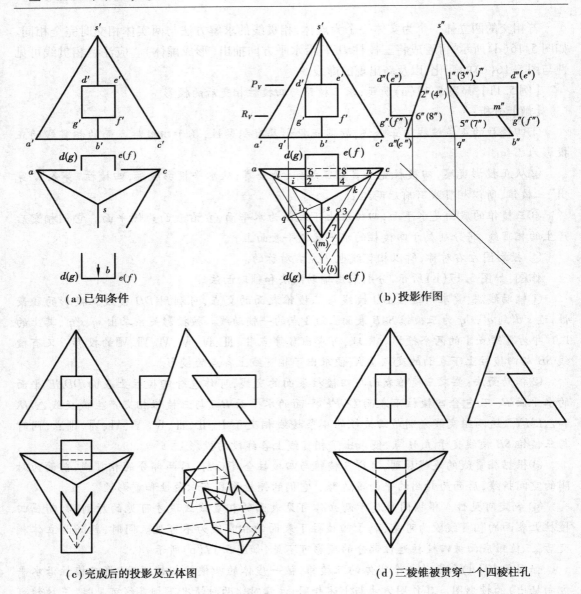

(a) 已知条件　　　　　　　　　　　(b) 投影作图

(c) 完成后的投影及立体图　　　　　(d) 三棱锥被贯穿一个四棱柱孔

图 5.17　三棱锥与四棱柱相贯

①确定出前面孔口所产生的相贯线上各点 Ⅰ、Ⅱ、Ⅲ、Ⅳ、Ⅴ、Ⅵ、Ⅶ的正投影 $1'$、$2'$、$3'$、$4'$、$5'$、$6'$、$7'$；后面孔口所产生的相贯线上各点与之对称，有 $1_0'$、$2_0'$、$3_0'$、$4_0'$、$5_0'$、$6_0'$、$7_0'$。

②这 14 个点分别属于正六棱柱前后 6 个侧表面，正六棱柱各表面的水平投影具有积聚性，从而确定出这 14 个点的水平投影。

③相贯线上各点的水平投影和正投影均已知，便可求出相贯线上各点的侧面投影。

④根据相贯线的连线原则，并对照正投影和水平投影，进行相贯线侧面投影的连线：$1'' \to 2'' \to 3'' \to 4'' \to 5'' \to 6'' \to 7'' \to 1''$ 及 $1_0'' \to 2_0'' \to 3_0'' \to 4_0'' \to 5_0'' \to 6_0'' \to 7_0'' \to 1_0''$。

⑤判断可见性。正六棱柱被正三棱柱穿孔，所以穿入正六棱柱内部的棱线均不可见，应画成虚线。

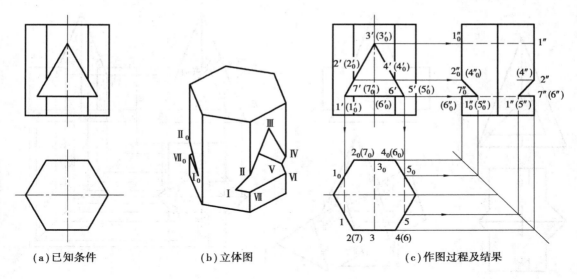

（a）已知条件　　　　　　　　（b）立体图　　　　　　　　（c）作图过程及结果

图 5.18　求正六棱柱被正三棱柱穿孔后的相贯线

【例 5.13】如图 5.19（a）所示，求三棱锥与正四棱锥相交后的投影。

【解】分析：

①三棱锥的正投影具有积聚性，所以，属于三棱锥表面的相贯线的正投影已知。

②通过对题目的观察可知道，三棱锥完全贯穿正四棱锥，且"穿入""穿出"正四棱锥，所以相贯线应有各自独立的前后两组。

③两相贯体前后具有完全的对称性，所以，前后两组各自独立的相贯线也是对称的。

作图：采用辅助平面法求解，如图 5.19（b）所示。

①在正投影中，包含三棱柱底面（水平面）作辅助平面 P_V，它与正四棱锥产生一平行于四棱锥底边截交线，其中有效交线为前面部分 $I \to II \to III$、后面部分 $I_0 \to II_0 \to III_0$。由正投影 $1'(1_0') \to 2'(2_0') \to 3'(3_0')$ 求出水平投影 $1(1_0) \to 2(2_0) \to 3(3_0)$ 和侧投影 $1''(1_0'') \to 2''(2_0'') \to 3''(3_0'')$。

②在正投影中，包含三棱柱最上面的棱线作一辅助平面 Q_V，同样产生一平行于四棱锥底边截交线，其中有效交点为 V、V_0，即由 $5'(5_0')$ 求出 $5(5_0)$ 和 $5''(5_0'')$。

③在正投影中，正四棱锥的最前、最后棱线分别与三棱锥的右侧面和底面相交，故分别产生交点 IV、IV_0 及 II、II_0。其中 II、II_0 前面已经求出，IV、IV_0 的求解根据直线上点的从属性，便可由 $4'(4_0')$ 求出 $4''(4_0'')$ 和 $4(4_0)$。

④根据相贯线的连线原则，可得前后两组相贯线分别按 I、$I_0 \to$ II、$II_0 \to III$、$III_0 \to IV$、$IV_0 \to V$、$V_0 \to I$、I_0 的顺序连接，它们的正投影前后重影、水平投影和侧投影后对称。

⑤判断可见性。根据同时属于两立体可见表面的线段才可见的原则，判断水平投影中属于三棱柱底面的前、后各两段线段为不可见，侧投影中属于正四棱锥右侧面的前、后各 3 段线段为不可见。

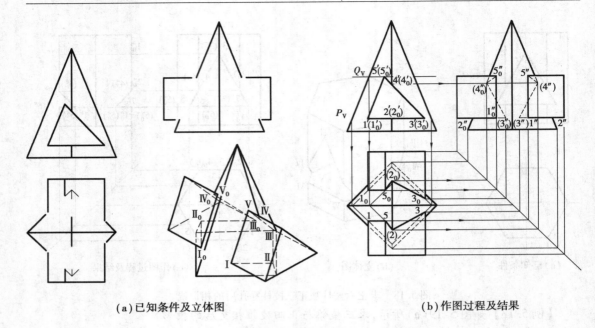

（a）已知条件及立体图　　　　　　　　　　（b）作图过程及结果

图 5.19　求三棱柱与正四棱锥的相贯线

5.6　同坡屋面

在房屋建筑设计中,屋顶可采用坡屋面形式。除考虑建筑造型外观的需要外,还必须兼顾建筑构造合理、满足排水等要求,故应进行合理、正确的设计。

为研究方便,下面以同坡屋面为例进行讲解。当坡屋面各个坡面(平面)的水平倾角 α 都相等,且各个坡面的屋檐线高度也都相等(位于同一水平面上)时,这样的坡屋面称为**同坡屋面**。

▶5.6.1　同坡屋面的特性

如图 5.20 所示,(a)图有 4 个坡面。正放时,左右坡面Ⅰ、Ⅲ为正垂面,前后坡面Ⅱ、Ⅳ为侧垂面,相应的檐线为 1、3 和 2、4。(b)图有 6 个坡面。正放时,坡面Ⅰ、Ⅲ、Ⅴ为正垂面,Ⅱ、Ⅳ、Ⅵ坡面为侧垂面,相应的檐线为 1、3、5 和 2、4、6。

分析图 5.20(a)、(b),得出**同坡屋面特性**如下:

①一条檐线,一个坡面。一栋建筑有几条檐线,就有几个坡面。

②相邻两檐线的坡面有交线,且应通过相应两檐线的交点。

③根据三平面两两相交,其 3 条交线必交于一点,则同坡屋面上如有两条线相交于一点,则过此点必有第三条交线。同时,可能出现多个平面共点的状况(如六角亭),对于同坡屋面的脊线交点,每点通过的交线数量为 $N \geqslant 3$。

坡面交线可分 3 类:

①当相邻两檐线凸交(外角 >180°)时,则对应两面交线称为**斜脊**。如图 5.20(a)有 4 个

· 118 ·

凸交角,则有 4 条斜脊线;图 5.20(b)有 5 个凸交角,则有 5 条斜脊线。

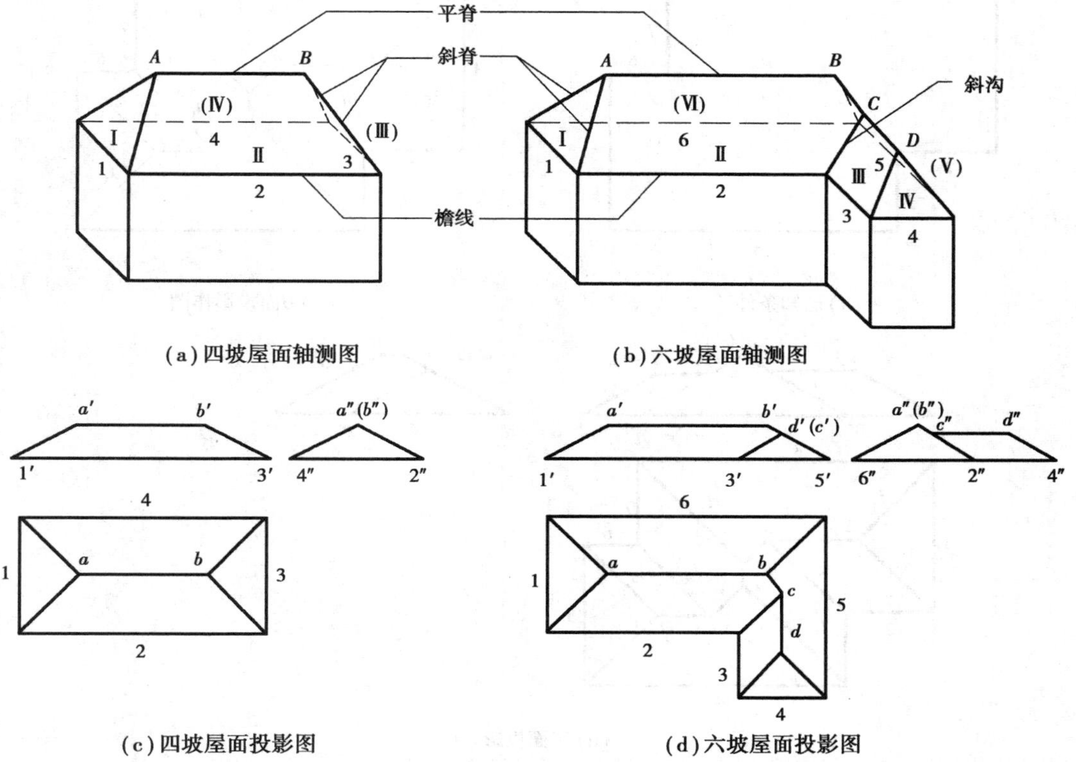

（a）四坡屋面轴测图　　　　（b）六坡屋面轴测图

（c）四坡屋面投影图　　　　（d）六坡屋面投影图

图 5.20　正交同坡屋面轴测图、投影图

②当相邻两檐线凹交(外角 <180°) 时,则对应的二面交线称为**斜沟**。如图 5.20(b)中线 2、3 凹交,则Ⅱ、Ⅲ面的交线是斜沟。

③当相邻两檐线平行时,则对应的二面交线称为**平脊**或**屋脊**。如图 5.20(a)中,檐线 2∥4,则对应Ⅱ、Ⅳ面的交线是平脊 AB。图 5.20(b)中,檐线 2∥6,则对应Ⅱ、Ⅳ面的交线是 平脊 AB;檐线 3∥4,则对应Ⅲ、Ⅳ面的交线是平脊 CD。

综上所述,斜脊、斜沟及平脊的 H 面投影,应为相应两檐线 H 面投影的分角线。故有**同坡 屋面**的 H 面投影特征如下:

①当相邻两檐线垂直相交时,其对应的分角线斜脊、斜沟的 H 面投影为 45°线。

②当相邻两檐线不垂直相交时,其对应的分角线斜脊、斜沟的 H 面投影作图原理不变。

③当相邻两檐线平行时,其对应的分角线屋脊与此两檐线的 H 面投影平行。

根据上述同坡屋面的 H 面投影特征,可以极为方便地完成同坡屋面 H 面投影作图。

图 5.20(c)是四坡屋面的三面投影,图 5.20(d)是六坡屋面的三面投影。其作图步骤与 四坡相同,请读者自行分析。

▶5.6.2　同坡屋面的投影作图

如图 5.21 所示,已知屋面各檐线等高,各坡面倾角 $\alpha = 30°$,完成屋面的三面投影。

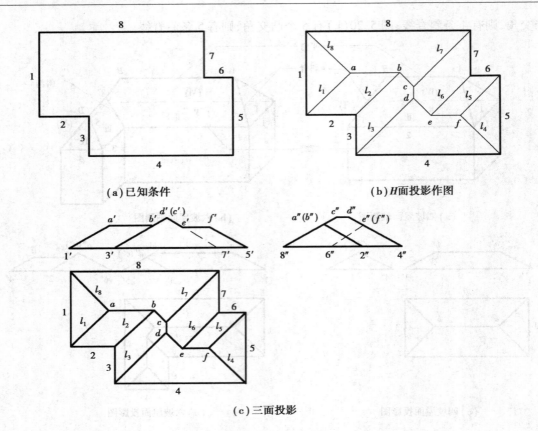

(a)已知条件　　　　　　　　　　(b)H面投影作图

(c)三面投影

图 5.21　同坡屋面交线画法

(1)作 H 面投影

依次封闭法:从选定的第一个檐线顶点开始,利用所作斜脊和平脊,按顺序依次封闭相邻檐线,循环一周,回到原顶点即完成作图。

作图:①画出各坡面檐线的 H 投影(建筑设计时,应由房屋各外墙的 H 投影,再加出檐而得),如图 5.21(a)所示。坡面檐线为已知,对各檐线进行编号(1~8),相应坡面编号也应与之对应。易知,该屋面共有 8 个坡面。

②作相邻两檐线的分角线。如图 5.21(b)所示,相邻两檐线相交呈 90°,故分角线为 45°线,共有 8 条($l_1 \sim l_8$);有 6 个凸角,则有 6 条斜脊($l_{1,3,4,5,7,8}$);有两个凹角,则有两条斜沟(如 $l_{2,6}$)。

③从任意相邻两凸角的分角线(斜脊)的交点开始,逐一封闭坡面。注意:从 a 点或 f 点开始,按下述相同步骤、方法作图,其结果不变。例如,从 a 开始。第 1 步,分析该点是哪三面共点;第 2 步,分析此三面共点的 3 条交线中,缺少哪两条檐线的分角线;第 3 步,作出该两檐线的分角线,且该分角线必须先遇相交于下一分角线得到 b 点。重复 3 步作图,得到 c 点。如此类推,直至作图完成。

因 l_1 是 1、2 檐线的分角线,l_8 是 1、8 檐线的分角线,l_1 与 l_8 的交点 a 是坡面(Ⅰ、Ⅱ、Ⅷ)的三面共点,且过 a 点的 3 条交线中缺少檐线 2、8 的分角线,故过 a 点作檐线 2、8 的分角线,此线必须先遇相交于 l_2 得 b 点,封闭坡面(Ⅰ、Ⅱ)。

ab 又是坡面(Ⅱ、Ⅷ)的交线,l_2 是坡面(Ⅱ、Ⅲ)的交线,其交点 b 是坡面(Ⅱ、Ⅲ、Ⅷ)的三面共点,且过 b 点的 3 条交线中缺少坡面(Ⅲ、Ⅷ)的分角线,故过 b 点作檐线 3、8 的分角线(向右下 45°线),此线必须先遇相交于 l_7 得 c 点,封闭坡面(Ⅷ)。

同理,c 点是坡面(Ⅲ、Ⅷ、Ⅶ)的三面共点,且缺少檐线 3、7 的分角线,故过 c 点作檐线 3、7 的分角线,此线必须先遇相交于 l_3 得 d 点,封闭坡面(Ⅲ);e 点是坡面(Ⅳ、Ⅶ、Ⅵ)的三面共点,且缺少檐线 4、6 的分角线,故过 e 点作檐线 4、6 的分角线与 l_4、l_5 相交得 f,封闭坡面(Ⅳ、Ⅴ、Ⅵ)。

分析:如图 5.21(b)所示,对同坡屋面的 H 面投影进行分析。

①平脊位置分析。平行两檐线垂直于某一投影面,则其交线平脊垂直于该投影面。即:檐线 2∥8,且 2、8⊥W,则其交线平脊 $AB⊥W$;檐线 4∥6,且 4、6⊥W,则其交线平脊 $EF⊥W$;檐线 3∥7,且 3、7⊥V,则其交线平脊 $CD⊥V$。

②平脊高度分析。平行两檐线间的距离越大,其交线平脊越高。即平脊高度 $CD > AB > EF$。

③**作图注意事项**:

对于 a、b、c、d、e、f 点,应逐一分析每一点是哪三面共点,不能有错;过 $a \sim f$ 点的每一点,应作所缺少两檐线的分角线方向,不能有错;每次作所缺少两檐线的分角线,必须先遇相交于下一分角线,不能有错。

(2)作 V、W 面投影

分析:檐线⊥V 面,如 1、3、5、7,则包含这些檐线的坡面为正垂面;檐线⊥W 面,如 2、4、6、8,则包含这些檐线的坡面为侧垂面。它们的积聚投影与水平线的夹角,均应反映坡面的水平倾角 α。

作图:如图 5.21(c)所示。

①先画出所有等高屋檐线在 V、W 面上的投影(为高平齐的两条水平线)。在其 V 面投影上找出 H 投影中各正垂檐线(1、3、5、7)的 V 面积聚投影(1′、3′、5′、7′);在其 W 面投影上,找出 H 投影中各侧垂檐线(2、4、6、8)的 W 面积聚投影(2″、4″、6″、8″)。

②过正垂、侧垂檐线的 V、W 面积聚投影,结合坡屋面的水平倾角 α 及流水方向(垂直于檐线),画出相应坡面的 V、W 面积聚投影。

③根据各交点($a \sim f$)必属于相应坡面的投影,在 V 面积聚投影上找出各点的 V 投影,再由各点的 H、V 面投影补出其 W 面投影。

④**判别 V、W 面投影可见性**。檐线 7 在平脊 ef 后面,故坡面(Ⅶ)的 V 面积聚投影 $e'f'$ 为不可见(画成虚线);檐线 6 在平脊 cd 右面,故坡面(Ⅵ)的 W 积聚投影 $e''f''$ 不可见(画成虚线)。

⑤**检查 V、W 面投影**。各正垂坡面的 H、W 面投影为类似形,如坡面Ⅰ、Ⅲ、Ⅴ、Ⅶ,各侧垂坡面的 H、V 面投影为类似形,如坡面Ⅱ、Ⅳ、Ⅵ、Ⅷ。

▶5.6.3 同坡屋面设计中应注意的问题

(1)进行合理的坡屋面设计

比较图 5.22 和 5.20(a),两者檐线的 H 投影相同,但坡面设计结果不同,图 5.22 中出现平沟 CD。图 5.22 的屋面 H 面投影,从几何作图角度来讲虽正确,但因出现平沟而使屋面易渗水,不符合建筑构造的要求,故错误。

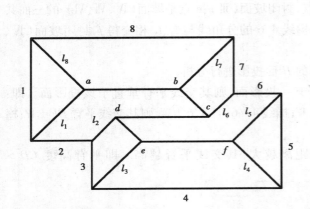

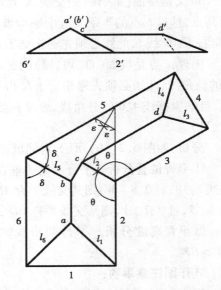

图 5.22 不先遇相交出现平沟   图 5.23 相邻两檐线不垂直相交的屋面投影

每次作出所缺少两檐线的分角线后,其必须先遇相交于下一分角线,得下一交点。图 5.22中 l_1 和 l_8 相交于 a 点,过 a 点作出檐线 2、8 的分角线,此线应先遇相交于 l_2 得 b 点,而它越过 l_2 与 l_7 相交于 b 点,致使作图结果错误。

(2)檐线不垂直的坡屋面设计

如图 5.23 所示,该屋面有相邻檐线 2 和 3,5 和 6 不垂直,求其屋面交线。

水平面投影:过 a 作檐线 2、6 的中线交 l_5 得 b 点,过 b 点作檐线 2、5 的分角线交 l_2 得 c 点,过 c 点作屋檐 3、5 的中线交 l_3 和 l_4 得 d 点。连线,完成 H 面投影作图。

正面投影:在坡面(Ⅱ)的 V 面积聚投影上,由 c 得 c';又因 $c'd'$ 是水平线,由 d 得 d'。连线,完成 V 面投影作图。

侧面投影:方法同正面投影作图,请利用水平面和正面投影自行补出。

判断可见性:l_4 的 V 面投影不可见,画成虚线。

(3)4 种典型的六坡屋面情况

若图 5.20(d)中檐线 H 面投影不变,只改变檐线 3、5 之间的距离(x),使其逐渐加大,可以得到 4 种典型的坡屋面情况,如图 5.24 所示。

①$x < y$,如图 5.24(a)所示,平脊高度 $AB > CD$,且 $CD \perp V$。

②$x = y$,如图 5.24(b)所示,平脊高度 $AB = CD$,且 $CD \perp V$。

③$x = y_1$,如图 5.24(c)所示,平脊高度 $AB < C$、D(一点),且四面交于一点。

④ $x > y_1$,如图 5.24(d)所示,平脊高度 $AB < CD$,$CD \perp W$。

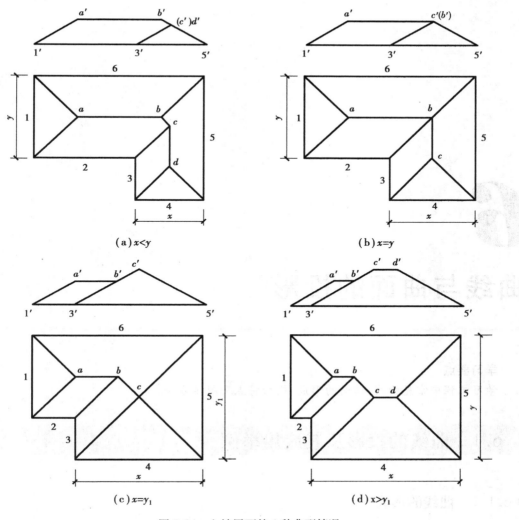

图5.24　六坡屋面的4种典型情况

复习思考题

5.1　什么是平面立体？常见的平面立体有哪些？

5.2　直棱柱的投影特征是什么？如何确定其安放位置？

5.3　平面截割立体，截交线如何确定？如何判断可见性？

5.4　两平面立体相交，相贯线通常有何特征？如何判断可见性？

5.5　同坡屋面的 H 面投影有何特征？为什么必须采用依次封闭法作图？

6

曲线与曲面的投影

学习要点

学习工程中常见曲线、曲面的形成、投影特点及图示方法。

6.1　曲线的投影及其应用举例

▶6.1.1　曲线的形成

曲线可以看成是由以下三种方式形成的：

①不断改变方向的点的连续运动的轨迹，如图 6.1(a)所示。

②曲面与曲面或曲面与平面相交的交线，如图 6.1(b)所示。

③直线簇或曲线簇的包络线，如图 6.1(c)所示。

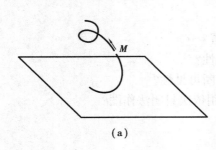
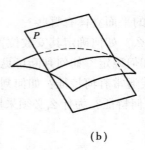

图 6.1　曲线的形成

▶6.1.2 曲线的分类

根据点的运动有无规律,曲线可分为规则曲线和不规则曲线。规则曲线一般可以列出其代数方程,且多为单参数方程,如圆、椭圆、双曲线、抛物线、渐伸线、螺旋线等。

根据曲线上各点的所属性,可以分成两类:

①平面曲线。曲线上所有的点都属于同一平面的称为平面曲线,如圆、椭圆、双曲线、抛物线等。

②空间曲线。曲线上任意连续四个点不属于同一平面的称为空间曲线,如圆柱正螺旋线等。

▶6.1.3 曲线的投影

在画法几何中,通常是根据曲线的投影来研究曲线的性质及其画法的。因为曲线可看作由点的运动而形成,只要作出曲线上一系列点的投影,并将各点的同面投影依次光滑地连接起来,即得到该曲线的投影。

(1)曲线投影的性质

曲线的投影一般仍为曲线,在特殊情况下,当平面曲线所在的平面垂直于某投影面时,它在该投影面上的投影为直线。

曲线的切线在某投影面上的投影仍与曲线在该投影面上的投影相切;二次曲线的投影一般仍为二次曲线,如圆和椭圆的投影一般为椭圆。

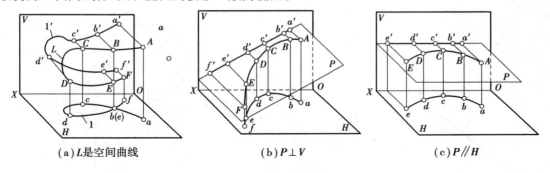

(a)L是空间曲线   (b)$P \perp V$ (c)$P /\!/ H$

图6.2　曲线的投影

(2)圆的投影

圆是平面曲线,当它所在的平面平行于投影面时,其投影反映实形;当圆所在的平面垂直于投影面时,其投影积聚成一直线段,且该线段的长等于圆直径;若圆所在的平面倾斜于投影面,其投影为一椭圆。

【例6.1】如图6.3所示,已知圆L所在平面$P \perp V$面,P与H面的倾角为α,圆心为O,直径为ϕ,求圆L的V、H投影。

【解】分析:①由于圆L所在平面$P \perp V$面,其V投影积聚为一直线l',l' = 直径ϕ,l'与OX轴的夹角 = α。

②圆L所属平面倾斜于H面,其H投影为一椭圆l,圆心O的H投影是椭圆中心O,椭圆长轴是圆L内平行于H面的直径AB的H投影ab,$ab = AB$(直径),椭圆短轴是圆L内对H面最大斜度方向的直径CD的H投影cd,$cd = CD \cdot \cos \alpha$。$CD /\!/ V$,故$c'd' = \phi$。

作图:①确定 OX 轴及圆心 O 的 V、H 投影 o',o,如图 6.4(a)所示。

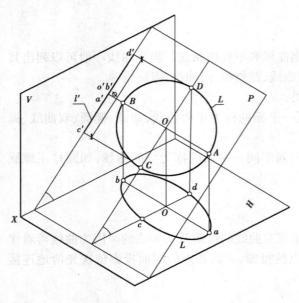

②作圆 L 的 V 投影 l',即过 o' 作 $c'd'$ 与 OX 轴的夹角 = α,取 $o'd' = \phi/2$,如图 6.4(a)所示。

③作圆 L 的 H 投影椭圆 l,先作椭圆的长短轴。即过 O 作长轴 $ab \perp ox$,$ao = ob = \phi/2$,过 o 作短轴 $cd // OX$,cd 的长度由 $c'd'$ 确定,如图 6.4(b)所示。

④由长短轴可作出椭圆。这里采用换面法完成椭圆作图。如图 6.4(c)所示,作一新投影面 $H_1 //$ 圆 L,则圆 L 在 H_1 上的投影 l_1 反映实形。在投影图中作新投影轴 $O_1X_1 // l'$。根据 o、o' 作出 o_1,并以 o_1 为圆心、ϕ 为直径作圆,就得到圆 $l_1 =$ 圆 L。由圆的 l_1 和 l' 而得椭圆 l。为此,需定出椭圆的

图 6.3　垂直于 V 面的圆的投影

足够数量的点,然后用曲线板依次光滑地连接起来。图中示出了 e、f 点的作图。先在 l_1 上定 e_1、f_1,向 O_1X_1 作垂线,与 l' 交得 e'、f',再过 e'、f' 向 OX 轴作垂线,并在此垂线上量取 e、f 点分别到 OX 轴的距离等于 e_1、f_1 点分别到 O_1X_1 轴的距离而定出 e、f 点。

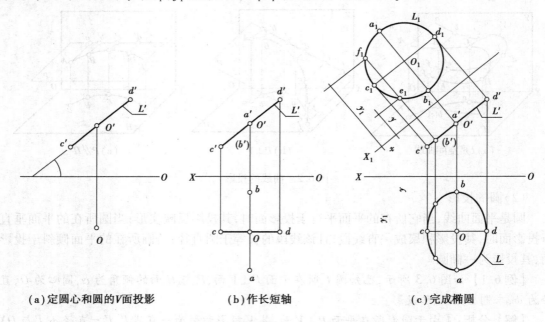

(a)定圆心和圆的 V 面投影　　　(b)作长短轴　　　(c)完成椭圆

图 6.4　作垂直于 V 面的圆的投影

▶6.1.4 圆柱螺旋线的投影

(1)圆柱螺旋线的形成

一动点沿着一直线等速移动,而该直线同时绕与它平行的一轴线等角速旋转,动点的轨迹就是一根圆柱螺旋线(图6.5)。直线旋转时形成一圆柱面,称为导圆柱,圆柱螺旋线是圆柱面上的一根曲线。当直线旋转一周,回到原来位置时,动点在该直线上移动的距离 S 称为导程。

由此得知,画圆柱螺旋线的投影必须具备以下3个条件:

①已知导圆柱的直径 D。

②已知导程 S。它是动点(I)回转一周时,沿轴线方向移动的一段距离。

③已知旋向。分右旋、左旋两种旋转方向,设以握拳的大拇指指向表示动点(I)沿直母线移动的方向,其余四指的指向表示直线的旋转方向,符合右手情况的称为右螺旋线[如图6.5(a)];符合左手情况的称为左螺旋线[如图6.5(b)]。

(2)画圆柱螺旋线的投影

如图6.5(a)所示,导圆柱轴线垂直于 H 面。

①由导圆柱直径 D 和导程 S 画出导圆柱的 H、V 投影。

②将 H 投影的圆分为若干等份(图中为12等份)。根据旋向,标注出各点的顺序号,如1,2,3,…,13。

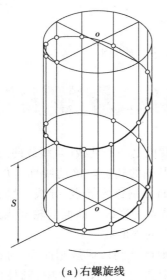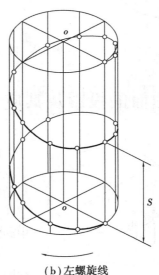

(a)右螺旋线　　　　　　　　　(b)左螺旋线

图6.5　圆柱螺旋线的形成

③将 V 面上的导程投影 s 相应地分成同样等份(图中12等份),自下向上依次编号,如1,2,…,13。

④自 H 投影的各等分点1,2…,13向上引垂线,与过 V 面投影的各同名分点1,2,…引出的水平线相交于1′,2′,…,13′。

⑤将1′,2′,…,13′各点光滑连接即得螺旋线的 V 面投影,它是一条正弦曲线。若画出圆柱面,则位于圆柱面后半部的螺旋线不可见,画成虚线。若不画出圆柱面,则全部螺旋线(1′~13′)均可见,画成粗实线。

⑥螺旋线的 H 投影与导圆柱的 H 投影重合,为一圆。

（3）螺旋线的展开

螺旋线展开后成为一直角三角形的斜边,它的两条直角边的长度分别为 πD 和 S,如图 6.6(b)所示。

$$L(\text{螺旋线一圈的展开长}) = \sqrt{S^2 + (\pi D)^2}$$

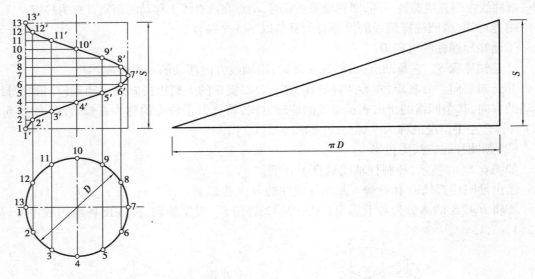

图 6.6 圆柱螺旋线的投影及展开图

6.2 曲面的投影及其应用举例

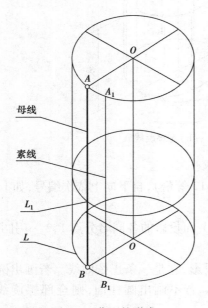

图 6.7 曲面的形成

曲面可以看成是一条动线（直线或曲线）在空间按一定规律运动而形成的轨迹。该动线称为母线,控制母线运动的点、线、面分别称为导点、导线、导面,母线在曲面上任意停留位置称为素线。曲面的轮廓线是指在投影图中确定曲面范围的外形线。

母线作规则运动则形成规则曲面,母线作不规则运动则形成不规则曲面。在图 6.7 中,圆柱面可以看作由直母线 AB 绕与 AB 平行的轴 OO（导线）回转而成,A_1B_1 称为素线;圆柱面也可以看作由圆 L 为母线,其圆心 O 沿导线平行移动而成,L_1 称为素线。

同一曲面,可由不同方法形成。在分析和应用曲面时,应选择对作图或解决问题最简便的形成方法。

曲面的分类如下:

$$
曲面\begin{cases}
回转曲面\begin{cases}
直线回转面\begin{cases}
可展曲面(如圆柱面)\\
不可展曲面(如单叶双曲面)
\end{cases}\\
曲线回转面——不可展曲面(如球面)
\end{cases}\\
非回转曲面\begin{cases}
直线面\begin{cases}
可展曲面(如斜圆柱面)\\
不可展曲面(如双曲抛物面)
\end{cases}\\
曲线面——不可展曲面(如自由曲面)
\end{cases}
\end{cases}
$$

研究常用曲面的形成和分类的目的在于既便于掌握常用曲面的性质和特点,有利于准确地画出它们的投影图,又有利于对常用曲面的工程物进行设计和施工。

▶6.2.1　基本曲面的投影

1)直线回转曲面

一直线作母线,另一直线作轴线,母线绕轴线旋转一周形成的曲面称为直线回转面。母线与轴线平行得到圆柱面[图6.8(a)],母线与轴线相交得到圆锥面[图6.8(b)],母线与轴线相叉得到单叶双曲回转面[图6.8(c)]。

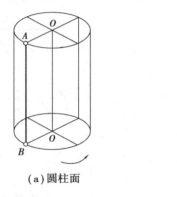  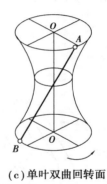

(a)圆柱面　　　　　　　　(b)圆锥面　　　　　　(c)单叶双曲回转面

图6.8　直线回转面

2)曲线回转面

任意平面曲线绕一条轴线旋转一周形成的曲面称为曲线回转面。最简单的平面曲线是圆,圆母线以其自身直径为轴线,绕轴线旋转一周即得到球面;圆母线以不通过圆心但与圆心共面的直线为轴线,绕轴线旋转一周即形成圆环面。有关球面、圆环面的图示方法在后面讨论。

▶6.2.2　非回转直线曲面

1)柱面

(1)柱面的形成

直母线Ⅰ Ⅱ沿着一曲导线 L 移动,并始终平行于一直导线 AB 而形成的曲面称为柱面。曲导线 L 可以是闭合的或不闭合的,如图6.9(a)所示。此处曲导线 L 是平行于 H 面的圆,AB 是一般位置直线。由于柱面上相邻两素线是平行二直线,能组成一个平面,因此柱面是一种可展曲面。

（2）柱面的投影

①画出直导线 AB 和曲导线 L（圆 $L/\!/H$）的 V、H 投影（即 $a'b'$、ab、l'、l）。

②画轴 OO_1 的 V、H 投影。显然，轴 $OO_1/\!/AB$，且 O_1 点属于 H 面，故作 $o'o_1'/\!/a'b'$，$oo_1/\!/ab$。

③画出母线端点 Ⅱ 运动轨迹 L_1 的 V、H 投影。显然，L_1 线属于 H 面。画 L_1 线的 H 投影：以 o_1 为圆心，以圆 L 的半径为半径画圆即得。L_1 线的 V 投影积聚成一段直线，在 OX 轴上，长度等于直径。

④画出柱面的 V 面投影轮廓线，即画出柱面上最左素线 Ⅰ Ⅱ 和最右素线 Ⅲ Ⅳ 的 V 面投影，如图 6.9（b）中的 $1'2'$、$3'4'$。Ⅰ Ⅱ、Ⅲ Ⅳ 不是柱面 H 投影的轮廓线，其 H 投影 $1\,2$、$3\,4$ 不必画出。

⑤画出柱面的 H 投影轮廓线，即在 H 面中作 l、l_1 两圆的公切线 $5\,6$、$7\,8$ 即得。它们的正面投影 $5'6'$、$7'8'$ 不必画出。

需要注意的是，若曲导线 L 不封闭（上述曲导线 L 是圆，故是封闭的），则要画出起、止素线的 V、H 投影。虽然直导线 AB 的位置和曲导线 L 的形状、大小可根据实际需要来确定，但其投影的画法仍如上述。

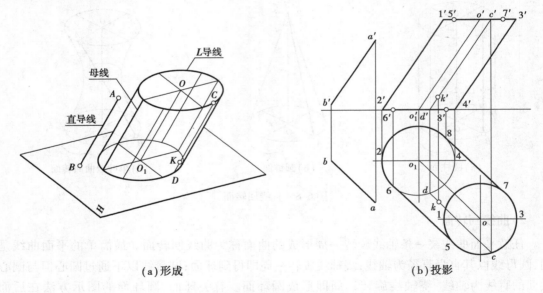

（a）形成　　　　　　　　　　　　（b）投影

图 6.9　柱面的形成和投影

（3）柱面投影的可见性

①V 投影。V 投影是前半柱面和后半柱面投影的重合，最左（Ⅰ Ⅱ）素线、最右（Ⅲ Ⅳ）素线是前后半柱面的分界线，也是可见与不可见的分界线，故包含曲线 Ⅰ、Ⅴ、Ⅲ（H 投影中逆时针顺序）的部分是可见的，包含曲线 Ⅲ、Ⅶ、Ⅰ（H 投影中逆时针顺序）的部分是不可见的。

②H 投影。素线 Ⅴ Ⅵ 和 Ⅶ Ⅷ 的 H 投影是柱面的 H 投影轮廓线，也是可见与不可见的分界线，包含曲线 Ⅴ Ⅰ Ⅶ 的部分是可见的，包含曲线 Ⅴ Ⅲ Ⅶ 的部分是不可见的。

（4）取属于柱面的点

①已知：属于柱面的一点 K 的 V 投影 k'（k' 是可见点），求作其 H 投影 k。

②方法：用素线法，即过点 K 作一属于柱面的素线 CD，点 C 属于圆 L，点 D 属于 L_1 圆。

作出 CD 的 V、H 投影 cd，则 K 点的 H 投影 k 必属于 cd。

③作图：过 k′作 c′d′∥a′b′（或者 1′2′），点 c′属于 l′，点 d′属于 l'_1；由 c′向下引垂线交 l 的前半圆于 c 点，由 d′引垂线交 l_1 的前半圆于 d 点，连接 cd；再由 k′向下引垂线交 cd 得 k。因 K 点所属柱面的 H 投影为不可见，故 k 为不可见。

（5）柱面的应用举例

柱面的应用实例为菲律宾国际机场，如图 6.10 所示。

图 6.10　菲律宾国际机场

2）锥面

（1）锥面的形成

一直母线 SI 沿着一曲导线 L 移动，并始终通过一定点 S 而形成的曲面称为锥面。S 为锥顶点。曲导线 L 可以是闭合的或不闭合的。如图 6.11（a）所示，导线 L 是 H 面上的一个圆线。由于锥面相邻两素线是相交二直线，能组成一个平面，因此锥面是可展曲面。

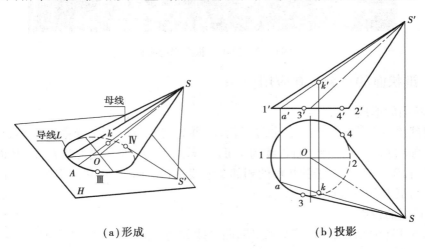

（a）形成　　　　　　　　　　　（b）投影

图 6.11　圆锥面的形成和投影

（2）锥面的投影

①画出导线 L 和顶点 S 的 V、H 投影 l'、l 和 s'、s，并用点画线连接 s'、o'、so。

②画锥面的 V 投影，即最左素线 $S\mathrm{I}$ 和最右素线 $S\mathrm{II}$ 的 V 投影 $s'1'$ 和 $s'2'$。

③画锥面的 H 投影，即过 s 向圆 l 作的两条切线 $s3$ 和 $s4$。

同理，若导线 L 不封闭，则要画出起、止素线的 V、H 投影。

（3）锥面投影的可见性

①如图 6.11（b）所示，V 投影是锥面前半个锥面和后半个锥面投影的重合，最左和最右素线是前、后部分的分界线。也是可见与不可见的分界线。由 H 投影知，锥面 $S\text{-}\mathrm{I}$、III、II 部分可见，锥面 $S\text{-}\mathrm{I}$、IV、II 部分不可见。

②由 V 投影知，锥面 $S\text{-}\mathrm{III}$、I、IV 部分可见，锥面 $S\text{-}\mathrm{III}$、II、IV 部分不可见。

（4）取属于锥面的点

①已知：属于锥面的一点 K 的 H 投影 k，求其 V 投影 k'。

②作图：采用素线法，连接 sk 与圆 l 相交于 a；由 a 向上作垂线与 l' 相交于 a'，并连接 $s'a'$；由 k 向上作垂线与 $s'a'$ 相交于 k'，即为所求。

（5）锥面应用举例

锥面的应用实例为美国古根海姆博物馆，如图 6.12 所示。

图 6.12　美国古根海姆博物馆

▶6.2.3　锥状面的投影及其应用

（1）锥状面的形成

一直母线沿一条直导线和一条曲导线滑动，并始终平行于一个导平面而形成的曲面，称为锥状面。如图 6.13（a）所示，直母线为 $\mathrm{I}\,\mathrm{II}$，直导线为 AB，曲导线为圆 L（$L/\!/H$ 面），导平面为 P（$P/\!/V$ 面，$P\perp AB$）。由于锥状面的相邻二素线是相叉两直线，它们不属于一个平面，因此锥状面是不可展开的直线面。

（2）锥状面的投影

①如图 6.13（b）所示，画出直导线 AB、曲导线 L 的 V、H、W 投影，导平面 $P/\!/V$ 面，此时积聚投影 PH 不必画出。

②画若干素线的 H、V、W 投影。由于各素线如 $\mathrm{V}\,\mathrm{VI}\,\mathrm{IX}$、$\mathrm{III}\,\mathrm{IV}$、$\mathrm{III}\,\mathrm{VIII}$ 等均平行于导平面

P,它们的 H 投影均平行于 OX 轴,宜先画 H 投影,再画 V 投影。

③画锥状面的 V 投影轮廓线,即 I II、I VII 的 V 投影 $1'2'$、$1'7'$,再画各素线的 V 投影,即可得锥状面的两面投影图。

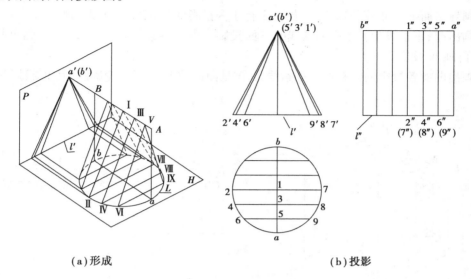

(a)形成　　　　　　　　　　　　　(b)投影

图 6.13　锥状面的形成和投影

锥状面的应用举例如图 6.14 所示。

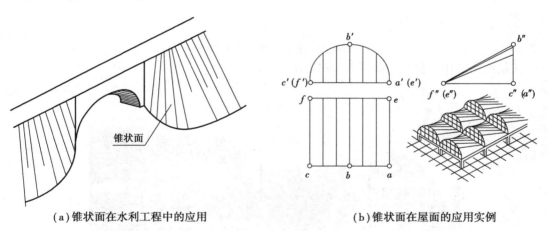

(a)锥状面在水利工程中的应用　　　　　　(b)锥状面在屋面的应用实例

图 6.14　锥状面的应用实例

▶6.2.4　柱状面的投影及其应用

（1）柱状面的形成

一直母线沿两条曲导线滑动,并始终平行于一个导平面而形成的曲面,称为柱状面。如图 6.15(a)所示,直母线为 I II;曲导线为 L_1 和 L_2,直母线始终平行于导平面 $P(P/\!/W$ 面)滑动。由于柱状面的相邻二素线是相叉的两直线,它们不能属于一个平面,因此柱状面是不可展的直线面。

（2）柱状面的投影作图

①如图 6.15（b）所示，画出曲导线 L_1 和 L_2 的 H、V、W 投影，如 l_1、l_1'、l_1'' 和 l_2、l_2'、l_2''（也可用两面投影表示）。

②画导平面 P 的积聚投影 P_H。若 P 平行于一投影面时，则 P_H 可以不画。

③画出起、止素线和若干中间素线的三面投影。由于各素线是侧平线，宜先画出其 H 或 V 投影，再画 W 投影。

④画出曲面各投影的轮廓线。如素线 Ⅲ Ⅳ 是曲面的 W 投影的轮廓线，其 W 投影为 $3''4''$。

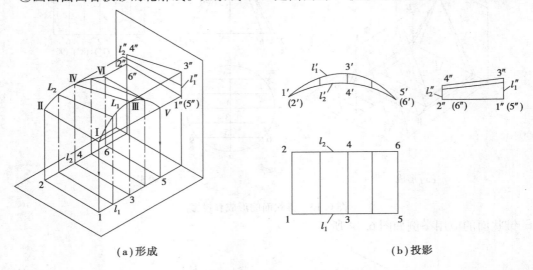

（a）形成　　　　　　　　　　　　　（b）投影

图 6.15　柱状面的形成和投影

柱状面的应用实例模型如图 6.16 所示。

图 6.16　柱状面的应用实例模型

▶6.2.5　双曲抛物面的投影及其应用

（1）双曲抛物面的形成

由一条直母线沿两条相叉的直导线滑动，并始终平行于一个导平面 P 而形成的曲面，称为双曲抛物面。如图 6.17（a）所示，直母线为 AC，直导线为 AB、CD，导平面为 P（$P \perp H$ 面）。

图 6.17(b)则是直母线 AC 沿两条相叉的直导线 AB、CD 并平行于 Q 导平面滑动形成的双曲抛物面。由于这种曲面上相邻二素线是相叉的,故它是不可展开的直线面。

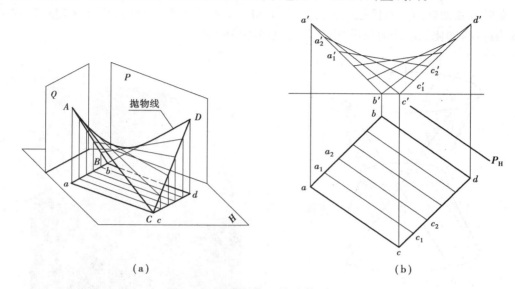

(a)　　　　　　　　　　　　(b)

图 6.17　双曲抛物面的形成及投影

(2)双曲抛物面的应用举例

双曲抛物面的应用实例为广东星海音乐厅,如图 6.18 所示。在该曲面工程中,常沿两簇素线方向来配置材料或钢筋。

图 6.18　广东星海音乐厅

▲6.2.6　单叶双曲面的投影及其应用

(1)单叶双曲回转面的形成

直母线 AB(或 CD)绕与它交叉的轴线 OO 旋转一周而形成单叶双曲回转面,单叶双曲回转面也可由双曲线 MEN 绕其虚轴 OO 旋转一周而形成。

由于母线的每点回转的轨迹均是纬圆,母线的任一位置都称为素线,所以回转面是由一系列纬圆,或一系列素线(此例既有直素线,又有双曲线素线)所组成的。

母线的上、下端点 A、B 形成的纬圆,分别称为顶圆、底圆,母线至轴线距离最近的一点 E

所形成的纬圆,称作颈圆,如图 6.19 所示。

（2）单叶双曲面的应用举例

单叶双曲回转面具有接触面积大、通风好、冷却快、省材料等优点,因此在建筑工程中应用较为广泛,如化工厂的通风塔、电厂的冷凝塔等（图 6.20）。

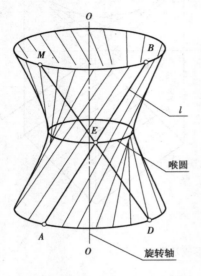

图 6.19　单叶双曲回转面的形成图

图 6.20　习水电厂冷凝塔

▶6.2.7　螺旋面的投影及其应用

当一直母线沿一条圆柱螺旋线及该螺旋线的轴线滑动,并始终平行于与轴线垂直的导平面而形成的曲面,称为圆柱正螺旋面。图 6.21(a)表示正螺旋面的形成,图 6.21(b)表示一条正螺旋面的投影,图 6.21(c)表示两条螺旋线间正螺旋面的投影,图6.21(c)的作图常常被用在螺旋楼梯的画图中,下例有对图 6.21(c)应用的讲解。

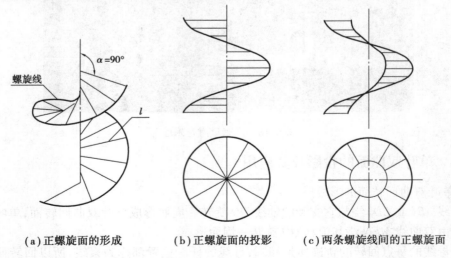

(a)正螺旋面的形成　　　(b)正螺旋面的投影　　　(c)两条螺旋线间的正螺旋面

图 6.21　圆柱正螺旋面的形成及投影

【例6.2】画螺旋楼梯的投影。已知:螺旋楼梯内、外圆柱的直径(D_1、D),导程(H),右旋,步级数(12),每步高($H/12$),梯段竖向厚度(δ)。

【解】分析:螺旋楼梯由每一步级的扇形踏面(P∥H面)和矩形踢面($T \perp H$面),内、外侧面(Q_1、Q均为垂直于H面的圆柱面)、底面(R是螺旋面)所围成。画螺旋楼梯的投影就是画出这些表面的投影,如图6.22所示。

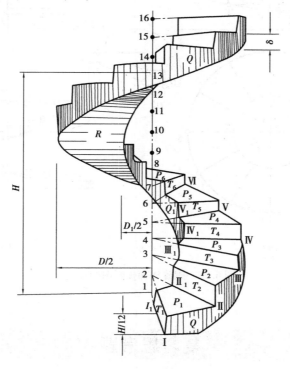

图6.22　螺旋楼梯

作图:如图6.23所示。

①先作出直径为D_1和D_2的两条圆柱螺旋线的正面投影,螺旋线的作图方法如图6.6所示,在此不赘述,这两条螺旋线之间的部分是正螺旋面,如图6.21(c)所示。

②作踏步的正面投影。分别过圆柱螺旋线的正面投影上的$0'$、$1'$、$2'$、…、$12'$和a'、b'、c'、…、m'向上作竖直直线,其高度等于踏步高度($H/12$)。过各竖直直线上的上部端点再分别作水平线,则可以得到每一踏步的正投影。注意,为使图面清晰,被正螺旋面遮挡的部分踏步可不画出,如图6.23(a)所示。

③作楼梯梯板厚度δ,过$0'$、$1'$、$2'$、…、$12'$和a'、b'、c'、…、m'点分别向下作竖直直线,其高度等于δ,光滑连接这些竖直直线的各端点,如图6.23(b)中表示出来的$3_1'$、$6_1'$、$9_1'$、$12_1'$等,放大图就表示其详细做法。

④擦去不必要的作图线,并且将楼梯板厚度进行简单的竖条纹修饰,完成螺旋楼梯的正投影,如图6.23(c)所示。

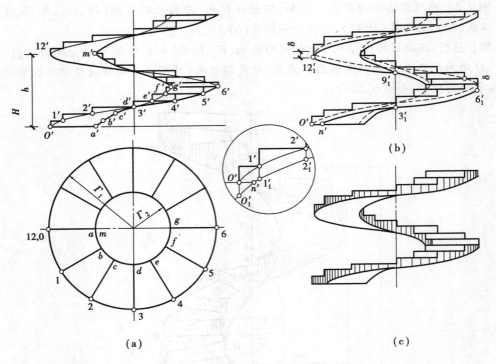

图 6.23   螺旋楼梯投影图的画法

复习思考题

6.1 平面曲线和空间曲线的区别是什么？空间曲线的投影能否反映实形？能否成为直线？

6.2 试以柱面、锥面、双曲抛物面为例,讨论在投影作图中需要画出哪些要素。

6.3 双曲抛物面、锥状面、柱状面、正螺旋面的形成有什么异同？

6.4 在实际工程中,双曲抛物面、锥状面、柱状面得到了广泛的应用,请联系实例说明。

7 曲面立体的投影

学习要点

工程实践中有诸多曲面立体的表现。工程中常见的曲面立体有圆柱、圆锥(台)、球等。

本章主要学习各种曲面立体的形成及投影,曲面立体各表面的可见性,曲面立体表面上取点及其可见性等。

7.1 曲面立体的投影

常见的曲面立体有圆柱体、圆锥体、圆球体等,它们都是旋转体。

▶7.1.1 圆柱体

1)形成

矩形(AA_1O_1O)绕其边(OO_1)为轴旋转运动的轨迹称为圆柱体,如图 7.1(a)所示。与轴垂直的两边(OA 和 O_1A_1)的运动轨迹是上、下底圆,与轴平行的一边(AA_1)运动的轨迹是圆柱面。AA_1 称为母线,母线在圆柱面上的任一位置称为素线。圆柱面是无数多条素线的集合。圆柱体由上、下底圆和圆柱面围成。上、下底圆之间的距离称为圆柱体的高。

2)投影

(1)安放位置

为便于作图,一般将圆柱体的轴线垂直于某一投影面。如图 7.1(b)所示,将圆柱体的轴线(OO_1)垂直于 H 面,则圆柱面垂直于 H 面,上、下底圆平行于 H 面。

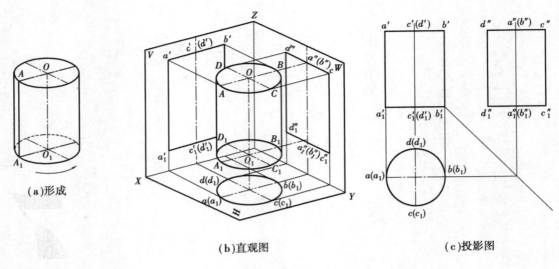

（a）形成　　　　　（b）直观图　　　　　（c）投影图

图 7.1　圆柱体的形成与投影

（2）投影分析［如图 7.1（b）］

H 面投影：为一个圆。它是可见的上底圆和不可见的下底圆实形投影的重合，其圆周是圆柱面的积聚投影，圆周上任一点都是一条素线的积聚投影。

V 面投影：为一矩形。它是可见的前半圆柱和不可见的后半圆柱投影的重合，其对应的 H 面投影是前、后半圆，对应的 W 面投影是右、左半个矩形。矩形的上、下边线（$a'b'$ 和 $a_1'b_1'$）是上、下底圆的积聚投影；左、右边线（$a'a_1'$ 和 $b'b_1'$）是圆柱最左、最右素线（AA_1 和 BB_1）的投影，也是前半、后半圆柱投影的分界线。

W 面投影：为一矩形。它是可见的左半圆柱和不可见的右半圆柱投影的重合，其对应的 H 面投影是左、右半圆；对应的 V 面投影是左、右半个矩形。矩形的上、下边线（$d''c''$ 和 $d_1''c_1''$）是上、下底圆的积聚投影；左、右边线（$d''d_1''$ 和 $c''c_1''$）是圆柱最后、最前素线（DD_1 和 CC_1）的投影，也是左半、右半圆柱投影的分界线。

（3）作图步骤［如图 7.1（c）］

①画轴线的三面投影（O、O'、O''），过 O 作中心线，轴和中心线都画单点长画线。

②在 H 面上画上、下底圆的实形投影（以 O 为圆心，OA 为半径）；在 V、W 面上画上、下底圆的积聚投影（其间距为圆柱的高）。

③画出转向轮廓线，即画出最左、最右素线的 V 面投影（$a'a_1'$ 和 $b'b_1'$）；画出最前、最后素线的 W 面投影（$c''c_1''$ 和 $d''d_1''$）。

3）圆柱体表面上取点

【例 7.1】如图 7.2（a）所示，已知圆柱体上 M 点的 V 面投影 m'（可见）及 N 点的 H 面投影 n（不可见），求 M、N 点的另二投影。

【解】分析：由于 m' 可见，且在轴 O' 左侧，可知 M 点在圆柱面的前、左部分；n 不可见，则 N 点在圆柱的下底圆上。圆柱面的 H 面投影和下底圆的 V 面、W 面投影有积聚性，可从积聚投影入手求解。

投影作图：如图 7.2（b）所示。

①由 m' 向下作垂线，交 H 面投影中的前半圆周于 m，由 m'、m 及 Y_1 可求得 m''。

②由 n 向上引垂线,交下底圆的 V 面积聚投影于 n',由 n、n' 及 Y_2 可求得 n''。

③判别可见性:M 点位于左半圆柱,故 m'' 可见;m、n'、n'' 在圆柱的积聚投影上,不判别其可见性。

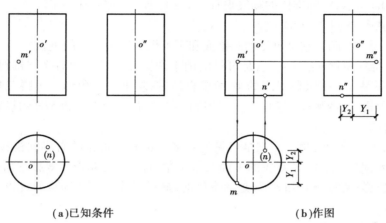

(a)已知条件   (b)作图

图 7.2 圆柱体表面上取点

▶7.1.2 圆锥体

1)形成

由直角三角形(SAO)绕其一直角边(SO)为轴旋转运动的轨迹称为圆锥体,如图 7.3(a)所示。另一直角边(AO)旋转运动的轨迹是垂直于轴的底圆;斜边(SA)旋转运动的轨迹是圆锥面。SA 称为母线,母线在圆锥面上任一位置称为素线。圆锥面是无数多条素线的集合。圆锥由圆锥面和底圆围成。锥顶(S)与底圆之间的距离称为圆锥的高。

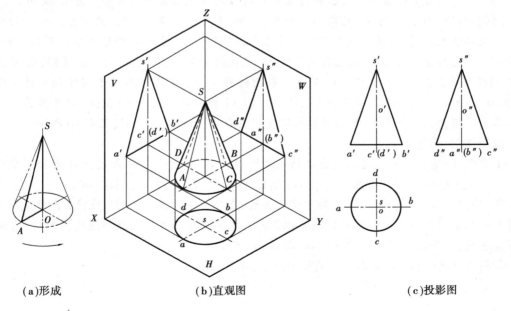

(a)形成   (b)直观图   (c)投影图

图 7.3 圆锥体的形成与投影

2）投影

（1）安放位置

如图 7.3（b）所示，将圆锥体的轴线垂直于 H 面，则底圆平行于 H 面。

（2）投影分析［如图 7.3（b）］

H 面投影：为一个圆。它是可见的圆锥面和不可见的底圆投影的重合。

V 面投影：为一等腰三角形。它是可见的前半圆锥和不可见的后半圆锥投影的重合，其对应的 H 面投影是前、后半圆；对应的 W 面投影是右、左半个三角形。等腰三角形的底边是圆锥底面的积聚投影；两腰（$s'a'$ 和 $s'b'$）是圆锥最左、最右素线（SA 和 SB）的投影，也是前、后半圆锥的分界线。

W 面投影：为一等腰三角形。它是可见的左半圆锥和不可见的右半圆锥投影的重合，其对应的 H 面投影是左、右半圆；对应的 V 面投影是左、右半个三角形。等腰三角形的底边是圆锥底圆的积聚投影；两腰（$s''c''$ 和 $s''d''$）是圆锥最前、最后素线（SC 和 SD）的投影，也是左、右半圆锥的分界线。

（3）作图步骤［如图 7.3（c）］

①画轴线的三面投影（o、o'、o''）。过 o 作中心线，轴和中心线都画点画线。

②在 H 面上画底圆的实形投影（以 O 为圆心、OA 为半径）；在 V、W 面上画底圆的积聚投影。

③画锥顶（S）的三面投影（s、s'、s''），由圆锥的高定 s'、s''。

④画出转向轮廓线，即画出最左、最右素线的 V 面投影（$s'a'$ 和 $s'b'$）；画出最前、最后素线的 W 面投影（$s''c''$ 和 $s''d''$）。

3）圆锥表面取点

【例 7.2】如图 7.4（a）所示，已知圆锥上一点 M 的 V 面投影 m'（可见），求 m 及 m''。

【解】分析：由于 m' 可见，且在轴 o' 左侧，可知 M 点在圆锥面的前、左部分。由于圆锥面的 3 个投影都无积聚性，所缺投影不能直接求出，可利用素线法和纬圆法求解。利用素线法，过锥顶 S 和已知点 M 在圆锥面上作一素线 S_1，交底圆于 1 点，求得 S_1 的三面投影，则 M 点的 H、W 面投影必然在 S_1 的 H、W 面投影上。利用纬圆法，过 M 点作垂直于圆锥轴线的水平圆（其圆心在轴上），该圆与圆锥的最左、最右素线（SA 和 SB）相交于Ⅱ、Ⅲ点，以ⅡⅢ为直径在圆锥面上画圆，则 M 点的 H、W 面投影必然在该圆 H、W 面投影上，如图 7.4（b）所示。

投影作图：如图 7.4（c）所示。

①素线法：连接 $s'm'$ 并延长交底圆的积聚投影于 $1'$；由 $1'$ 向下作垂线交 H 面投影中圆周于 1，连接 $s1$；由 m' 向下作垂线交 $s1$ 于 m，由 Y_1 和利用"高平齐"关系求得 m''。

②纬圆法：过 m' 作平行于 OX 轴方向的直线，交三角形两腰于 $2'$、$3'$，线段 $2'3'$ 就是所作纬圆的 V 面积聚投影，也是纬圆的直径；再以 $2'3'$ 为直径在 H 面投影上画纬圆的实形投影；由 m' 向下作垂线，与纬圆前半部分相交于 m，由 m'、m 及 Y_1 得 m''。

③判别可见性：由于 M 点位于圆锥面前、左部分，故 m、m'' 均可见。

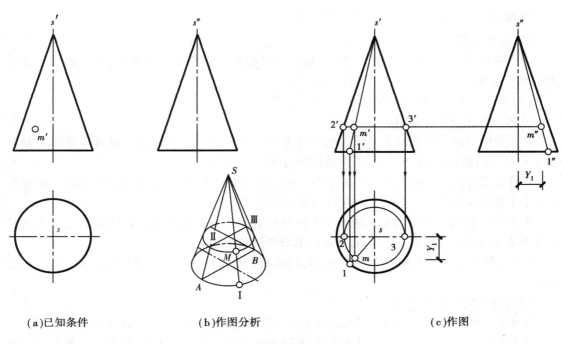

(a)已知条件　　　　　　　(b)作图分析　　　　　　　(c)作图

图7.4　圆锥体表面上取点

▶7.1.3　圆球体

1)形成

半圆面绕其直径(O轴)为轴旋转运动的轨迹称为圆球体,如图7.5(a)所示。半圆线旋转运动的轨迹是球面,即圆球的表面。

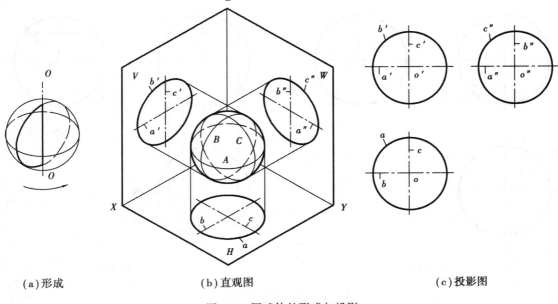

(a)形成　　　　　　　(b)直观图　　　　　　　(c)投影图

图7.5　圆球体的形成与投影

2）投影

（1）安放位置

由于圆球形状的特殊性（上下、左右、前后均对称），所以无论怎样放置，其三面投影都是大小相同的圆。

（2）投影分析[如图7.5（b）]

圆球的三面投影均为圆。

H 面投影的圆是可见的上半球面和不可见的下半球面投影的重合。圆周 a 是圆球面上平行于 H 面的最大圆 A（也是上、下半球面的分界线）的投影。

V 面投影的圆是可见的前半球面和不可见的后半球面投影的重合。圆周 b' 是圆球面上平行于 V 面的最大圆 B（也是前、后半球面的分界线）的投影。

W 面投影的圆是可见的左半球面和不可见的右半球面投影的重合。圆周 c'' 是圆球面上平行于 W 面的最大圆 C（也是左、右半球面的分界线）的投影。

3 个投影面上的 3 个圆对应的其余投影均积聚成直线段，并重合于相应的中心线上，不必画出。

（3）作图步骤[如图7.5（c）]

①画球心的三面投影（o、o'、o''），过球心的投影分别作横、竖向中心线（单点长点画线）。

②分别以 o、o'、o'' 为圆心，以球的半径（即半球面的半径）在 H、V、W 面投影上画出等大的 3 个圆，即为球的三面投影。

3）圆球面上取点

【例7.3】 如图7.6（a）所示，已知球面上一点 M 的 V 面投影 m'（可见），求 m 及 m''。

【解】分析： 球的三面投影都没有积聚性，且球面上也不存在直线，故只有采用纬圆法求解。可设想过 M 点在圆球面上作水平圆（纬圆），该点的各投影必然在该纬圆的相应投影上。作出纬圆的各投影，即可求出 M 点的所缺投影。

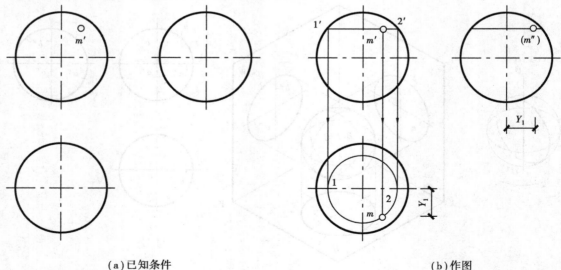

（a）已知条件 　　　　　　　　　　　　　　　　　（b）作图

图 7.6 圆球体表面上取点

作投影图：如图 7.6(b)所示。

①过 m' 作水平纬圆的 V 面投影，该投影积聚为一线段 $1'2'$。

②以 $1'2'$ 为直径，在 H 面上作纬圆的实形投影。

③由 m' 向下作垂线交纬圆的 H 面投影于 m（因 m' 可见，M 点必然在圆球面的前半部分），由 m、m' 及 Y_1 求得 m''。

④判别可见性：因 M 点位于圆球面的上、右、前半部分，故 m 可见，m'' 不可见。

▶7.1.4 圆环体

1）形成

圆环可以看成是以圆为母线，绕与它共面的圆外直线旋转而成的。该直线为旋转轴，如图 7.7(a)所示。

离轴线较远的半圆周 ABC 旋转成外环面；离轴线较近的半圆周 ADC 旋转成内环面；当轴线 $OO \perp H$ 面时，上半圆周 BAD 旋转成上环面，下半圆周 BCD 旋转成下环面。这个运动着的圆线属于母线圆，且距离轴线最远的 B 点、最近的 D 点分别旋转成最大、最小纬圆（也称赤道圆、颈圆），它们是上、下半球面的分界线，也是圆环面的 H 面投影轮廓线。母线圆的最高点 A、最低点 C 旋转成最高、最低纬圆，它们是内、外环面的分界线。

2）投影作图

如图 7.7(b)所示，首先画出中心线，然后画 V 投影中平行于 V 面的素线圆 $a'b'c'd'$ 和 $e'f'g'h'$。然后画上下两条轮廓线，它们是内外环面分界处圆的投影。因圆环的内环面从前面看是不可见的，所以素线圆靠近轴线的一半应该画成虚线（W 投影的画法与 V 投影相似）。最后，画出 H 投影中最大、最小轮廓圆，并用细点画线画出母线圆心的轨迹圆。

3）圆环面投影的可见性分析

圆环的 H 投影，内、外环面的上半部都可见，下半部都不可见；V 投影，外环面的前半部可见，外环面的后半部及内环面都不可见；W 投影，外环面的左半部可见，外环面的右半部及内环面都不可见。

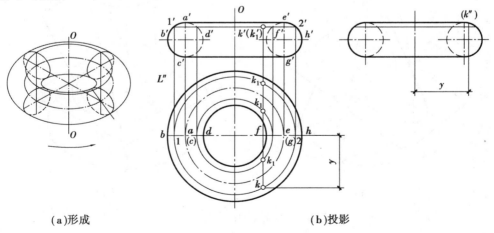

(a)形成　　　　　　　　　　　　　(b)投影

图 7.7　圆环的形成和投影

4)圆环表面取点

圆环表面取点,采用纬圆法,如图7.7(b)所示。

已知:属于圆环面的一点 K 的 V 投影 k'(可见),求其余两面投影 k、k''。

作图:由 k' 可见而知点 K 在外环面的前半部。

①过点 K 作纬圆的 V 投影,即过 k' 作 OX 轴的平行线与外环面最左、最右素线的 V 投影相交得 $1'2'$。

②以 $1'2'$ 为直径,在 H 面上画圆,此圆即所作纬圆的 H 投影。

③点 K 属于此纬圆,因 k' 为可见,故 k 位于此纬圆 H 投影的前半圆上。再由 k'、k 得 k''。

判别可见性:因 k' 可见,且位于轴的右方,故 K 位于外环面的右前上部,因此 k 为可见。(k'') 为不可见。

若圆环面的点 K_1 的 V 投影 k_1' 为不可见,且与 k' 重合,则其 H 投影有如图7.7(b)中所示的3个位置。

7.2　平面与曲面立体相交

平面和曲面体相交,犹如平面去截割曲面体,所得截交线一般为闭合的平面曲线。求平面与曲面体的截交线,其实质是如何确定属于曲面的截交线的点的问题,其基本方法是采用辅助平面。

对于直线面,辅助平面应通过直素线。如图7.8(a)所示,辅助面 R 通过直素线 SM 和 SN,R 交截平面 P 于直线 KL,KL 与 SM、SN 的交点 A 和 B 便是属于截交线的点。作一系列的辅助面,可得属于截交线的一系列的点,将这些点光滑地连成曲线即为平面与曲面体的截交线。此法也称为素线法。

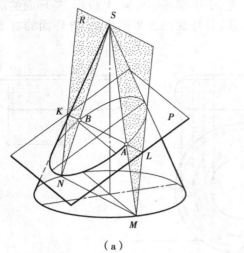
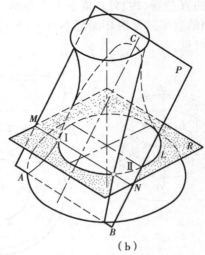

（a）　　　　　　　　　　　　（b）

图7.8　曲面立体的截交线作图分析

凡是回转体,则采用垂直于回转轴的平面为辅助面,如图7.8(b)所示,垂直于回转轴的辅助面 R,交回转体于纬圆 L,交截平面 P 于直线 MN。纬圆 L 与 MN 的交点,便是属于截交线的点。作一系列的辅助面,可得属于截交线一系列的点,将这些点依次光滑地连成曲线,即得截平面与回转体的截交线。此法也称为纬圆法。

注意:选择辅助平面时,应使辅助平面与曲面立体表面的交线是简单易画的圆或直线。

为了较准确而迅速地求出截交线的投影,首先应求出控制截交线形状的点,例如截交线上的最高、最低、最前、最后、最左、最右以及可见性的分界点等,这些点统称为特殊点。

▶7.2.1 平面与圆柱相交

平面截割圆柱,其截交线因截平面与圆柱轴线的相对位置不同而有不同的形状。当截平面平行或通过圆柱轴线时,平面与圆柱面的截交线为两条素线,而平面与圆柱体的截交线是一矩形,如图 7.9(a)所示;当截平面与圆柱轴线垂直时,截交线是一个直径与圆柱直径相等的圆周,如图 7.9(b)所示;当截平面倾斜于圆柱轴线时,截交线为椭圆,该椭圆短轴的长度总是等于圆柱的直径,长轴的长度随着截平面对圆柱轴线的倾角不同而变化,如图 7.9(c)所示。

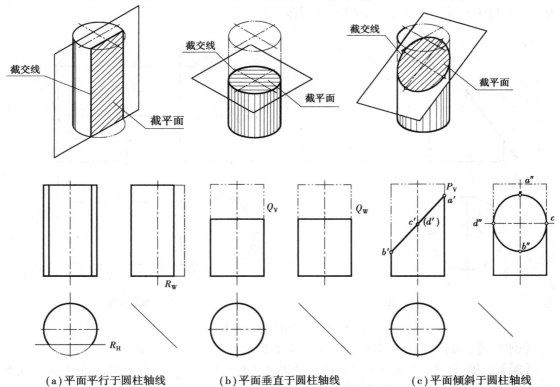

(a)平面平行于圆柱轴线　　(b)平面垂直于圆柱轴线　　(c)平面倾斜于圆柱轴线

图 7.9　平面截割圆柱的直观图及投影图

【例 7.4】如图 7.10(a)所示,已知圆柱切割体的正面投影和水平投影,补出它的侧面投影。

【解】分析:圆柱切割体可以看作圆柱被正垂面 P 切割而得。正垂面 P 与圆柱轴线斜交,其截交线为椭圆。椭圆的长轴平行于正立投影面,短轴垂直于正立投影面,椭圆的正面投影与 P_V 重合,其水平投影与圆柱的水平投影重合。所以截交线的两个投影均为已知,可用已知两投影求第三投影的方法,作出截交线的侧面投影。

投影作图:如图 7.10(b)所示。

①求特殊点：即求椭圆长、短轴的端点Ⅰ、Ⅱ和Ⅲ、Ⅳ。P_V与圆柱正面投影轮廓素线的交点1′、2′，是椭圆长轴端点Ⅰ、Ⅱ的正面投影；P_V与圆柱最前、最后素线的正面投影的交点3′、4′是椭圆短轴端点Ⅲ、Ⅳ的正面投影，由此求出长短轴端点的侧面投影1″、2″、3″、4″。

②求一般点：为了使作图准确，还需要再求出属于截交线的若干个一般点。例如，在截交线正面投影上任取一点5′，由此求得V点的水平投影5和侧面投影5″。由于椭圆是对称图形，故可作出与V点对称的Ⅵ、Ⅶ、Ⅷ点的各投影。

③连点：在侧投影上用光滑的曲线依次连接各点，即得截交线的侧面投影。

④判别可见性：由图中可知，截交线的侧面投影均为可见。

从例7.4可知，截交线椭圆的侧面投影一般仍是椭圆。椭圆长、短轴在侧立投影面上的投影，仍为椭圆投影的长、短轴。当截平面与圆柱轴线的夹角α小于45°时，如图7.10所示，椭圆长轴的投影，仍为椭圆侧面投影的长轴。而当夹角α大于45°时，椭圆长轴的投影，变为椭圆侧面投影的短轴。当α＝45°时，椭圆长轴的投影等于短轴的投影，则椭圆的侧面投影成为一个与圆柱底圆等大的圆。（读者可自行作图）

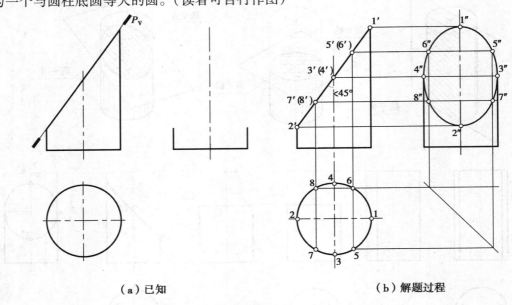

（a）已知　　　　　　　　　　　　（b）解题过程

图7.10　正垂面与圆柱的截交线

【例7.5】如图7.11（a）所示，求平面P与斜圆柱的截交线（素线法）。

【解】分析：斜圆柱被正垂面P切割。斜圆柱柱面的V、H投影无积聚投影，故其截交线上的一般点的求解只能用素线法来求解。

投影作图：如图7.11（b）所示。

①求特殊点：即求椭圆长、短轴的端点Ⅰ、Ⅱ和Ⅲ（前后两条素线上的特殊点都以Ⅱ点表示）。P_V与圆柱正面投影轮廓素线的交点1′、3′，是椭圆长轴端点Ⅰ、Ⅲ的正面投影；P_V与圆柱最前、最后素线的正面投影的交点为2′，由此求出长短轴端点的水平投影1、2（注意前后共有两个点）和3。

②求一般点：为了使作图准确，还需要再求出属于截交线的若干个一般点。例如，在截交线正面投影上任取一点4′。4′是椭圆上一般点的正面投影，我们采用对称的方式来求解Ⅳ点

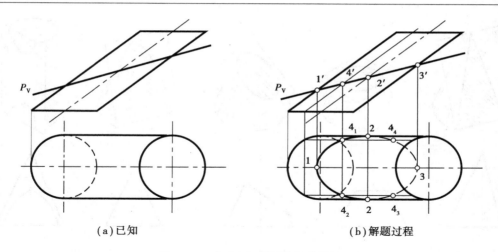

（a）已知　　　　　　　　　　（b）解题过程

图 7.11　平面 P 与斜圆柱的截交线

在 H 面上 4 个位置上的投影。根据椭圆是对称图形，可作出 4_1、4_2、4_3、4_4 四个点。

③连点：在 H 投影面上用光滑的曲线依次连接各点，即得截交线的水平投影。

④判别可见性：由图中可知截交线以短轴为分界线，左半部分为可见，右半部分为不可见。

▶7.2.2　平面和圆锥相交

当平面截割圆锥时，由于截平面与圆锥的相对位置不同，其截交线有以下五种形状：

①当截平面过锥顶时，截平面与圆锥面的截交线为两条直素线，而截平面与圆锥体的截交线是一个过锥顶的三角形，如图 7.12（a）所示。

②当截平面垂直于圆锥的回转轴时，其截交线是一个纬圆，如图 7.12（b）所示。

③当截平面倾斜于圆锥的回转轴线，并与圆锥面上所有素线均相交时，其截交线为椭圆，如图 7.12（c）所示。

④当截平面倾斜于圆锥的回转轴线，并平行于圆锥面上的一条素线时，其截交线为抛物线，如图 7.12（d）所示。

⑤当截平面平行于圆锥面上的两条素线时，其截交线为双曲线，如图 7.12（e）所示。

平面与圆锥相交所得的截交线圆、椭圆、抛物线和双曲线，统称为圆锥曲线。当截平面与投影面倾斜时，椭圆、抛物线、双曲线的投影，一般仍分别为椭圆、抛物线和双曲线，但有变形。

作圆锥曲线的投影，实际上是定属于锥面的点的问题。不论它是什么圆锥曲线，作图方法都相同。即用素线法或纬圆法或二者并用，求出截交线上若干点的投影，然后依次连接起来即可。

【例 7.6】如图 7.13 所示，作正垂面 P 与圆锥的截交线和截断面实形。

【解】分析：因截平面 P 与圆锥轴线倾斜，并与所有素线相交，故截交线是一个椭圆。它的长轴平行于正立投影面，短轴垂直于正立投影面，并垂直平分长轴。椭圆的正面投影积聚在 P_V 上。又因截平面 P 倾斜于水平投影面，椭圆的水平投影仍为椭圆，但不反映实形，椭圆长、短轴的水平投影仍为椭圆投影的长、短轴。本例以纬圆法作图。

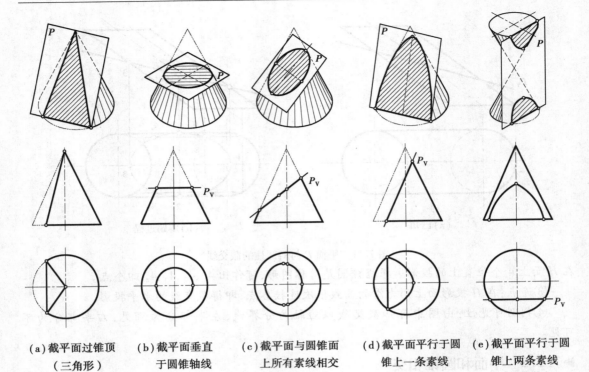

(a) 截平面过锥顶　　(b) 截平面垂直　　(c) 截平面与圆锥面　　(d) 截平面平行于圆　　(e) 截平面平行于圆
　（三角形）　　　　　于圆锥轴线　　　　上所有素线相交　　　锥上一条素线　　　　锥上两条素线
　　　　　　　　　　　（纬圆）　　　　　　（椭圆）　　　　　　（抛物线）　　　　　　（双曲线）

图 7.12　平面截割圆锥

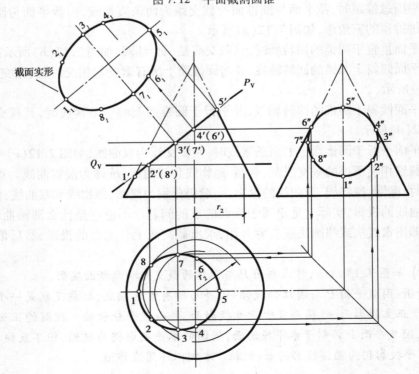

图 7.13　正垂面 P 与圆锥的截交线和截断面实形

投影作图:如图 7.13 所示。

①求特殊点:在正面投影中,P_V 与圆锥正面投影轮廓素线的交点,即为椭圆长轴 Ⅰ Ⅴ 两端点的正投影 1′和 5′,由此向下引铅垂线得 Ⅰ、Ⅴ 的水平投影 1、5;线段 1′5′的中点 3′(7′),是椭圆短轴 Ⅲ、Ⅶ 的两端点的正面投影,过 Ⅲ、Ⅶ 作纬圆,即可求出 Ⅲ Ⅶ 的水平投影 3 和 7;P_V 与圆锥最前、最后素线的正面投影的交点 4′(6′),是圆锥面的最前、最后素线与 P 面的交点 Ⅳ(Ⅵ)的正面投影,用纬圆法作出其水平投影 4、6。

②用纬圆法求一般点 Ⅱ、Ⅷ 的水平投影 2、8。在 Ⅱ、Ⅷ(Q_V)位置作纬圆,在此纬圆的水平投影上,从 2′8′向下作直线,即得 Ⅱ、Ⅷ 点的水平投影 2 和 8。

③在水平投影中,用光滑的曲线依次连接 1—2—3—4—5—6—7—8—1 各点,便得椭圆的水平投影。

④用换面法作出长、短轴端点 Ⅰ、Ⅴ、Ⅲ、Ⅶ 和中间点 Ⅳ、Ⅵ、Ⅱ、Ⅷ 等点的新投影,新投影 3_1、7_1 点间的距离等于水平投影 3、7 间的距离,其他各点原理相同,画出的椭圆即截断面的实形。

▶7.2.3　平面和圆球相交

平面截割圆球体,不管截平面处在何种位置,截交线的空间形状总是圆。截平面距球心越近,截得的圆就越大,截平面通过球心时,截出的圆为最大的圆。当截平面平行于投影面时,截交线圆在该投影面上的投影,反映圆的实形;当截平面倾斜于投影面时,其投影为椭圆。

如图 7.14 所示,分别为水平面 P、正平面 Q、侧平面 R 与圆体截交所得投影的做法。从图中可以看出,在截平面所平行的投影面上截交线圆的投影反映实形,其半径等于空间圆的半径,其余两个投影积聚成直线段,并分别平行于对应的投影轴,直线段的长度等于空间圆直径。

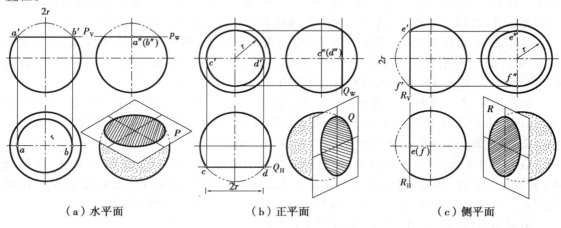

（a）水平面　　　　　　　　（b）正平面　　　　　　　　（c）侧平面

图 7.14　与投影面平行的平面截割球体

【例 7.7】如图 7.15 所示,作铅垂面 P 与圆球的截交线的投影和截断面实形。

【解】**分析**:截平面 P 为一铅垂面,截交线圆的水平投影积聚在属于 P_H 的一段直线上,其长度等于截交线圆的直径;截交线圆的正面投影和侧面投影变为椭圆。画这两个椭圆时,可分别求出它们的长、短轴后作出。

投影作图:如图 7.15 所示。

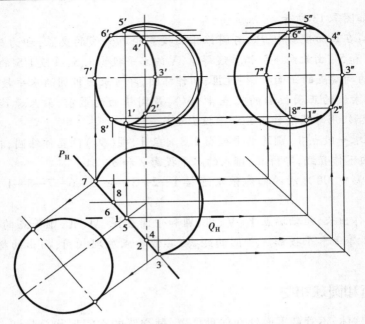

图 7.15 铅垂面截割球体并求截面实形

①截交线的水平投影为积聚线 3、7,且 3、7 点在圆球水平投影轮廓线上。由投影关系"长对正、宽相等"即可得 3′、7′和 3″、7″,它们分别在圆球的赤道圆的正面投影和侧面投影上(与水平中心线重合)。

②取截交线圆的另一直径 Ⅰ Ⅴ ⊥ Ⅲ Ⅶ, Ⅰ Ⅴ 构成铅垂线。 Ⅰ 、Ⅴ 的水平投影 1、5 积聚在 3、7 的中点,由 1′、5′间距离等于 1″、5″点间距离等于截交线圆直径(即等于 3、7 点间距离),得到 1′5′和 1″5″的投影位置。这里的 1′5′、3′7′和 1″5″、3″7″分别是截交线圆的正面投影和侧面投影椭圆的长、短轴。另外, Ⅰ 、Ⅴ 点也可以用辅助平面 Q_H 所对应的纬圆来作。

③求点 Ⅵ、Ⅷ 的各投影。水平投影中, P_H 与最大子午圆水平投影(水平中心线)的交点便是 6(8)。由 6(8)引铅垂线与圆球正面轮廓线相交,即得 6′、8′;再由 6(8)和 6′、8′,即可求得 6″、8″。6′、8′是截交线圆正面投影椭圆的可见与不可见的分界点。

④求点 Ⅱ、Ⅳ 的各投影。水平投影中, P_H 与最大侧平圆水平投影(竖直中心线)的交点便是 2(4)。由 2(2)做宽相等在最大侧平圆轮廓线相交,即可求得 2″、4″。再由 2(4)和 2″、4″,求得 2′、4′是截交线圆侧面投影椭圆的可见与不可见的分界点。

⑤判别可见性:对于正面投影,由于截交线圆 Ⅵ Ⅶ Ⅷ 属于后半球面,为不可见,理论上 6′7′8′应画为虚线,但是由于球体左边部分已经被切掉,故截交线圆 Ⅵ Ⅶ Ⅷ 露出来了,所以应为实线。对于侧面投影,由于截交线圆都属于左半球面,故椭圆 1″3″5″7″都是实线。

⑥截断面的实形为圆,圆的直径等于 3 7 或 1′5′。

【例 7.8】如图 7.16(a)所示,已知半球体被切割后的正面投影,求半球体被切割后的水平投影和侧投影。

【解】分析:从正面投影可以看出,半球体的缺口是被左右对称的两侧平面和水平面所截割而成的。

由水平面截得的截交线的水平投影反映圆弧实形,在 V 面投影中量取半径 r_1,在 H 面上画出水平纬圆。由侧平面截得的截交线的侧面投影反映圆弧的实形,因此,在 V 面投影中量

· 152 ·

取半径 r_2，在 W 面画出侧平纬圆。最后判别可见性，求得正确的图解如图 7.16(b)所示。

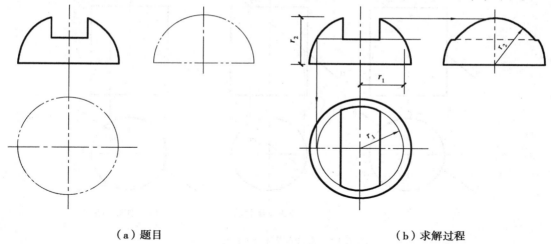

（a）题目 　　　　　　　　　　　　（b）求解过程

图 7.16 平面截割半球体

7.3 直线与曲面立体相交

　　求直线和曲面体的表面交点（相贯点），也就是求直线与曲面体的共有点，其求法可分两种情况。

▶7.3.1 特殊情况

　　当曲面垂直于某一投影面或直线垂直于某一投影面时，可利用积聚性用曲面上取点的方法求出交点。

　　【例 7.9】如图 7.17(a)所示，求直线 AB 与正圆柱体的贯穿点。

　　【解】分析：因圆柱顶面的正面投影和侧面投影都有积聚性。当直线 AB 与圆柱顶面相交时，交点的正面投影和侧面投影必属于圆柱顶面的积聚投影。又由于正圆柱面的水平投影有积聚性，所以当直线 AB 与圆柱面相交时，交点的水平投影必属于圆柱面的积聚投影。

　　投影作图：如图 7.17(b)所示。

　　①在正面投影中，直线 $a'b'$ 与圆柱顶面的正面投影的交点 m'，即为贯穿点 M 的正面投影。由 m' 向下引垂线与 ab 的假想连接线交于 m，则 m 为贯穿点的水平投影。

　　②在水平投影中，ab 与圆周的交点 n 为另一贯穿点 N 的水平投影，由 n 向上引垂线与 $a'b'$ 交于点 n'，则点 n' 即为贯穿点 N 的正面投影。

　　③判别可见性：如图 7.17(c)所示，在正面投影中，因贯穿点 N 属于前半圆柱面，其正面投影 n' 为可见，故自点 n' 到圆柱轮廓素线的那一段线为可见。贯穿点 M 属于顶面，故在水平投影中 mb 为可见。

　　【例 7.10】如图 7.18(a)所示，求直线 CD 和圆锥的贯穿点。

　　【解】分析：由于直线 CD 垂直于 H 面，所以交点的 H 投影 m、n 与直线 CD 的积聚投影 cd

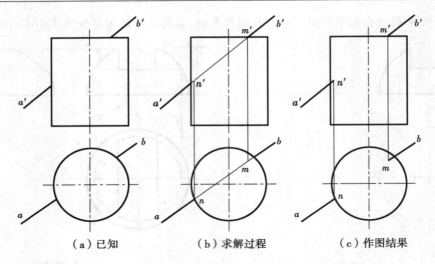

（a）已知　　　　　　　（b）求解过程　　　　　　　（c）作图结果

图 7.17　直线与圆柱相交求贯穿点

重合。故在 H 投影中经过积聚投影，即过 m 点在锥面上作一条素线 s_1，便可求出 $s'1'$；再由 m 点向上作铅垂联系线与 $s'1'$ 交于 m'，由 m_1、m' 定出 m''。

投影作图：如图 7.18(b) 所示。

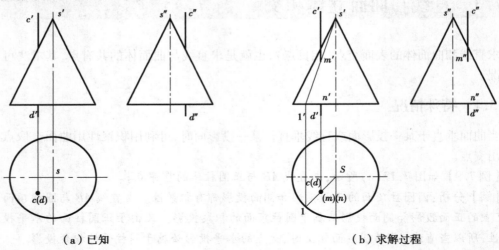

（a）已知　　　　　　　　　　　　　　（b）求解过程

图 7.18　直线与圆锥相交

▶7.3.2　一般情况

当直线和曲面体的投影都没有积聚性时，只能应用作辅助面的方法来解决。其解题步骤与求直线与平面立体的交点相类似，即：

①包含已知直线作一辅助截平面。

②求出截平面与已知曲面体的截交线。

③求出截交线与直线的交点，即为所求直线与曲面体的交点（贯穿点）。

解题的关键是如何根据曲面体的性质来选取适当的辅助截平面，使它和已知曲面体的截交线的投影是简单易画的图形。

【**例**7.11】求直线 AB 与圆锥的贯穿点。

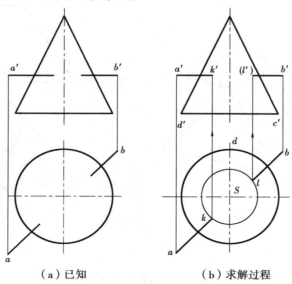

（a）已知　　　　　　（b）求解过程

图 7.19　水平直线与圆锥相交

【**解**】**分析**：由于直线 AB 是水平线，故可包含直线 AB 作水平辅助截平面 P。P 平面与圆锥的截交线为水平圆，其 H 投影反映实形，它与直线 AB 的 H 投影 ab 的交点 k、l 即为所求交点的 H 投影。再对应求出 V 投影 k'、l'。

投影作图：如图 7.19(b) 所示。

可见性判断：圆锥的 H 投影为可见，故交点的 H 投影为可见；在 V 投影中 k' 可见，l' 为不可见。

【**例**7.12】如图 7.20 所示，求直线 AB 与斜圆柱的贯穿点。

【**解**】**分析**：包含直线 AB 作平行于斜圆柱轴线的平面为辅助截平面，其截交线为平行四边形，故可通过 B 点作一直线 BN 平行于斜圆柱轴线。由 AB 和 BN 所决定的辅助截平面，截斜圆柱所得的截交线为平行四边形 Ⅰ Ⅱ Ⅲ Ⅳ，如图 7.20(a) 所示。

投影作图：如图 7.20(b) 所示。

①作直线 BN 平行于斜圆柱轴线，并求出 BN 与斜圆柱底面所在平面的交点 N。

②求出直线 AB 与斜圆柱底面所在平面的交点 M。连接 MN 交斜圆柱底圆于 Ⅰ、Ⅱ；过 Ⅰ、Ⅱ 作斜圆柱的素线 Ⅰ Ⅳ 和 Ⅱ Ⅲ，则平行四边形 Ⅰ Ⅱ Ⅲ Ⅳ 为辅助截平面与斜圆柱的截交线。

③AB 与截交线 Ⅰ Ⅱ Ⅲ Ⅳ 的交点 K、L 即为所求的贯穿点。

④判别可见性：直线 AB 从前半斜圆柱面穿过，由其投影确定 k'、l' 和 k、l 均为可见。

【**例**7.13】如图 7.21 所示，求一般线 AB 与圆锥的贯穿点。

【**解**】**分析**：如果包含直线 AB 作辅助正垂面或铅垂面，则截割圆锥所得截交线是椭圆或双曲线，作图较困难。但从图 7.12 中可知，截平面通过锥顶时，截交线为一三角形。因此，可以由锥顶和直线 AB 所决定的平面作为辅助面。

投影作图：如图 7.21(b) 所示。

①求锥顶 S 和直线 AB 所确定的辅助平面与圆锥的截交线。为此，连接 SA，并延长使其

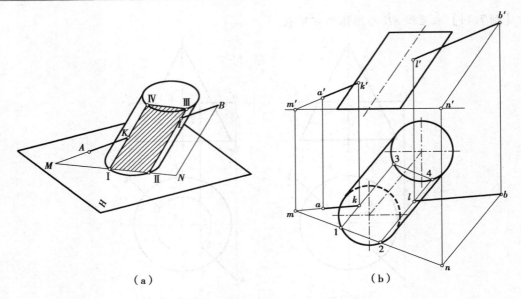

（a）　　　　　　　　　　　　　（b）

图 7.20　直线与斜圆柱的贯穿点

与圆锥底面所在平面相交，其交点为 E；再取直线 AB 的任一点 C，连接 SC，并延长使它与圆锥底面所在平面相交，其交点为 F；连接 EF 交圆锥底圆于 Ⅰ、Ⅱ；又连接 SⅠ、SⅡ，则 $\triangle S$Ⅰ Ⅱ 为辅助平面与圆锥的截交线。

②截交线与直线 AB 的交点 M、N 即为所求贯穿点。

③判别直线 AB 的可见性：直线 AB 从前半圆锥表面穿过，故其投影均为可见。

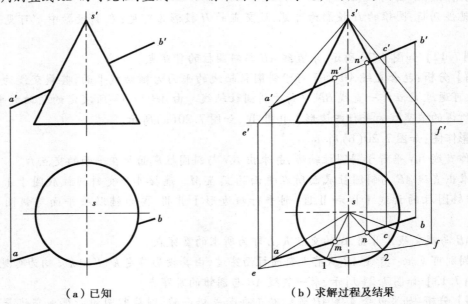

（a）已知　　　　　　　　　　　（b）求解过程及结果

图 7.21　一般线与圆锥相交

【例 7.14】如图 7.22(a)所示，作直线 EF 与圆球的贯穿点。

【解】分析：直线 EF 为一般位置直线，如果包含该直线作投影面垂直面为辅助平面，则辅助平面与圆球的截交线圆的另外两投影为椭圆，作图比较麻烦，准确性又较差。于是，用一次换面法作出截交线圆的实形和直线 EF 的实长投影 $e_1'f_1'$,它们的交点 k_1'、l_1' 即为所求贯穿点 K、L 的新投影。最后将其返回到 K、L 点的各个原投影上。

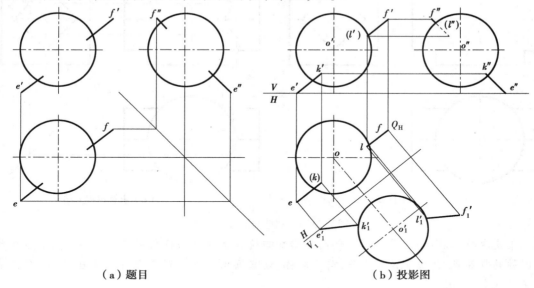

| （a）题目 | （b）投影图 |

图 7.22　直线与圆球的贯穿点

投影作图:如图 7.22(b)所示。

①过 EF 直线作铅垂面 Q,显然 Q_H 与 ef 重合。

②取新投影面 $V_1 // Q$,用换面法在 V_1 面上作出截交线圆的实形和直线 EF 的实长投影 $e_1'f_1'$,直线 $e_1'f_1'$ 与圆 o_1' 的交点 k_1'、l_1' 即为贯穿点的新投影。

③将属于 $e_1'f_1'$ 的点 $k_1'l_1'$ 反投影到 ef,即得所求贯穿点的水平投影 k、l。根据直线的点的投影对应关系,求出贯穿点 K、L 的正面投影和侧面投影。

④判别可见性:直线 EF 由前、下、左半球穿入球体,从后、上、右半球穿出球体。

7.4　平面立体与曲面立体相交

平面体和曲面体相交(相贯),所得的交线是由若干段平面曲线或若干段平面曲线和直线段组成的空间闭合线。每段平面曲线是平面体的某一棱面与曲面体相交的截交线。两段平面曲线的交点称为转折点,它是平面体的棱线与曲面体的交点。由此可见,求平面体与曲面体的交线,可归结为求平面与曲面体的截交线和直线与曲面体的交点。

【例 7.15】 如图 7.23 所示,求一直立圆柱和一四棱柱的表面交线(相贯线)。

【解】分析:①圆柱的水平投影有积聚性,四棱柱的侧面投影有积聚性,故相贯线的水平投影和侧面投影均为已知。

②四棱柱贯入、贯出圆柱,故相贯线为两组。

③根据水平投影图左右、前后对称,可知两组相贯线也左右、前后对称,各组均由上下、前后 4 段椭圆弧所组成。

投影作图:如图 7.23(b)所示。

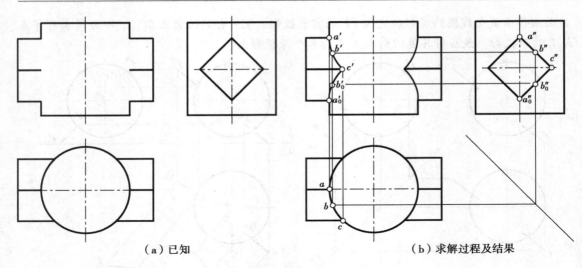

（a）已知   （b）求解过程及结果

图 7.23　直圆柱与四棱柱相贯

①先求特殊点：由水平投影和侧面投影知四棱柱上棱线与圆柱的贯穿点 A、A_0，前方棱线与圆柱的贯穿点 C（由于棱柱上下、前后对称，故只画出可见贯穿点即可），求出 A、A_0、C 三点的正面投影 a'、a_0'、c'。

②再求一般点：在四棱柱的侧面积聚投影上取一般点 B、B_0，利用点 B、B_0 在圆柱面上的素线和属于四棱柱表面这一特性，求出其在正面投影上的投影 b'。根据对称性求出 B_0 点的对称投影 b_0'；最后将其依次连接，求出相贯线的正面投影。根据对称性，补画完整正面投影的中相贯线的右侧投影。该相贯体的立体图如图 7.24 所示。

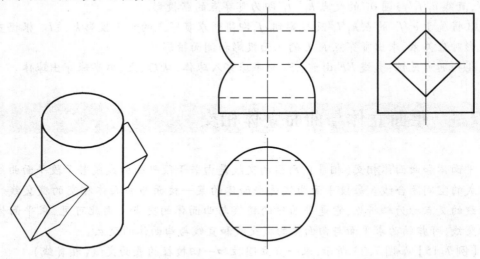

图 7.24　直圆柱与四棱柱相贯立体图　　　　图 7.25　圆柱穿一四棱柱通孔

注意：该四棱柱是一正四棱柱，柱面与圆柱轴线成 45°夹角，因此相贯线的正面投影的圆弧是一个与圆柱等直径圆的一部分。如果将四棱柱沿棱线方向抽出，则成为直立圆柱贯一矩形棱柱孔，其投影如图 7.25 所示。水平投影中的虚线是四棱柱孔的四条棱线的水平投影。该四棱柱孔的正面投影由上下两段椭圆弧线围成，中间的虚线仍为四棱柱孔的四条棱线的投影。

【例7.16】如图7.26(a)所示,求直圆柱与四棱锥的交线。

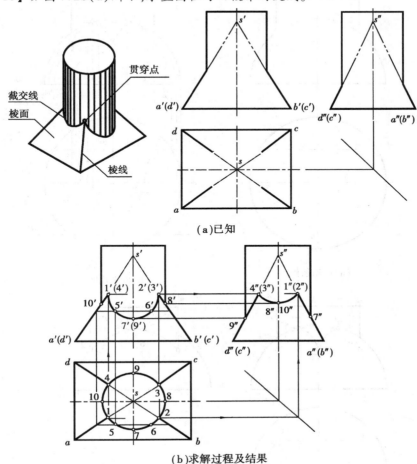

(a)已知

(b)求解过程及结果

图7.26 圆柱与四棱锥相贯

【解】**分析:**①圆柱的水平投影有积聚性,四棱锥的正面投影和侧面投影无积聚性,故相贯线的求解首先要从圆柱的积聚投影入手。从立体的几何特性我们可以判断,直圆柱与四棱锥的相贯线可以在水平投影中找出,即圆柱的积聚投影。

②圆柱与四棱锥为互贯,故相贯线为一组。

③根据水平投影图左右、前后对称,可知相贯线也左右、前后对称,由4段圆弧线组成。

投影作图:如图7.26(b)所示。

①将四棱锥4条棱线与圆柱的贯穿点用Ⅰ、Ⅱ、Ⅲ、Ⅳ表示在水平投影面上,即1、2、3、4点。求出这4个点的正面投影和侧面投影。

②将直圆柱4条特殊素线用Ⅶ、Ⅷ、Ⅸ、Ⅹ表示在水平投影面上,即7、8、9、10点。求出这4个点的正面投影和侧面投影。

③在水平投影上取一般点Ⅴ、Ⅵ点,即5、6点。这两点是左右对称的,这样方便我们求解一般点的投影。根据投影原理可求出以上各点的正面投影和侧面投影。最后将其依次连接,求出相贯线的正面投影和侧面投影。

【例7.17】求三棱柱与半圆球的交线,如图7.27(a)所示。

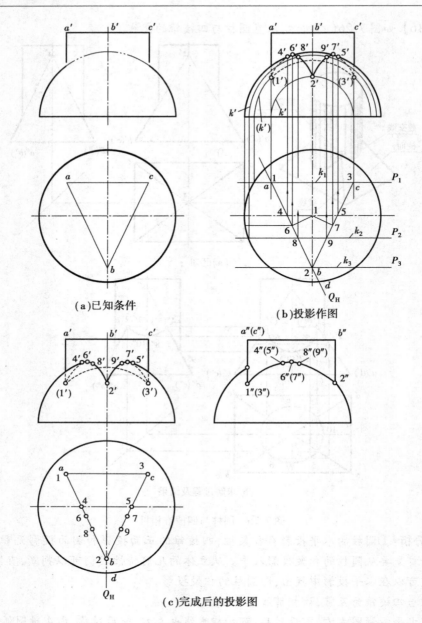

（a）已知条件

（b）投影作图

（c）完成后的投影图

图 7.27　半球与三棱柱相贯

【解】分析：①观察投影图具有左右对称性，故其相贯线也是左右对称的。

②平面和球的截交线为圆，故知相贯线由 3 段圆弧所组成，转折点属于三棱柱的 3 根棱线。

③三棱柱的 H 投影有积聚性，故相贯线的 H 投影为已知。

投影作图：如图 7.27（b）所示。

①棱面 AC 为正平面 P_1，P_1 与球相交于线段 1、3，这段截交线的最高点为 D，弧线 k_1' 的 V 投影反映了该位置截交线的实形，截交线为圆弧 1'3'。A 棱的 V 投影 a'，C 棱的 V 投影 c' 和半圆弧 k_1' 的交点 1'、3'就是 A 棱和 C 棱与半球的相贯点 Ⅰ、Ⅲ的 V 投影。

②AB 棱面 Q 倾斜于 V 面,故与半球的交线圆的 V 投影为椭圆弧。图中,B 棱与半球的相贯点 Ⅱ 的 V 投影 2′,由 B 棱的 V 投影与辅助正平面 P_2 和球的交线圆的 V 投影 k'_2 相交而得。点 Ⅳ 是 V 投影椭圆弧可见与不可见的分界点,由水平中心线(即球的 V 投影轮廓线的 H 投影)和积聚线段 ab 的交点 4 向上作垂线到圆球的 V 投影轮廓线上即得 4′。在 H 投影图上,由球心 o 引 ab 的垂线得垂足 6。过 6 点作辅助正平面 P,在正投影中画出其交线圆 k′,再由点 6 向上作垂线到 V 投影图上,即得到 6′。6′ 即是这段圆弧的 V 投影成椭圆长半轴的端点,也是该圆弧的最高点。其余的点(如点 Ⅷ)是用正平面 P_3 为辅助面求得的。连接 1′4′6′8′2′ 得棱面 AB 和球的交线圆的 V 投影。点 2′ 就是 B 棱线与半球的相贯点 Ⅱ 的 V 投影。

③棱面 BC 和球的交线圆的 V 投影 3′5′7′9′2′ 与 1′4′6′8′2′ 对称,可同时求得。

④判别可见性:圆弧 1′3′ 属于不可见的棱面 AC 和球面,画为虚线。椭圆弧 1′4′ 和 3′5′ 属于不可见的球面,画为虚线。椭圆弧 4′6′8′2′ 和 5′7′9′2′ 属于可见的棱面和球面,画为实线。还应注意,棱线 a′ 和 c′ 靠近 1′ 和 3′ 的一小段被球面遮住,应画为虚线。

经过整理后,完成的三面投影如图 7.27(c)所示。

如果将图 7.27 中的三棱柱抽出,则成为半球贯一三棱柱孔,其投影图如图 7.28 所示。其作图方法并无不同,只是虚实线有些变动。V 投影图中的 3 根铅垂虚线是 3 个铅垂面交线的投影,W 投影图中右边的铅垂虚线是左右两铅垂面交线的投影,左边上实下虚的铅垂线是后面的正平面的投影。

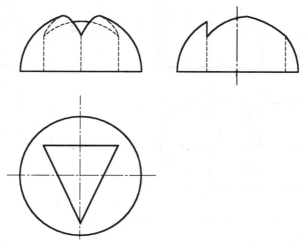

图 7.28　半球贯一三棱柱通孔

7.5　曲面立体与曲面立体相交

两曲面体相交的表面交线(相贯线)一般为光滑而闭合的空间曲线。曲线上的每一点是两立体表面的共有点。因此,求交线时,需先求出两立体表面的若干共有点,然后用光滑的曲线连接成相贯线。求共有点的基本方法是辅助面法,其具体步骤如下:

①作一辅助面 P,使其与两已知曲面体相交。

②求出辅助面与两已知曲面体的交线。

③两交线的交点便是两曲面体表面的共有点,就是所求交线上的点。

辅助面可以是平面,也可以是球面,但应尽量使辅助面与两曲面体相交所得交线的投影形状为简单易画的图形,如圆、矩形、三角形等。究竟采用哪一种辅助面,应根据曲面的形状和相对位置来决定。

▶7.5.1 辅助平面法

当两曲面体能被一系列平面截出由直线或圆组成的截交线投影时,可用这种方法。

【例7.18】如图7.29所示,已知一直立圆柱和一水平圆柱成正交,求作它们的相贯线。

【解】分析:①从 H 投影可知,只有水平圆柱只有左半部分参与相交。配合 V 投影或 W 投影可看出直立圆柱也是部分贯穿水平圆柱,故知相贯线为一组。

②由于 H 投影前后对称,故相贯线 V 投影也是前后对称。

③因两圆柱的轴线均平行于正立投影面,作相贯线时,如采用正平面为辅助面,则辅助平面和两圆柱都交于素线,素线的交点便是属于相贯线的点。

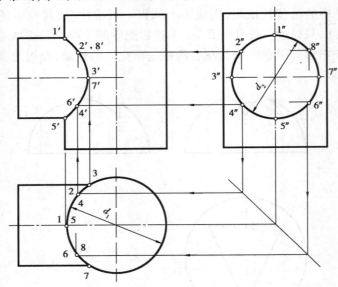

图7.29 两不等径的圆柱相交

投影作图: 如图7.29所示。

①先求特殊点:两圆柱特殊位置的素线相交,由水平投影和侧面投影确定特殊点Ⅰ、Ⅲ、Ⅵ、Ⅶ点,再求出这4个特殊点的正面投影。

②求一般点:在侧面投影中于水平圆锥的积聚投影上任取一个一般点Ⅱ点。根据点也属于直立圆柱的素线上这一特征,在水平投影上由直立圆柱的积聚投影上确定Ⅱ点的水平投影2。因此,可以求到Ⅱ点的正面投影2′。根据对称性,利用求解Ⅱ点时的作图过程线求到Ⅳ、Ⅵ、Ⅷ的三面投影。

③将求到的点用光滑的曲线依次连接,即得到两圆柱的相贯线的投影。

假定将图7.29的水平圆柱贯穿直立圆柱,则形成一水平圆柱通孔,此时其投影图如图7.30所示。V 投影中的两段水平虚线是水平圆柱孔的上下轮廓素线,左右两段曲线和图7.29的相贯线完全一样。H 投影中的两段水平虚线是圆柱孔的最前和最后两素线。

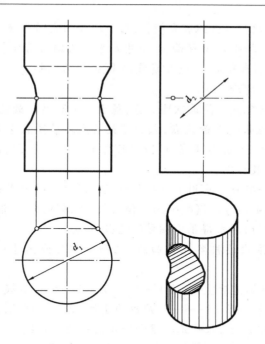

图7.30 直立圆柱贯一水平圆柱通孔

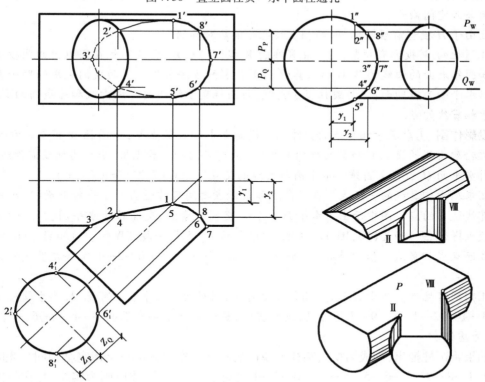

图7.31 两不等径的圆柱斜交

【例7.19】如图7.31所示,两不等径圆柱斜交,求其相贯线。

【解】分析:①从 V 投影或 W 投影知斜立圆柱全部贯入水平圆柱,再由 H 或 W 投影知斜立圆柱未贯出水平圆柱,故只求一组相贯线,它为一闭合的空间曲线,且上下对称。

②由于两圆柱的轴线均平行于 H 面,故采用水平面为辅助面来求属于相贯线的点。

③水平圆柱的 W 投影有积聚性,故相贯线的 W 投影为已知。

投影作图:如图 7.31 所示。

①求属于相贯线的特殊点。最前点Ⅶ和Ⅲ,属于水平圆柱的最前素线,可由 H 投影 7 和 3 而得 H 投影 7′和 3′。点Ⅲ也是最左点,点Ⅶ是最右点。最高点Ⅰ和最低点Ⅴ,分别属于斜立圆柱的最上和最下素线,可由 W 投影 1″和 5″而得 V 投影 1′和 5′,最后定出 H 投影 1 和 5。点Ⅲ又是最前点,Ⅳ又是最后点。

②求属于相贯线的一般点。采用上下对称位置的两水平面 P 截两圆柱于素线,素线的交点为Ⅱ(2,2′,2″)、Ⅳ(4,4′,4″),Ⅵ(6,6′,6″)和Ⅷ(8,8′,8″),它们都是相贯线的一般点。还可作适当的正平面为辅助面以求得属于相贯线适当的点。

③连点成相贯线。依次连接各点为曲线,从而得相贯线为Ⅰ—Ⅱ—Ⅲ—Ⅳ—Ⅴ—Ⅵ—Ⅶ—Ⅷ—Ⅰ。

④判别可见性。V 投影前后重合,故 1′—8′—7′—6′—5′ 为实线。H 投影中,属于两圆柱均为可见面的交线投影是 3—2—1—8—7,应画为实线;其余不可见,画为虚线。

【例 7.20】 如图 7.32 所示,求一正圆锥和一正圆柱的相贯线。

【解】分析:①从 V 投影观察,两立体都有全不参与相贯的部分,故为互贯。其相贯线是一根闭合的空间曲线。

②由于 H 投影前后对称,因而相贯线也是前后对称的。

③圆柱的 W 投影有积聚性,故相贯线的 W 投影为已知,它是圆柱在圆锥内的圆投影。可用已知圆锥表面的曲线的 W 投影求其 H 和 V 投影的方法来作。下面我们仍用辅助平面法来求。以水平面为辅助面,它与圆柱交于素线,与圆锥交于纬线圆。该素线和纬线圆的交点,便是属于相贯线的点。

投影作图:①求属于相贯线的特殊点。最高点Ⅰ和最低点Ⅴ,由圆柱 W 投影的积聚圆和圆锥右轮廓素线的交点 1′和 5′而得到 1 和 5。最前点Ⅶ和最后点Ⅲ,属于圆柱最前素线,过此素线引水平面 Q_w,Q_w 交圆锥于水平圆与素线的交点即为Ⅶ(7,7′)和Ⅲ(3,3′)。

②求属于相贯线的一般点。在最高点和最低点之间可作适当的水平辅助面,即求得属于相贯线适当的点。图中示出了水平面 S_w,S_w 交圆柱素线,交圆锥于水平圆,得到的交点便是一般点Ⅸ(9,9′)和Ⅹ(10,10′)。同理,作水平面 T_w 求得一般点Ⅳ(4,4′)和Ⅵ点(6,6′)。

③连点成相贯线。依次连接 1—8—9—7—6—5—4—3—10—2—1 便得相贯线的 H 和 V 投影。

④判别可见性。对于 H 投影,圆锥面全可见,圆柱面的上半表面可见,故属于圆柱上半表面的 3—10—2—1—8—9—7 为可见,画为实线;属于圆柱下半表面的 3—4—5—6—7 为不可见,画为虚线。

如果将圆柱抽出,则成为挖去圆柱形缺口的圆锥。作图方法与上述完全相同。此时在 H 投影上 1—8—9—7—6—5—4—3—10—2—1 都属于圆锥表面,故应画为实线,且在圆锥的左侧对称有一同样的截交线。需要注意的是,由于是通孔,故还是应该画出,用虚线表示。V 面投影做法相同,需画出圆柱孔上下两条轮廓素线,用虚线表示。

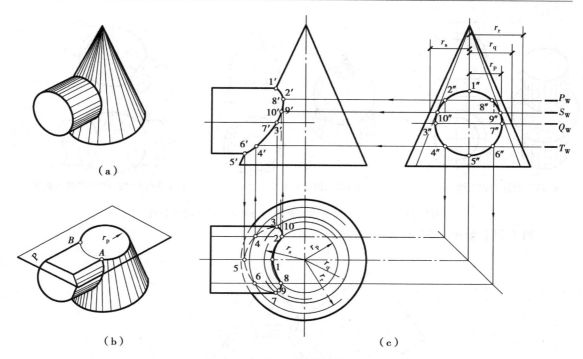

图7.32　圆柱与圆锥相贯

综上所述,当两圆柱相贯时,如两圆柱的轴线都平行于某一投影面,则采用该投影面的平行面为辅助面,因辅助平面与两圆柱都交于素线。

当回转体与圆柱相贯时,如回转体的轴线垂直于某一投影面,而圆柱的轴平行于该投影面,则采用该投影面的平行面为辅助平面。这样,辅助面交回转体于圆,此圆在该投影面上的投影反映实形,而辅助平面交圆柱于素线。

当两回转体相贯时,如两回转体的轴均垂直于某一投影面,则选取该投影面的平行面为辅助面。此时辅助平面和两回转体交于各自的纬线圆,而两纬线圆在该投影面上的投影均为反映实形的圆。

▶**7.5.2　辅助球面法**

当球心位于回转体的轴线上时,球面和回转体表面的交线是垂直于回转轴的圆。若此时回转体的轴线又平行于某一投影面,则该圆在投影面上的投影积聚为一条垂直于回转轴的直线段。

图7.33(a)所示球心位于直立圆柱的轴线上,它们的表面交线是两个等径的水平圆 K_1 和 K_2。

图7.33(b)所示球心位于正圆锥的轴线上,它们的表面交线为大、小两水平圆 K_1 和 K_2。

图7.33(c)所示球心位于斜圆柱的轴线上,斜圆柱的轴线平行于 V 面,此时它们的表面交线为两个等径的圆 K_1 和 K_2。两圆都垂直于 V 面,其 V 投影为垂直于圆柱轴线的两直线段, H 投影为两个相同的椭圆 k_1 和 k_2。

由上述现象可知,求两回转体的表面交线时,两回转体的轴线相交,且两轴线同时平行于某一投影面,则可用以两轴线交点为球心的球面为辅助面来求两回转体表面的共有点。

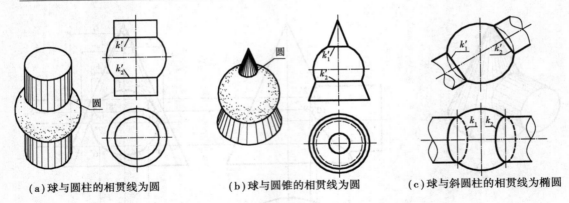

（a）球与圆柱的相贯线为圆 （b）球与圆锥的相贯线为圆 （c）球与斜圆柱的相贯线为椭圆

图7.33 球心属于回转体的轴线时,球与回转体的相贯线

【例7.21】如图7.34所示,求圆锥和圆柱的交线。

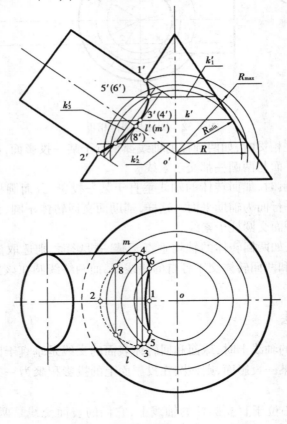

图7.34 以球面为辅助面求圆锥与圆柱的相贯线

【解】分析:①由于H投影前后对称,故相交线也前后对称。再由两投影观察,圆柱虽全贯入圆锥,但未贯出,故只求一组相交线。

②两立体都是回转体,且轴线都平行于V面并相交于一点,若以两轴线交点O为球心的球面为辅助面,则球与两回转体表面的交线都是圆。这些圆的V投影都垂直于各自轴线的直线段,它们的交点就是相交线上的点的V投影。

投影作图：

①相交线上的最高点Ⅰ和最低点Ⅱ是圆柱的最高和最低素线与圆锥最左素线的交点。可先在V投影上直接定出点$1'$和$2'$，然后由$1'$和$2'$而得1和2。

②求相交线上的一般点。以两回转体轴线的交点O为球心，以适当的长度R为半径作辅助球。此球与圆锥相交于水平圆K_1和K_2，与圆柱相交于圆K_3。它们的V投影都积聚为直线段k_1'、k_2'和k_3'。k_1'、k_2'和k_3'的交点$5'$、$6'$和$7'$、$8'$，便是属于相交线的点Ⅴ、Ⅵ、Ⅶ、Ⅷ的V投影。它们的H投影利用水平圆K_1和K_2的H投影k_1和k_2来求出。

辅助球的半径R应在最大半径R_{max}和最小半径R_{min}之间。从V投影可知$R_{max} = 0'1'$，因为半径大于$0'1'$的球面与圆锥和圆柱的截交圆不能相交。最小半径R_{min}为与圆锥相切的球和与圆柱相切的球二者中半径较大者，在此应为与圆锥相切的球半径。若球半径比切于圆锥的球半径还小，则此球与圆锥无截交线。

图中的点Ⅲ$(3, 3')$和Ⅳ$(4, 4')$就是以与圆锥相切的球为辅助面而求得的。在最大球和最小球之间还可作更多的球面为辅助面，以求得属于相交线的足够数量的点。

③连点成相交线。先连V投影$1'—5'—3'—7'—2'$为曲线，此曲线与圆柱最前和最后的素线交于$1'$和$m'(m'和1'重合)$，便是相交线的最前点L和最后点M的V投影；它们的H投影1和m由$1'$和m'求出。

圆柱的最前素线和圆锥面的交点$L(1, 1')$还可用过此素线和锥顶的平面P与锥面交于素线的方法来作，图中未示出。

相交线的H投影为曲线$2—7—1—3—5—1—6—4—m—8—2$，连此曲线时应注意它对水平中心线的对称性。

④判别可见性：在V投影上，相交线的不可见部分$2'—8'—m'—4'—6'—1'$和可见部分$2'—7'—1'—3'—5'—1'$重合。在H投影上，$1—3—5—1—6—4—m$属于圆锥与圆柱的可见表面，故可见，画为实线。$m—8—2—7—1$属于柱的后半表面，为不可见，画成虚线。

▶7.5.3　特殊情况

两曲面体相交时，它们的相交线一般为空间曲线。但若它们外切于同一球面，则其相交线为平面曲线。

如图7.35(a)所示，两个等径圆柱的轴线成正交时，它们必外切于同一球面，其相交线为两个相同的椭圆；它们的V投影为两段直线，长度等于椭圆的长轴；H投影与直立圆柱的积聚投影重合，椭圆短轴等于圆柱的直径。

如图7.35(b)所示，两等径圆柱的轴线成斜交，此两圆柱必外切于一球，其相交线也为两椭圆；其中一个椭圆长轴的V投影为$a'b'$，另一个的长轴的V投影为$c'd'$。二者的短轴都等于圆柱的直径；两椭圆的H投影均与直立圆柱的H投影重合。

如图7.36所示的一圆锥与一圆柱，它们的轴线成正交且都外切于同一球面，它们的相交线是相同的两个椭圆。其V投影分别积聚为两段直线$a'b'$和$c'd'$；H投影为两个相同的椭圆，椭圆的长轴等于其V投影，短轴等于圆柱的直径。

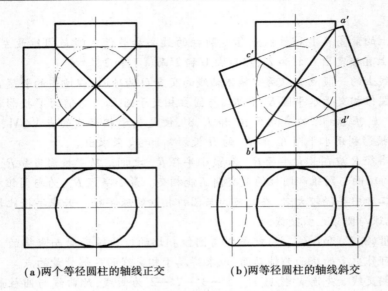

(a)两个等径圆柱的轴线正交　　　　(b)两等径圆柱的轴线斜交

图 7.35　圆柱共内切球时的相贯线为平面曲线

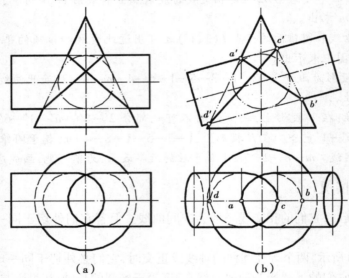

（a）　　　　　　　　　　（b）

图 7.36　圆锥共内切球时的相贯线为平面曲线

复习思考题

7.1 以图 7.13 为例,讨论截交线上有哪些特殊点及其作图方法。

7.2 作相贯线时,辅助平面的选择原则是什么?

7.3 以图 7.32 为例,讨论相贯线上有哪些特殊点及其作图方法。相贯线上距圆锥轴线最近的点是哪点? 为什么?

7.4 在什么条件下二次曲面的相贯线成为平面曲线? 怎么使平面曲线的投影成为直线?

轴测投影

学习要点

在建筑制图中,有一种投影可以很生动、很形象地表现出建筑物的立体感,这就是轴测投影。用这种投影方式画出的图样称为轴测投影图,简称轴测图。我们需要掌握轴测图的形成与作用、轴间角和轴向伸缩系数、正等测图及其画法、斜轴测图及其画法,以及八点法和四心法的运用等。

8.1 轴测投影的基本知识

前面我们学习了多面正投影图,多面正投影图能确切地表达物体的形状,并且作图简单,因此是工程中常用的图样。但它的缺点是立体感差,使人不容易想象出物体的形状。下面我们要学习的轴测投影图是一种立体感较强的图样。

▶8.1.1 轴测图的形成与作用

将空间一形体按平行投影法投影到平面 P 上,使平面 P 上的图形同时反映出空间形体的三个面来,该图形就称为轴测投影图,简称轴测图。

为研究空间形体三个方向长度的变化,特在空间形体上设一直角坐标系 $O\text{-}XYZ$,以代表形体的长、宽、高三个方向,并将其随形体一并投影到平面 P 上。于是,在平面 P 上得到 $O_1\text{-}X_1Y_1Z_1$,如图 8.1 所示。图 8.1 中,S 称为轴测投影方向;P 称为轴测投影面;$O_1\text{-}X_1Y_1Z_1$ 称为轴测投影轴,简称轴测轴。

由于轴测投影面 P 上同时反映了空间形体的三个面,所以其图形富有立体感,这一点恰

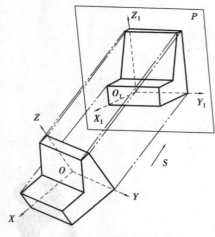

图 8.1　轴测投影的形成

好弥补了正投影图的缺点。但它作图复杂,量度性较差,因此在工程实践中一般只用作辅助性图样。

▶8.1.2　轴测图的分类

①正轴测投影:坐标系 $O\text{-}XYZ$ 中的 3 个坐标轴都与投影面 P 相倾斜,投影线 S 与投影面 P 相垂直所形成的轴测投影。

②斜轴测投影:一般坐标系 $O\text{-}XYZ$ 中有 2 个坐标轴与投影面 P 相平行,投影线 S 与投影面 P 相倾斜所形成的轴测投影。

▶8.1.3　轴测图中的轴间角与伸缩系数

轴测轴之间的夹角称为轴间角,如图 8.1 中的 $\angle X_1 O_1 Y_1$、$\angle Y_1 O_1 Z_1$、$\angle Z_1 O_1 Y_1$。

形体在坐标轴(或其平行线)上的定长的投影长度与实长之比,称为轴向伸缩系数,简称伸缩系数。即:$p = \dfrac{O_1 X_1}{OX}$ 称为 X 轴向伸缩系数;$q = \dfrac{O_1 Y_1}{OY}$ 称为 Y 轴向伸缩系数;$r = \dfrac{O_1 Z_1}{OZ}$ 称为 Z 轴向伸缩系数。

轴间角确定了形体在轴测投影图中的方位,伸缩系数确定了形体在轴测投影图中的大小,这两个要素是作出轴测图的关键。

▶8.1.4　轴测投影图的特点

①因轴测投影是平行投影,所以空间中一直线其轴测投影一般仍为一直线;空间互相平行的直线其轴测投影仍互相平行;空间直线的分段比例在轴测投影中仍不变。

②空间与坐标轴平行的直线,轴测投影后其长度可沿轴量取;与坐标轴不平行的直线,轴测投影后就不可沿轴量取,只能先确定两端点,然后再画出该直线。

③由于投影方向 S 和空间形体的位置可以是任意的,所以可得到无数个轴间角和伸缩系数,同一形体也可画出无数个不同的轴测图。

8.2　正等测图

正等测属正轴测投影中的一种类型。它是坐标系 $O - XYZ$ 的三个坐标轴与投影面 P 所成夹角均相等时所形成的投影。此时,它的 3 个轴向伸缩系数都相等,故称为正等轴测投影(简称"正等测")。由于它画法简单,立体感较强,所以在工程上较常用。

▶8.2.1　正等测的轴间角与伸缩系数

轴间角:三个轴测轴之间的夹角均为 120°。当 $O_1 Z_1$ 轴处于竖直位置时,$O_1 X_1$、$O_1 Y_1$ 轴与水平线成30°,这样可方便利用三角板画图。

伸缩系数:三个轴向伸缩系数的理论值:$p=q=r\approx0.82$。为作图简便,取简化值:$p=q=r=1$(画图时,形体的长、宽、高度都不变),如图8.2所示。这对形体的轴测投影图的形状没有影响,只是图形放大了1.22倍。如图8.3所示,(a)图为形体的正投影图,(b)图为$p=q=r=0.82$时的轴测图,(c)图为$p=q=r=1$时的轴测图。

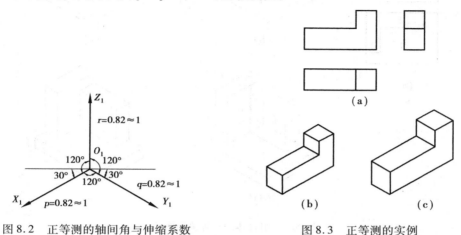

图8.2　正等测的轴间角与伸缩系数　　　　图8.3　正等测的实例

▶8.2.2　正等测的画法

【例8.1】作三棱柱的正等测图,其V、H面投影如图8.4(a)所示。

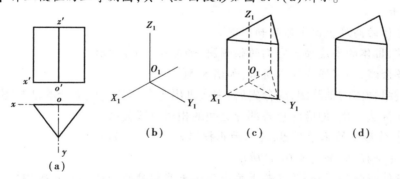

图8.4　三棱柱的正等测画法

【解】①定轴测轴。把坐标原点O_1选在三棱柱下底面的后边中点,且让X_1轴与其后边重合,这样可在轴测轴中方便地量取各边长度,如图8.4(a)所示。

②根据正等测的轴间角画出轴测轴$O_1\text{-}X_1Y_1Z_1$,如图8.4(b)所示。

③根据三棱柱各角点的坐标(长度),画出底面的轴测图。

④根据三棱柱的高度,画出三棱柱的上底面及各棱线,如图8.4(c)所示。

⑤擦去多余图线,加深图线即得所求,如图8.4(d)所示。

画这类基本体,主要是根据形体各点在坐标上的位置来画,这种方法称为坐标法,这是轴测图中的最基本的画法。其中,坐标原点O_1的位置选择较重要,如选择恰当,作图就简便快捷。

【例8.2】 作组合体的正等测图，其 V、H 面投影如图 8.5(a) 所示。

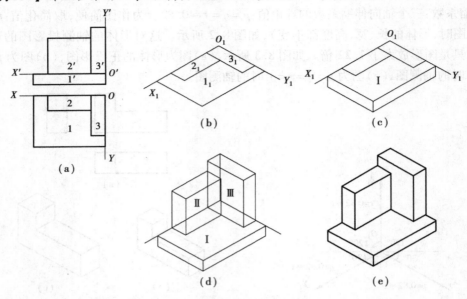

图 8.5　组合体的正等测图画法

【解】 把该组合体分为三个基本体，如图 8.5(d) 所示。

①定坐标轴。把坐标原点 O_1 选在 I 体上底面的右后角上，如图 8.5(a) 所示。

②根据正等测的轴间角及各点的坐标在 I 体的上底面画出组合体的 H 投影的轴测图，如图 8.5(b) 所示。

③根据 I 体的高度画出 I 体的轴测图。

④根据 II、III 体的高度画出它们的轴测图，如图 8.5(d) 所示。

⑤擦去多余线，加深图线即得所求，如图 8.5(e) 所示。

画叠加类组合体的轴测图，应分先后、主次画出组合体各组成部分的轴测图，每一部分的轴测图仍用坐标法画出，但应注意各部分之间的相对位置关系。

【例8.3】 作形体的正等测图，其三面正投影如图 8.6(a) 所示。

【解】 ①定坐标轴，如图 8.6(a) 所示。

②画出正等测的轴测轴，并在其上画出形体未截割时的外轮廓的正等测图，如图 8.6(b) 所示。

③在外轮廓体的基础上，应用坐标法先后进行截割，如图 8.6(c)、(d) 所示。

④擦去多余线，加深图线即得所求，如图 8.6(e) 所示。

画这类由基本体截割后的形体的轴测图，应先画基本体的轴测图，再应用坐标法在该基本体内画各截交线，最后擦掉截去部分即得所需图形。

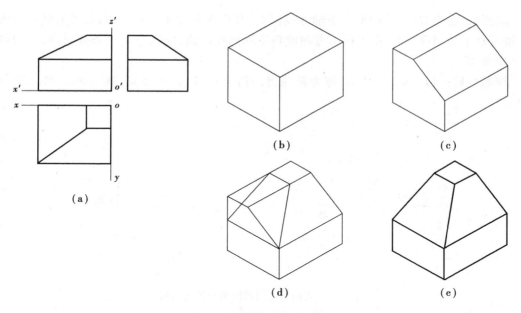

图 8.6　截割体正等测图画法

8.3　斜轴测图

通常将坐标系 $O\text{-}XYZ$ 中的两个坐标轴放置在与投影面平行的位置,所以较常用的斜轴测投影有正面斜轴测投影和水平斜轴测投影。但无论哪一种,如果它的 3 个伸缩系数都相等,就称为斜等测投影(简称"斜等测")。如果只有 2 个伸缩系数相等,就称为斜二测轴测投影(简称"斜二测")。

▶8.3.1　正面斜轴测图

1)形成

如图 8.7 所示,当坐标面 XOZ(形体的正立面)平行于轴测投影面 P,而投影方向倾斜于轴测投影面 P 时,所得到的投影称为正面斜轴测投影。由该投影所得到的图就是正面斜轴测图。

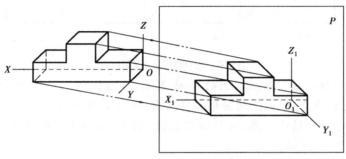

图 8.7　正面斜轴测投影的形成

轴测轴:由于 OX、OZ 都平行于轴测投影面,其投影不发生变形。所以,$\angle X_1O_1Z_1 = 90°$;OY 轴垂直于轴测投影面,由于投影方向倾斜于轴测投影面,所以它是一条倾斜线,一般取与水平线成45°。

伸缩系数:当 $p = q = r = 1$ 时,称为斜等测;当 $p = r = 1$,$q = 0.5$ 时,称为斜二测,如图8.8所示。

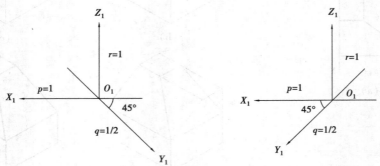

图8.8 正面斜二测轴间角和伸缩系数

2)应用

当形体的正平面形状较复杂或具有圆和曲线时,常用正面斜二测图;对于管道线路,常用正面斜等测图。

3)画法

【**例8.4**】作形体的斜二测图,其三面正投影如图8.9(a)所示。

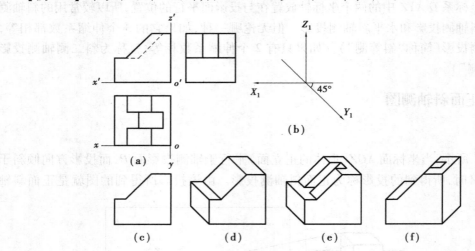

图8.9 形体的斜二测图画法

【**解**】①选择坐标原点 O 和斜二测的 O_1-$X_1Y_1Z_1$,如图8.9(a)、(b)所示。

②将反映实形的 $X_1Y_1Z_1$ 面上的图形如实照画,如图8.9(c)所示。

③由各点引 Y_1 方向的平行线,并量取实长的一半(q 取0.5),连各点得形体的外形轮廓的轴测图,如图8.9(d)所示。

④根据被截割部分的相对位置定出各点,再连线,最后加深图线即得所求,如图8.9(e)

所示。

注意:所画轴测图应充分反映形体的特征,如图8.9中,(e)图就好,(f)图就不好。

【例8.5】画出花格的斜二测图,其V、W面投影如图8.10(a)所示。

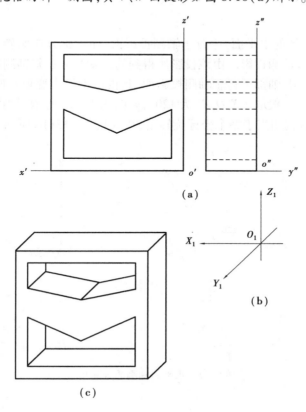

图 8.10 花格的斜二测图的画法

【解】①选择坐标原点O,如图8.10(a)所示。画轴测轴,如图8.10(b)所示。

②将$X_1O_1Z_1$面上的图形如图照画,然后过各点引Y_1方向的平行线,并在其上量取实长的一半($q=0.5$),连各点成线。

③擦去多余线,加深图线即得所求,如图8.10(c)所示。

【例8.6】画出形体的斜二测图,其V、H面投影如图8.11(a)所示。

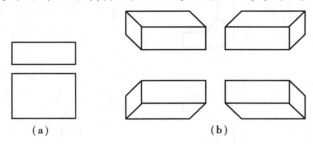

图 8.11 长方体的不同视角的选择

【解】为充分反映形体的特征,可根据需要选择适当的投影方向。图8.11(b)就是形体在4

种不同投影方向的斜二测投影。具体作图时,除坐标原点 O 选择位置外,其他做法均不变。

►8.3.2 水平斜轴测图

1)形成

当坐标面 XOY(形体的水平面)平行于轴测投影面,而投影方向倾斜于轴测投影面时,所得到的投影称为水平斜轴测投影。由该投影所得到的图就是水平斜轴测图。

轴测轴:由于 OX、OY 轴都平行于轴测投影面,其投影不发生变形。所以 $\angle X_1 O_1 Y_1 = 90°$,OZ 轴的投影为一斜线,一般取 $\angle X_1 O_1 Z_1$ 为 $120°$,如图 8.12(a)所示。为符合视觉习惯,常将 $O_1 Z_1$ 轴取为竖直线,这就相当于整个坐标旋转了 $30°$,如图 8.12(b)所示。

伸缩系数:$p = q = r = 1$。

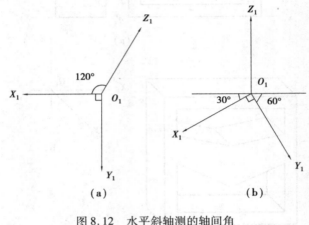

图 8.12　水平斜轴测的轴间角

2)应用

水平斜轴测图通常用于小区规划的表现图。

3)画法

【例8.7】已知一小区的总平面图如图 8.13(a)所示,作其水平斜轴测图。

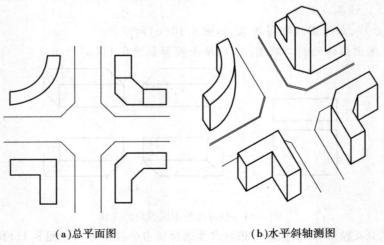

（a)总平面图　　　　　　　　（b)水平斜轴测图

图 8.13　小区的水平斜轴测图

【解】①将 X 轴旋转,使之与水平线成30°。

②按比例画出总平面图的水平斜轴测图。

③在水平斜轴测图的基础上,根据已知的各幢房屋的设计高度按同一比例画出各幢房屋。

④根据总平面图的要求,还可画出绿化、道路等。

⑤擦去多余线,加深图线,如图8.13(b)所示。

完成上述作图后,还可着色,形成立体的彩色图。

8.4 坐标圆的轴测图

在正等测投影中,当圆平面平行于某一轴测投影面时,其投影为椭圆,如图8.14所示。其椭圆的画法可采用八点法和四心圆法。

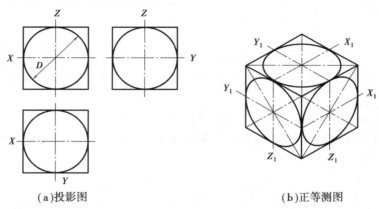

(a)投影图　　　　　　　　　　(b)正等测图

图8.14 水平、正平、侧平圆的正等测图

▶8.4.1 八点法

以水平圆为例,如图8.15(a)所示。

1)画法

①作出正投影圆的外切正方形 $ABCD$ 及对角线,得到八个点,其中1、3、5、7 四个点为切点,2、4、6、8 四个点为对角线上的点。这四个点恰好在圆半径与1/2 对角线之比为 $1:\sqrt{2}$ 的位置上,如图8.15(b)所示。

②作圆的外切正方形及对角线的正等测投影,如图8.15(c)所示。

③过 O_1 点作两条分别平行于四边形两个方向的直径,得四个切点 1_1、3_1、5_1、7_1。

④根据平行投影中比例不变,在四边形一外边作一辅助直角等腰三角形,$(1:\sqrt{2})$,得两点 e_1、f_1。然后过这两点作外边的平行线,得 2_1、4_1、6_1、8_1 四个点,如图8.15(d)所示。

⑤光滑连接这八个点,即得所求圆的正等测投影图,如图8.15(e)所示。

2)应用

【例8.8】试根据圆锥台的正投影图画出其正等测图,如图8.16(a)所示。

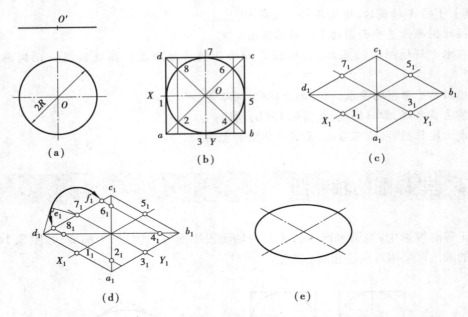

图8.15 八点法画椭圆(这种作图法,也适用于斜轴测图)

【解】 ①根据圆锥台的高 Z 画出其上下底圆的外切四边形的正等测图,如图 8.16(b) 所示。

②用八点法画出上下底圆的正等测投影图,如图 8.16(c) 所示。

③作上下两椭圆的公切线(外轮廓线),擦掉不可见线即得所求,如图 8.16(d) 所示。

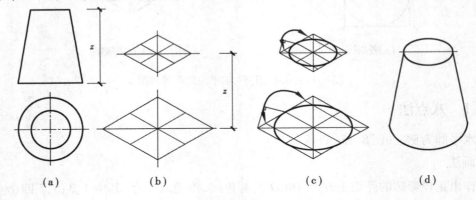

图8.16 圆锥台的正等测画法

▶8.4.2 四心法

以水平圆为例,如图 8.17(a) 所示。

1)画法

①作圆的外切正方形及对角线和过圆心 O 的中心线,并作它的正等测图,如图 8.17(b)、(c) 所示。

②作圆的外切正方形及对角线和过圆心 O 的中心线,并作它的正等测图,如图 8.17(b)、(c) 所示。

③以短边对角线上的两个顶点 a_1、c_1 为两个圆心 O_1、O_2，以 $O_1 4_1$、$O_1 3_1$ 与长边对角线的交点 O_3、O_4 为另两个圆心，求得四个圆心，如图8.17(d)所示。

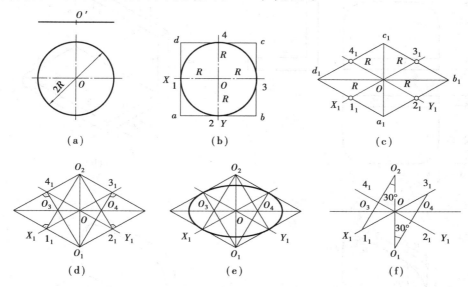

图8.17　四心法画椭圆

④分别以 O_1、O_2 和 $O_1 4_1$、$O_2 2_2$ 为半径画弧，又分别以 O_3、O_4 为半径画弧。这四段弧就形成了圆的正等测图，如图8.17(e)所示。

在实际作图时，可不必画出菱形，即过 1_1 作与短轴成30°的直线，它交长、短轴于 O_3、O_2，利用对称性可求得 O_4、O_1，如图8.17(f)所示。再以上述第③步画出椭圆。

2）应用

【例8.9】已知带圆角的 L 形平板的正投影，如图8.18(a)所示，画出其正等测图。

【解】①画出 L 形平板矩形外轮廓的正等测图，由圆弧半径 R 在相应棱线上定出各切点 1_1、2_1、3_1、4_1，如图8.18(b)所示。

②过各切点分别作该棱线的垂线，相邻两垂线的交点 O_1、O_2 即为圆心。以 O_1 为圆心，以 $O_1 1_1$ 为半径画弧 $1_1 2_1$；以 O_2 为圆心，以 $O_2 3_1$ 为半径画弧 $3_1 4_1$。

③用平移法将各点（圆心、切点）向下和向后移 h 厚度，得圆心 k_1、k_2 点和各切点。

④以 k_1、k_2 为圆心，仍以 $O_1 1_1$、$O_2 3_1$ 为半径就可画出下底面和背面圆弧的轴测图（即上底面、前面圆弧的平行线），如图8.18(c)所示。

⑤作右侧前边和上边两小圆弧的公切线，擦去多余图线，加深可见图线就完成了作图，如图8.18(d)所示。

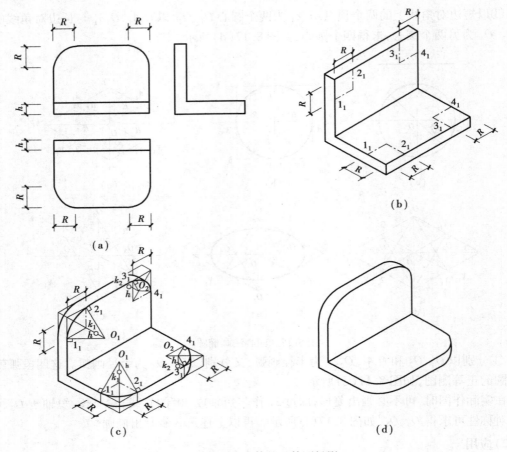

图 8.18 组合体的正等测投影

复习思考题

8.1 什么是轴测投影? 如何分类?

8.2 什么是轴间角和轴向伸缩系数?

8.3 正等测的轴间角和轴向伸缩系数是多少?

8.4 斜等测的轴间角和轴向伸缩系数是多少?

8.5 试述正等测、斜二测的应用和范围。

9

形体的阴和影

学习要点

为了更直观、更形象地表达所设计的对象,常常需要在建筑物的立面图或透视图中绘制出建筑物在定光线照射下的阴影。本章学习的要点为阴和影的形成、轴测图中的阴和影以及正投影图中的阴和影的画法。

9.1 阴和影的基本知识

如图 9.1 所示,(a)图是某建筑物未加绘阴影的正立面图,而(b)图则是加绘了阴影的正立面图。通过两图比较可以看出,在设计图中加绘阴影,可使图样更有真实感和表现力,这在建筑方案设计中显得尤为重要。因此,建筑设计人员必须掌握建筑图阴影的绘制方法。

(a)某建筑物的正立面图

(b)加绘阴影后的某建筑物的正立面图

图 9.1 阴影在建筑图中的艺术效果

▶9.1.1 阴和影的形成

如图 9.2 所示,物体在光线的照射下,迎光的表面显得明亮,称为阳面;背光的表面比较阴暗,称为阴面;阴面与阳面的分界线,称为阴线。由于物体通常是不透光的,被阳面遮挡的光线在该物体的自身或在其他物体原来迎光的表面上出现了暗区,称为落影。落影的轮廓线称为影线。落影所在的表面称为承影面。阴与影合并称为阴影。通过物体阴线上各点(称为阴点)的光线与承影面的交点,正是影线上的点(称为影点)。阴和影是相互对应的,影线就是阴线之影。阴和影虽然都是阴暗的,但各自的概念不同,阴是指物体表面的背光部分,而影是指光线被物体阳面遮挡而在承影的阳面上所产生的阴暗部分,在着色时应加以区别。

综上所述,阴和影的形成必须具备三个要素是光源、物体、承影面。缺少其中任何一个,便没有阴和影的存在。

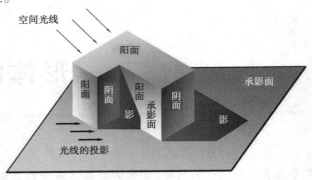

图 9.2 阴和影的形成

▶9.1.2 光线方向

物体的阴和影是随着光线的照射角度和方向而变化的,光源的位置不同,阴影的形状也不同,如图 9.3 所示。图 9.3(a)的平行光线由左前上射向物体,物体的左、前、上表面是阳面,影在物体的右后方。图 9.3(b)的平行光线由右后上射向物体,物体的右、后、上表面是阳面,影在物体的左前方(本书的方位叙述是当观察者面对物体时,以观察者自身的左、右来命名其左、右,距观察者近为前,远为后)。

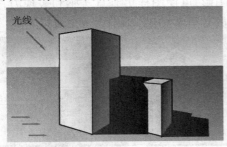

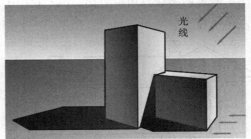

(a)光线从左前上方射向物体   (b)光线从右后上方射向物体

图 9.3 不同的光线方向产生不同形状的阴影

光线一般分为两类:一类是灯光,这类光线呈辐射状,其阴影作图如图 9.4 所示;另一类是阳光,其光线是相互平行的,如图 9.3 所示。灯光只适合画室内的透视,一般很少使用,求影也比较复杂,图样中多数采用的是平行光线。

在轴测图和透视图中,常常是根据建筑图的表现效果,由绘图者自己选定光线方向。给光线的形式通常有两种:一种是给出空间光线方向及其投影的方向;另一种是给定物体上某特殊点的落影。

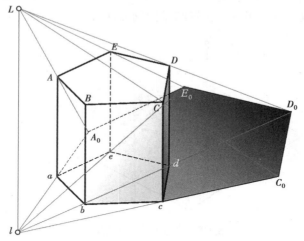

图9.4　五棱柱在辐射光线下的阴影

在正投影图中,为了便于表明建筑构配件的凹凸程度,对于光线的方向和角度有明确的规定。即当正立方体的各棱面平行于相应的投影面时,光线从正立方体的左、前、上角射向右、后、下角,这种光线的各投影与投影轴之间的夹角为45°。用这种光线作影,量度性好,通过影子的宽窄可以展现落影物(如出檐、雨篷、阳台、凹廊等)的实际深度,从而使正投影图显示三度空间关系,使图样具有立体感和直观感,如图9.1(b)所示。

9.2　轴测图中的阴和影

▶9.2.1　点、线、面的阴和影

1)点的落影概念和及落影作图

射于已知点的光线与承影面的交点,就是该点的落影。承影面可以是平面,也可以是投影面,还可以是立体的表面。点的落影作图方法如下:

(1)点在平面上的落影作图

当承影面为平面时,点的落影为过已知点的光线与已知平面的交点,其作图过程同于直线与平面相交。

如图9.5所示,已知空间点 A 及其在平面 P 上的投影 a,求在光线 S、s 的照射下,A 点落在 P 平面上之影 A_P。由点落影的概念作影的第一步是过已知点作光线,第二步是求所作光线与已知平面的交点(交点即是所求影点)。在轴测图中,作点落影的画图步骤,是先过 A 点作空间光线 S 的平行线,再过 a 点作光线的投影 s 的平行线,两线的交点就是 A 点在 P 平面上的落影 A_P。

由投射线 Aa 和过点 A 的空间光线 AA_P 及光线在 P 平面上的投影 aA_P 构成的直角三角形 $\triangle AaA_P$,称为光线三角形。用光线三角形求解空间点在平面上落影的作图方法称为光线三角

形法。

值得强调的是,投射线应为承影面的垂线,它是光线三角形的一条直角边,另一直角边为空间光线在该承影面上的投影,斜边为空间光线方向。在具体的作影过程中,由于影面的位置不同,光线三角形也会处于不同的位置和不同的方向,但三者的关系保持不变。

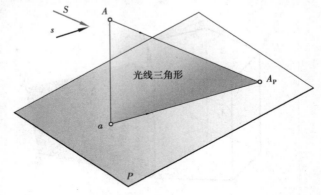

图9.5 点在平面上的落影图

(2)点在投影面上的落影作图

当承影面为投影面时,通过已知点的光与投影面的交点就是该点的落影。如图9.6所示,为了作出通过空间点 A 的光线与投影面交点,可包含过 A 点的光线 S 作一铅垂面。铅垂面 F 与投影面 V 和 H 的交线分别为 f_V、f_H,过 A 点的光线 S 与交线 f_V 的交点 A_V 就是 A 点的真影。假如没有 V 投影面,A 点落影应落在 A_H 处。故影点 A_H 称为虚影,也称假影。虚影一般不画出,在以后的作影过程中常常利用它来求直线的折影点。因直线与投影面的交点也称为迹点,所以这种通过迹点求点落影的作图方法被称为光线迹点法。

(3)点在立体表面上的落影作图

当承影面为立体表面时,点的落影为含已知点的光线与立体表面之交点,便是已知点的落影。若把含已知点的光线看作直线,点在立体表面上的落影作图就变成直线与立体相交求相贯点的问题,该类作图问题在直线与立体相交中已详细叙述。现用图9.7进行讲解,该图求的是在光线 S、s 照射下的点 A 落在台阶表面上的影 A_0。其作图过程是:首先经点 A 作空间光线 S 的平行线和过 a 作光线投影 s 的平行线,得到由 Aa 和光线 S、s 构成的铅垂光平面。再求该光平面与台阶产生的截交线,光线 S 与截交线的交点便是 A 点在台阶上的落影 A_0。这种利用光平面与立体之截交线求点落影的作图方法称为光截面法。

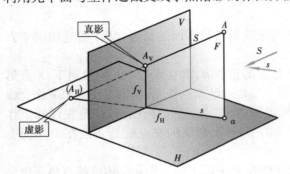

图9.6 点在投影面上的落影

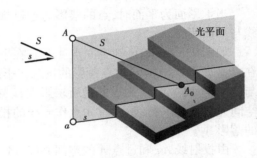

图9.7 点在立体表面上的落影

2）直线段的落影及其落影规律

直线段在某承影面上的落影是含该直线段的光平面与承影面的交线，交线中的某一部分就是直线段的影线。直线段的落影作图方法如下：

（1）直线段在一个平面上的落影作图

直线段在一个平面上的落影一般为直线段。如图9.8所示，直线 AB 在平面 P 上的落影 $A_P B_P$ 就是含 AB 的光平面 $AA_P B_P B$ 与平面 P 的交线。其作影方法是：先分别求得直线段上任意两点的落影，再把它们的同面落影连接起来，便得该段直线的落影。在图9.8的光线三角形中，光线方向如图所示，求直线段 AB 在平面 P 上的落影。作影顺序是：先用法分别求得 A、B 两点的落影 A_P 和 B_P，再用直线连接 A_P 和 B_P，便得到直线 AB 的落影 $A_P B_P$。

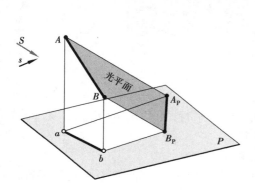

图9.8 直线段在平面上的落影图   图9.9 直线段在两相交平面上的落影

（2）直线段在两相交平面上的落影作图

直线段的影落在两相交平面上，其影为折线，影的转折点称为折影点。折影点在两平面的交线上。如图9.9所示，A 点的影 A_V 落在 V 面上，B 点的影 B_H 落在 H 面上，AB 直线两端点的影 A_V 和 B_H 不在同一承影面上不能直接连线，所以图中作出了 A 点在 H 面上的虚影 A_H，用直线连接 $B_H(A_H)$ 交 OX 轴于 I_0，点 I_0 为折影点。再用直线连接 $A_V I_0$，便作出了 AB 在 V 和 H 面上的落影。该影是由直线段 $A_V I_0$ 和 $I_0 B_H$ 构成的折线。也可以作 B 点在 V 面上的虚影来求其折影点，其作图方法完全相同，结果也一样。值得注意的是，B 点在 V 面上的虚影 B_V 位于第四分角的 V 面上。

（3）直线段的落影规律

直线段的影落在立体的表面上，其影为含该直线段的光平面与立体表面的交线，交线中的某一部分就是该直线段的影线。

如图9.10所示，在光线 S、s 的照射下，求铅垂线 AB 在地面和台阶表面上的落影。其作图过程是：首先经 A 点作空间光线 S 的平行线，过地面上的点 B 作光线的投影 s 的平行线，直线 AB 和经点 A 的空间光线 S 构成铅垂光平面，再求该光平面与地面和台阶表面产生的截交线 $B I-I II III IV V VI VII III I$，截交线中的折线 $B I-I II-II III-III IV-IV A_0$ 便是 AB 直线在地面和台阶表面上的落影。

以上讲述的是直线段落影的一些基本作图方法。根据这些作图方法和几何原理，我们可以推导出一系列求直线段落影的规律，运用这些规律可以准确而快速地作出直线段的落影。

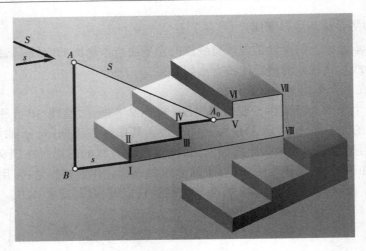

图 9.10　直线段在立体表面上的落影

①平行规律：

a. 直线段平行于承影面，其影与直线段平行且等长。

如图 9.11 所示，CB 平行于承影面 P，则落影 $C_P B_P$ 与 CB 平行，且 $C_P B_P = CB$。

b. 一直线段在相互平行的承影面上的落影相互平行。

c. 相互平行的直线段在同一承影面上的落影彼此平行。

如图 9.12 所示，平面 P // 平面 Q，因含直线 AB 的光平面与平行两平面 P、Q 的交线平行，故直线 AB 在平面 P 上的落影 $A_P B_P$ 与在平面 Q 上的落影 $A_P B_P$ 相互平行，即 $A_P B_P$ // $A_a B_a$。

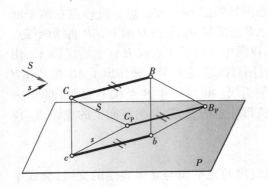

图 9.11　直线段平行于承影面

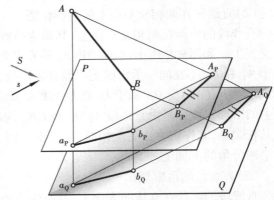

图 9.12　直线段在相互平行的承影面上的落影

如图 9.13 所示，直线 AB // CD，则含直线 AB 的光平面平行于含直线 CD 的光平面，两平行光平面与 P 平面的交线平行，故直线 AB 和 CD 在 P 面上的落影相互平行，即 $A_P B_P$ // $C_P D_P$。

d. 相互平行的直线段在相互平行的承影面上的落影彼此平行。

如图 9.14 所示，直线 AB // CD，平面 P // 平面 Q，则直线段 AB、CD 在 P、Q 二平面上的落影均应相互平行，即 $A_P B_P$ // $C_P D_P$ // $A_Q B_Q$ // $C_Q D_Q$。

e. 直线平行于光线，其落影为一点。

如图 9.15 所示，直线段 AB // 光线 S，则通过 AB 的光线只有一条，它与承影面也只有一个交点，所以直线段 AB 的落影为一点。

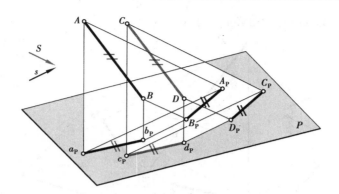

图 9.13　相互平行的直线在同一承影面上的落影

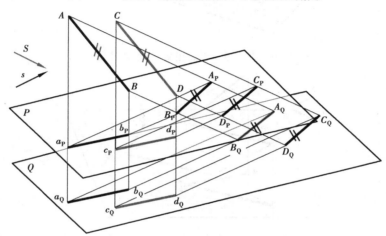

图 9.14　相互平行的直线在相互平行的承影面上的落影

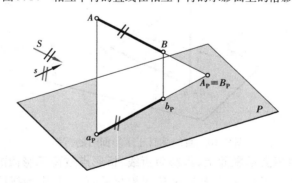

图 9.15　直线平行于光线,其落影为一点

②相交规律:

a. **直线与承影面相交,其影必过交点。**

如图 9.16 所示,直线 AB 延长后与承影面 P 相交于点 C,由于承影面上的点其影为自身,所以 C 点的影 C_P 就是 C 点自身,则 AB 的影必过 C_P。

b. **两相交直线在同一承影面上的落影必相交,交点的落影即为两直线落影的交点。**

如图 9.17 所示,直线 AB 与 CB 相交于点 B,,B 点是两直线的共有点,其落影 B_P 也应为两直线落影所共有,所以两直的落影必交于 B_P。

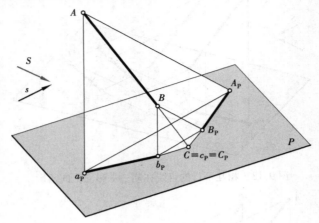

图 9.16　直线与承影面相交,其影必过交点

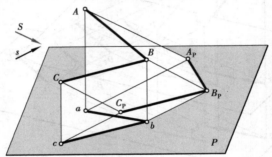

图 9.17　两相交直线在同一平面上落影

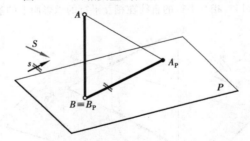

图 9.18　直线垂直于承影面时的落影

c. 一直线落影于两相交承影面上,其影为折线,折影点在两承影面的交线上。

如图 9.9 所示,直线 AB 的影落于 V 和 H 两相交平面上,其影为折线,折影点 I_0 在两平面的交线 OX 轴上。

③**垂直规律**:直线垂直于承影面,其影与光线在该承影面上的投影平行。如图 9.18 所示,AB 垂直于承影面 P,则 AB 的落影 B_PA_P 与光线在此承影面上的投影 s 平行,即 $B_PA_P /\!/ s$。

3)平面图形的阴影

(1)平面图形落影的概念

平面图形在承影面上的影线,就是射于该平面图形轮廓线上的光线所形成的光柱面与承影面的交线。如图9.19所示,射于三角形 ABC 平面的光线构成光线三棱柱,该光线三棱柱面与承影面 P 的交线 $A_P B_P C_P$ 便是△ABC 的影线。

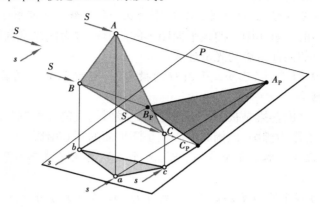

图9.19 平面图形的落影概念

（2）平面图形的落影作图

平面图形落影作图的基本思路是求平面图形轮廓线上各点同面落影的集合。

①多边形平面的落影作图。平面多边形的落影就是构成平面多边形的各边的落影组合。当直线边两端点的影在同一承影面上时,可直接将两影点连线,如直线边两端点的影不在同一承影面上时,应利用虚影求得折影点,再与其真影相连。

【例9.1】在图9.20中,已知三角形平面 ABC 及其在 H 面上的投影△abc,求△ABC 平面在平行光线 S、s 照射下的落影。

【解】作图:①求△ABC 的 AB 边的落影。从图9.20中可知,A 点的影 A_V 落在 V 面上,B 点的影 B_H 落在 H 面上,A、B 两点的影不在同一承影面上,所以求出 A 点在 H 面上的虚影 (A_H),用直线连接 $B_H(A_H)$ 交 OX 轴于 I_0,这是直线 AB 落影的折影点,然后连接 $A_V I_0$,即得直线边 AB 的落影折线 $A_V I_0$ 和 $I_0 B_H$。

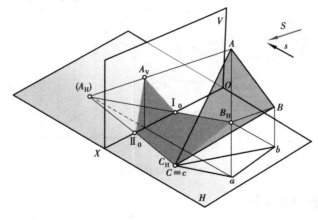

图9.20 平面多边形的落影作图

②求△ABC 的 BC 边的落影。C 点位于 H 面上,其落影 C_H 就是 C 点自身,即 C_H、C、c 均为 H 面上的同一点,它与 B 点的落影 B_H 在同一承影面上,所以直接连接 $B_H C_H$,即得 BC 的落影。

③求△ABC的CA边的落影。因C、A两点的落影不在同一承影面上，故连接$C_H(A_H)$得线段CA影线的折点II_0，连接$II A_V$，即得线段CA的落影折线CII_0和I_0A_V。

④影线围成的部分涂暗色，这就是△ABC平面在平行光线S、s照射下的落影。

②曲线平面图形的落影作图。曲线平面图形的落影通常为曲线平面图形，其影线为该图形轮廓线上一系列点的同面落影的光滑连线。

【例9.2】如图9.21所示，已知正平圆O的投影图，光线方向为S，其水平投影为s，求圆O在水平面H上的落影。

【解】分析：圆平面的落影是被圆平面遮住的光线所构成的光线圆柱体与承影面的交线，若承影面为平面，其落影为椭圆，该椭圆中心就是圆平面的圆心落影。

作图：①首先在圆周上取若干个点（图中为8个点），再用光线三角形法求得圆心O的落影O_H。

②圆O的水平直径I V与承影面平行，则过O_H作圆O的水平直径I V的平行线，再取$I_H V_H = I V$或图9.21曲线平面的落影作图由空间光线S求得点I、V的落影I_H、V_H。

③圆O的铅垂直径III VII与承影面H垂直，则过O_H作光线的投影s的平行线，由空间光线S确定端点III、VII的落影III_H、VII_H。

④圆周上的其他点，如图中的II、IV、VI、VIII等点，用光线三角形法分别求得相应的落影II_H、IV_H、VI_H、VIII_H。

⑤用光滑曲线连接各影点，便得正平圆O在水平面H上的落影轮廓线。

⑥将影区涂成暗色，如图9.21所示。

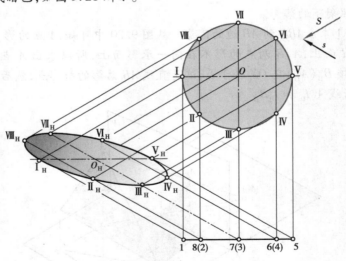

图9.21 曲平面的落影作图

▶9.2.2 基本几何体的阴影

　　求作几何形体阴影的步骤与前面所述的点、线、面落影的作图步骤有些不同，因为并不是构成立体的所有棱线产生的落影都是影区的轮廓线（影线），所以应首先确定哪些棱面为迎光的阳面，哪些棱面为背光的阴面，哪些棱线是产生影区轮廓线的阴线，这点尤为重要。其次，还要分析阴线与承影面的相对位置，以便利用直线段的落影规律快速而准确地求其阴线的落影。

1)棱柱的阴影

对于直立棱柱,其侧棱面垂直于承影面 H,在承影面 H 上有积聚性,侧棱面的阴、阳面可以直接由侧棱面的积聚投影与光线的同面投影方向的相对关系来确定。如图 9.22 所示,四棱柱的四个侧面均垂直于 H 面,其 H 投影积聚为矩形 $abcd$,由光线的 H 投影 s 与 ab、bc、cd、da 各线段的关系,可以判断侧棱面 $AabB$ 和侧棱面 $AadD$ 是迎光的阳面,而侧棱面 $BbcC$ 和侧棱面 $DdcC$ 是背光的阴面。由于光线是自右前上向左后下倾斜照射的,上表面 $ABCD$ 为迎光的阳面,底面为背光的阴面。阳面与阴面的分界线 bB—BC—CD—Dd—da—ab 即为四棱柱的阴线,能产生影线的阴线为 bB—BC—CD—Dd。

铅垂阴线 bB、Dd 的落影与光线在 H 面上的投影 s 平行,即过点 b、d 作光线的投影 s 的平行线与过点 B、D 的空间光线 S 交于影点 B_0、D_0,求得阴线 bB 和 Dd 的落影 bB_0 和 dD_0。水平阴线 BC、CD 平行于承影面 H,它们的落影与自身平行且相等。故分别过影点 B_0、D_a 作直影线 B_0C、CD_0 分别平行于 BC、C,它们相交于影点 C_0,如图 9.22(a)所示。

最后将可见阴面、影区涂成暗色,通常影暗于阴,如图 9.22(b)所示。

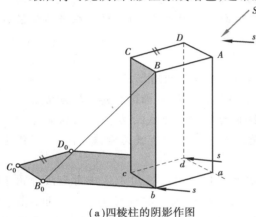
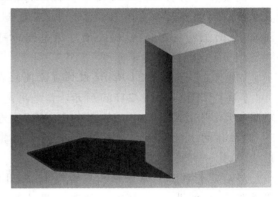

(a)四棱柱的阴影作图　　　　　　　(b)四棱柱的阴影渲染图

图 9.22　四棱柱的阴影

2)棱锥的阴影

锥体阴影的作图与柱体阴影作图完全不同,因锥体的各侧棱面通常为一般位置平面,其投影不具有积聚性,故不能直接用光线的投影确定其侧棱面是阳面还是阴面,也就无法确定阴线。因此,锥体阴影的作图往往是先求出锥体的落影,然后定出锥体的阴线和阴、阳面。

对于棱锥来说也是如此,首先是求棱锥顶在棱锥底所在平面上的落影,由锥顶的落影作棱锥底面多边形的接触线,求得棱锥的影线,再由影线与阴线的对应关系,确定其阴线和阴、阳面。最后,将可见阴面和影区涂成暗色。

【例9.3】图 9.23 所示为置于水平面上的五棱锥 T-$ABCDE$ 的轴测图,求它在光线 S、s 照射下的阴影。

【解】作图:①五棱锥在水平面上的落影:用光线三角形法求出棱锥顶点 T 的落影 T_0。再由 T_0 作五边形的接触线,即连接 T_0C 和 T_0E 得五棱锥的落影。

②确定五棱锥的阴线及阴阳面:T_0C 和 T_0E 是五棱锥 T-$ABCDE$ 的影线,与影线相对应的棱线 TC 和 TE 也就是五棱锥的两条阴线。光线是从左、前、上向右、后、下照射,因此,侧棱面 TCD 和 TDE 是阴面,其余三个侧棱面均为阳面。最后,将可见阴面和影区涂成暗色。

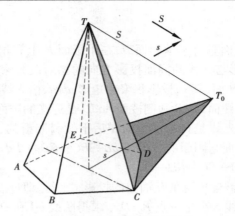

图9.23　五棱锥的阴影作图

3)圆柱体的阴影

圆柱体的阴影作图与棱柱体阴影作图相似。圆柱面上的阴线是圆柱面与光平面相切的直素线。因圆柱面垂直于圆柱体的上、下圆面,故圆柱面在圆柱体上(下)圆所在平面积聚成圆周,柱面上的阴线及阴、阳面便可用光线的同面投影来确定。

(1)直立圆柱的阴影作图

【例9.4】如图9.24所示,求作直立圆柱在光线S、s照射下的阴影。

【解】作图:如图9.24(a)所示,首先用光线在圆柱体上(下)表面的投影s与圆柱上(下)顶圆相切,得切点Ⅰ和Ⅱ。则素线$Ⅰ_1$和$Ⅱ_2$为圆柱面的阴线。光线由右、前、上射向左、后、下,圆柱体的上顶面和右前半圆柱面为阳面,其余是阴面。求影的阴线为素线$Ⅰ_1$—半圆弧ⅠⅢ Ⅳ Ⅴ Ⅱ—素线$Ⅱ_2$。

然后用光线三角形法求出直素线$Ⅰ_1$和$Ⅱ_2$的影线$1Ⅰ_0$、$2Ⅱ_0$,再用光线三角形法作出半圆弧阴线上的 Ⅲ、Ⅳ、Ⅴ等点的落影$Ⅲ_0$、$Ⅳ_0$、$Ⅴ_0$。用光滑曲线依次连接影点$Ⅰ_0$、$Ⅲ_0$、$Ⅳ_0$、$Ⅴ_0$、$Ⅱ_0$。曲影线$Ⅰ_0Ⅲ_0Ⅳ_0Ⅴ_0Ⅱ_0$与曲阴线ⅠⅢⅣ Ⅴ Ⅱ是两段完全相等的半圆弧线,在轴测图中为完全相等的椭圆弧线。

最后,将可见阴面、影区着涂成暗色,如图9.24(b)所示。

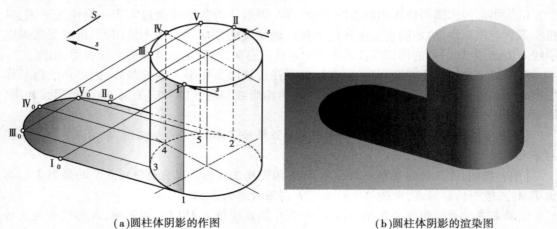

(a)圆柱体阴影的作图　　　　　　　　　　(b)圆柱体阴影的渲染图

图9.24　圆柱体的阴影

（2）圆筒内壁的阴影作图

【例9.5】 如图9.25(a)所示，为直立圆筒的轴测图，它置于水平面上，光线方向S及其在水平面上的投影s如图9.25(a)右上角所示，请完成其阴影。

【解】作图：圆筒外轮廓在圆筒底所在平面上的落影作图与前一例完全相同，此例只介绍圆筒内壁阴影作图。

①确定筒内壁阴线，如图9.25(b)所示。用光线在圆筒体上表面的投影s与圆筒顶部内圆相切，得切点A和B，过切点A、B的直素线是圆筒内壁的阴线，由于光线方向是自圆筒的右前上射向左后下，故圆筒内壁的右前半圆柱面是阴面，半圆弧$AEDCB$是阴线。

②作阴线半圆弧之影线，如图9.25(b)所示。用光截面法作出半圆弧阴线$AEDCB$在圆筒内壁上的落影。由于轴测图一般不画虚线，在已知图中圆筒下底面的虚线椭圆部分往往没有画出。故改用圆筒上顶面的椭圆进行作图（因为上下椭圆是相互平行且相等的）。如阴点E的落影作图，是经点E的直素线作光平面，该光平面为铅垂面，它与圆筒上、下底面的交线平行于光线的投影s（即Ee_1平行于s），与圆筒内壁的交线为素线e_1E_0。因此，过点E作空间光线S与素线e_1E_0相交于E_0点，得点E的落影E_0。作图时，只需自阴点E作光线的投影s的平行线与左后半圆弧AB相交于e_1点，由e_1点向下引铅垂素线与过点E的空间光线S相交于影点E_0。用同样方法求出半圆弧阴线上一系列阴点在圆筒内壁上的落影，如阴点C、D的落影C_0、D_0等。再用光滑的曲线连接这些影点，即得半圆弧阴线$AEDCB$在圆筒内壁上的落影。注意A、B两点是落影的起始点。不可见的影线无须画出。

③将可见阴面、影区涂成暗色。图9.25(c)即为圆筒阴影的渲染图。

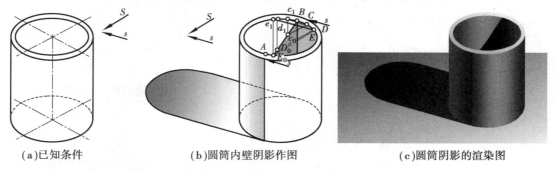

|(a)已知条件|(b)圆筒内壁阴影作图|(c)圆筒阴影的渲染图|

图9.25　圆筒的阴影

4）圆锥的阴影

圆锥阴影的作图与棱锥阴影作图相同，仍是先作圆锥体的落影，再确定其阴线和阴、阳面。

【例9.6】 圆锥和直线CD的轴测图如图9.26(a)所示，求它们在光线S、s照射下的阴影。

【解】作图：①如图9.26(b)所示，用光线三角形法作出圆锥顶点T的落影T_H。

②过T_H作圆锥底圆的切线T_HA和T_HB，点A、点B为切点，T_HA和T_HB即为圆锥的影线。

③连接TA和TB，即得圆锥面的阴线。光线是从右、前、上向左、后、下照射的，由此定出右、前的大半个圆锥面为阳面，左、后的小半个圆锥面为阴面。

④作出直线CD在H面上的落影，即D点在H面上，其影为自身。只需用光线三角形法求出C点的落影C_H，连接C_HD便得出直线CD在H面上的落影，它与圆锥影线T_HA和T_HB的

交点为 I_H、II_H，它们是重影点，也是滑影点，这说明直线 CD 有一部分影是落在圆锥的阳面上的。

⑤经重影点 I_H、II_H 分别作回投光线交阴线 TA、TB 于点 I_0、II_0，它们是影点，又是阴点，是滑影点对。点 I_0、II_0 是直线段 CD 上的点 I、II 在圆锥表面上的落影，也就是说，直线段 CD 中的 $I\ II$ 线段之影是在圆锥面上的。

⑥因含直线段 CD 的光平面与圆锥的截交线为椭圆曲线，故影线 $I_0 II_0$ 也应是椭圆曲线。为求其中间点，可在圆锥面上任取若干条素线，如图中的 $T3$、$T4$、$T5$ 等，连接 T_03、T_04、T_05 分别交 $C_H D$ 于 III_H、IV_H、V_H，再过重影点 III_H、IV_H、V_H 分别作回投光线交素线 $T3$、$T4$、$T5$ 于点 III_0、IV_0、V_0，用光滑曲线连接 I_0、III_0、IV_0、V_0、II_0 得直线段 CD 在圆锥表面上的落影。其中影点 V_0 为可见不可见的分界点，曲影线 $I_0 III_0 IV_0 V_0$ 可见，画实线，曲影线 $V_0 II_0$ 不可见画虚线。

⑦将可见阴面、影区涂成暗色，如图9.26(c)所示，图9.26(d)为效果图。

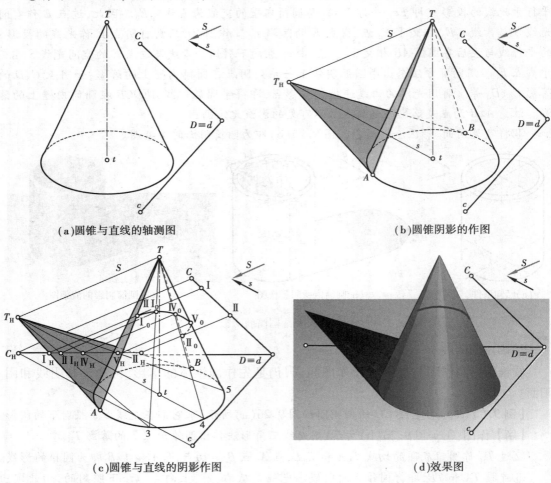

(a)圆锥与直线的轴测图　　　　　　　　(b)圆锥阴影的作图

(c)圆锥与直线的阴影作图　　　　　　　(d)效果图

图9.26　圆锥的阴影

▶9.2.3　建筑局部和房屋的阴影

在绘制建筑局部阴影之前,应认真识读所给图形,分析每一个基本形体在指定光线下的阴、阳面和阴线,以及阴线与承影面的相对位置关系等。因为对于建筑物的阴和影来说,大多是某一建筑局部在另一建筑局部上的落影,与前述相比,承影面的层次和落影的形状及位置都要复杂得多。尽管如此,我们仍然能够将复杂的建筑形体分解成若干个简单的形体来求其阴和影。建筑局部的求影方法,依然是前面已经讲述过的光线三角形法、光截面法、延棱扩面法、回投光线法以及虚影法等。用什么方法作图更简便,应具体情况具体分析。

1)柱头的阴影

【例9.7】方帽圆柱的轴测图如图9.27(a)所示,已知方帽上的 A 点在圆柱面上的落影 A_0,求方帽圆柱的阴影。

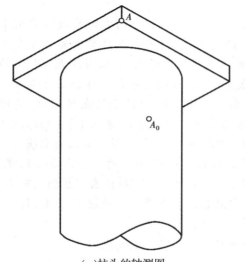

(a)柱头的轴测图

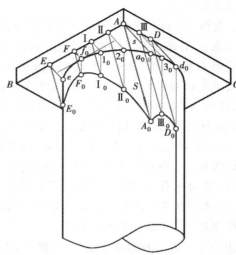

(b)柱头阴影的作图过程

(c)柱头阴影的渲染图

图9.27　方帽圆柱的阴影

【解】**分析**:由图可知,本例的主要作图是画出方帽上的阴线 AB 和 AC 在圆柱面上的落影。该影线为含 AB、AC 的两个光平面与圆柱面的交线,光平面与圆柱面斜交,产生两段椭圆弧曲线,这就是方帽在圆柱面上的影线。其作图采用光线三角形法。

作图:如图 9.27(b)所示。

①求空间光线 S 及其投影 s 的方向:设方帽的下底面为 H 平面,连接 AA_0 得空间光线 S,过影点 A_0 向上作铅垂线交圆柱面与方帽下底面的交线于点 a_0,连接 Aa_0 得光线的水平投影 s。$\triangle Aa_0A_0$ 即为光线三角形。

②确定图中有落影的阴线和圆柱面上的可见阴线:方帽在圆柱面上有落影的两段直阴线为 AB 和 AC。圆柱面上的阴线作图,是用光线的水平投影 s 作圆柱面与方帽下底面交线圆的切线,得切点 d_0,过切点 d_0 的直素线为圆柱面上的一条可见阴线,圆柱面上的另一条不可见阴线无须画出。圆柱面上的阴线在图中没有落影,因图中没有接受圆柱落影的承影面。

③求影线。

a. 阴线 AB 的影线作图:先求圆柱右轮廓线上的影点 E_0,由圆柱的右轮廓线与方帽下底面的交点 e_0 引光线水平投影 s 的反方向线交阴线 AB 于点 E,再由点 E 作空间光线 S 交右轮廓线于影点 E_0。因含阴线 AB 的光线平面与圆柱面的截交线是椭圆,故从影点 E_0 到 A_0 的影线是该截交线椭圆的一部分,该椭圆弧线的最高点是用 AB 方向的平行线作圆柱上部弧线的切线,得切点 f_0,再用前面所述方法求得 F 点的落影 F_0,$\triangle Ff_0F_0$ 是最小的光线三角形(因线段 Ff_0 最短)。然后在 A、F 点之间任取点 Ⅰ、Ⅱ,运用光线三角形法求得点 Ⅰ、Ⅱ 的影点 Ⅰ$_0$、Ⅱ$_0$。光滑连接影点 A_0、Ⅱ$_0$、Ⅰ$_0$、F_0、E_0 成椭圆弧线,即求得阴线 AB 在圆柱面上的影线。

b. 阴线 AC 的影线作图:由圆柱阴线与方帽下底面的交点 d_0 作 s 的反方向线交阴线 AC 于 D 点,再由点 D 作空间光线 S 交圆柱阴线于影 D_0。阴线 AC 只有 AD 段在圆柱面上有影线,在 AD 段之间任取一点 Ⅲ,用光线三角形法求得其影点 Ⅲ$_0$,用光滑曲线连接影点 A_0、Ⅲ$_0$、D_0,便求得阴线 AC 在圆柱面上的影线。

④将可见阴面和影区涂成暗色,图 9.27(c)即为柱头阴影的渲染表现图。

2)台阶的阴影

台阶是建筑物中常见的构筑物之一,在室内、室外都可以见到台阶。

【例9.8】已知图 9.28(a)所示台阶的轴测图和 B 点的落影 B_0,求其阴影。

【解】**分析**:本例重点介绍延棱扩面法求左挡墙在台阶上的落影。这是根据直线与承影面相交,其影必过其交点而得到的一种求直线段落影的作图方法。但是在具体的实例中,直阴线与承影面在有限的图面上往往没有交点,此时可以通过扩大承影面和延长直阴线来使其产生交点,该直阴线的落影必通过其交点。这种通过扩大承影面和延长直阴线相交,求得交点来作直线落影的方法称为延棱扩面法。

作图:如图 9.28(b)所示。

①确定空间光线 S 和光线的水平投影 s:设地面为 H 面,台阶的第一个踏面为 H_1 面,第二个踏面为 H_2 面,第一个踢面为 V_1 面,第二个踢面为 V_2 面,墙面为 V 面。连线 BB_0 为空间光线方向 S;为了求出光线 S 在 H_1 面上的投影 s,故扩大 H_1 面与铅垂线 AB 产生交点 b_1,实际作图只需延长 H_1 面与左挡墙侧表面的交线 MN 交 AB 于 b_1 点,该点是 B 点在 H_1 面上的投影,连线 b_1B_0 就是光线 S 在踏面 H_1 面上的投影 s,即光线的水平投影。

②确定阴线:根据光线 S、s 的照射方向得出台阶挡墙的阴线为折线 AB—BC—CD。台阶

右端的阴线为各踏步的边线,即 12—23 和 45—56。

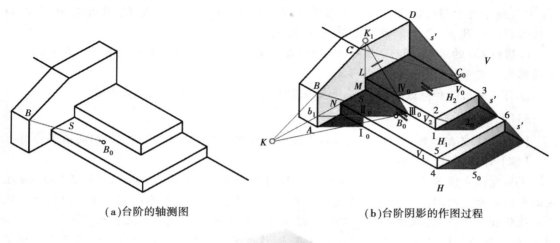

<table>
<tr><td>(a)台阶的轴测图</td><td>(b)台阶阴影的作图过程</td></tr>
</table>

(c)台阶阴影的渲染图

图 9.28　台阶的阴影

③作各阴线的落影。

a. 铅垂阴线 AB 的落影:铅垂阴线 AB 中的 b_1B 段在 H_1 面上的落影为 b_1B_0,有效部分为线段 II_0B_0,阴线 AB 与 V_1 面平行,其影 $\mathrm{I}_0\mathrm{II}_0$ 平行于 AB,阴线 AB 在地面 H 上的影为 $A\mathrm{I}_0$。影线 $A\mathrm{I}_0$ 和 II_0B_0 都是铅垂阴线 AB 在水平面上的落影,所以它们均平行于光线的水平投影 s。

b. 斜阴线 BC 的落影:斜阴线 BC 倾斜于 H_1 面,在 H_1 面上的落影是延长阴线 CB 与 MN 的延长线相交于点 K,连接 KB_0 并延长交 V_2 面与 H_1 面的交线于折影点 III_0,影线 $B_0\mathrm{III}_0$ 为斜阴线 BC 在 H_1 平面上的落影。

阴线 BC 在 V_2 面上的落影是延长阴线 BC 与扩大的 V_2 平面相交于 K_1 点(实际作图只需延长 BC 和 V_2 面与左挡墙侧表面的交线 ML,得交点 K_1),则阴线 BC 在 V_2 面上的落影为 $K_1\mathrm{III}_0$,有效部分为线段 $\mathrm{III}_0\mathrm{IV}_0$。

过 C 点作空间光线 S,判明阴线 BC 之影还继续落在 H_2 面上。由于 H_1 面与 H_2 面平行,同一条阴线在两个平行面上的落影平行,所以过折影点 IV_0 作直影线 $\mathrm{IV}_0\mathrm{V}_0$ 平行于影线 $B_0\mathrm{III}_0$ 与 H_2 面和 V 面的交线相交于折影点 V_0。影线 $\mathrm{IV}_0\mathrm{V}_0$ 为阴线 BC 在 H_2 面上的落影。

阴线 BC 在 V 面上的落影，墙面 V 平行于踢面 V_2，故阴线 BC 在 V 面上的落影是自折影点 V_0 引直线平行于影线 III_0IV_0，与过 C 点的光线 S 相交于 C_0 点，影线 V_0C_0 为阴线 BC 在 V 面上的落影。从 B_0 到 C_0 的折线就是斜阴线 BC 的落影。

c. 阴线 CD 的落影：阴线 CD 平行于 H_2 面而垂直于 V 面，连线 C_0D 为阴线 CD 在墙面 V 上的落影。它平行于光线的 V 投影 s'。

④将可见阴面和影区涂成暗色，如图 9.28(c)所示为台阶阴影渲染效果图。

3)门、窗的阴影

【例 9.9】已知圆弧形门的轴测图及光线方向如图 9.29(a)所示，试完成门的阴影作图。

【解】作图：如图 9.29(b)所示。

①由空间光线 S 及其水平投影 s 定出光线的 V 面投影 s'。首先作出门框的直阴线 Aa 在地面和门板面上的影线 a 至 A_0。即自点 a 引直影线平行于光线的水平投影 s 与门板面和地面的交线相交于一点，从该点向上作铅垂影线与过点 A 的空间光线 S 相交于影点 A_0，从点 a 到 A_0 的折线为门框阴线 Aa 的影线。再自点 A_0 作水平中心线与过圆心 O 的空间光线 S 相交于 O_V 点，这就是圆心 O 在门板面上的落影 O_V，连线 $o'O_V$ 便是光线的 V 面投影 s'。

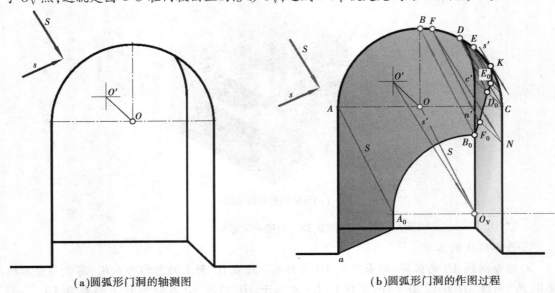

| (a)圆弧形门洞的轴测图 | (b)圆弧形门洞的作图过程 |

图 9.29　圆弧形门洞的阴影

②确定阴线：圆弧形门由凹半圆柱面和空四棱柱组成，它们的素线垂直于墙面，故用光线的 V 面投影 s' 与半圆相切得切点 K，该点是圆弧阴线之起始点。过 K 点作凹半圆柱面的素线，得凹半圆柱面的阴线 KL。门洞口的阴线为圆弧 $KEDFBA$ 和直线 Aa。

③门洞口的圆弧阴线与门板面平行，圆弧阴线在门板面上的落影与自身平行相等，所以借圆心 O 求出在门板平面上的落影 O_V。即以 O_V 为圆心，以 OA 为半径画圆弧 A_0B_0，这就是圆弧 AB 之影。用类似图 9.26(b)圆筒内壁阴影的作图方法绘出圆弧阴线 $KEDFB$ 在凹半圆柱面和右门框内侧面上的落影。如凹半圆柱面与门框内侧面分界素线 Cc' 上的影点，是自点 C 引光线的 V 面投影 s' 的反方向交半圆于点 D，这说明阴点 D 之影是落在素线 Cc' 上。再过点 D 作空间光线 S 与素线 Cc' 相交于影点 D_0，这就是凹半圆柱面与门框侧平面分界线上的影

点。又如圆弧阴线上的点 F 的落影,是自点 F 引光线的 V 面投影 s' 交门洞口的轮廓线于点 N,由点 N 作素线 Nn' 与过点 F 的空间光线 S 相交于影点 F_0。用光滑曲线连接影点 B_0、F_0、D_0、E_0、K,三角形 $\triangle FF_0N$、$\triangle DD_0C$ 称为光线三角形,用光线三角形求点落影的方法称为光线三角形法。

④将可见阴面和影区涂成暗色。

4)雨篷、遮阳的阴影

【例9.10】已知雨篷的轴测图及 C 点在墙面上的落影 C_0,如图9.30(a)所示,试完成雨篷的阴影作图。

【解】作图:该题用光线三角形法求影,如图9.30(b)所示。

①根据已知点 C 在墙面上的落影 C_0 定出空间光线 S 及其 H 投影 s。设雨篷板下表面为 H 平面,正墙面为 V 平面。CC_0 连线是空间光线 S 的方向,自影点 C_0 向上引铅垂线与 H 面和 V 面的交线延长线相交于 c_0,连接 Cc_0 得空间光线 S 的水平投影 s,$\triangle Cc_0C_0$ 为光线三角形。

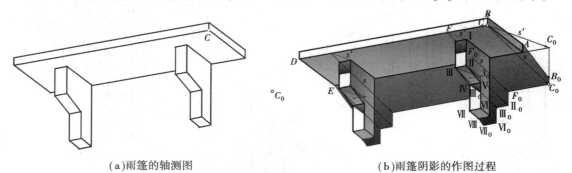

(a)雨篷的轴测图　　　　(b)雨篷阴影的作图过程

(c)雨篷阴影的渲染图

图9.30　雨篷的阴影

②由光线方向得出雨篷的阴线为折线 AB—BC—CD—DE,支撑的阴线为折线 Ⅰ Ⅱ—Ⅱ Ⅲ—Ⅲ Ⅳ—Ⅳ Ⅴ—Ⅴ Ⅵ—Ⅵ Ⅶ—Ⅶ Ⅷ。

③用返回光线法作出雨篷等在支撑上的影线。如雨篷阴线 CD 在支撑前表面上的影线作图是自点Ⅰ引 s 的反方向交阴线 CD 于点 F,表示 F 点的影落在支撑阴线Ⅰ Ⅱ上,故过 F 点作空间光线 S 的平行线交阴线Ⅰ Ⅱ于影点 F_0。又因 CD 阴线平行于支撑前表面,其影与自身平行,由影点 F_0 作 CD 阴线的平行线即可。又如,支撑斜阴线Ⅲ Ⅳ在支撑表面上的影线作图是首先画出含Ⅱ Ⅲ线的水平面与含Ⅴ Ⅵ的正平面的交线,再自点Ⅲ引 s 的平行线与该交线相交于点 3_0,由点 3_0 向下作铅垂线与过Ⅲ点的空间光线 S 相交于影点Ⅲ$_0$。连接Ⅳ Ⅲ$_0$ 即为斜阴

线 Ⅲ Ⅳ 在支撑表面或扩大面上的影线,应取有效部分。图中的铅垂线 $3_0 Ⅲ_0$ 与 Ⅴ Ⅵ 棱线重合是偶然现象,纯属巧合。

④用直线落影规律及光线三角形法作出雨篷和支撑在墙面上的落影。

⑤将可见阴面和影区涂成暗色,如图 9.30(c)所示。

5)阳台的阴影

【例 9.11】已知阳台的轴测图及 Q 点的落影 Q_0,如图 9.31(a)所示,求阳台的阴影。

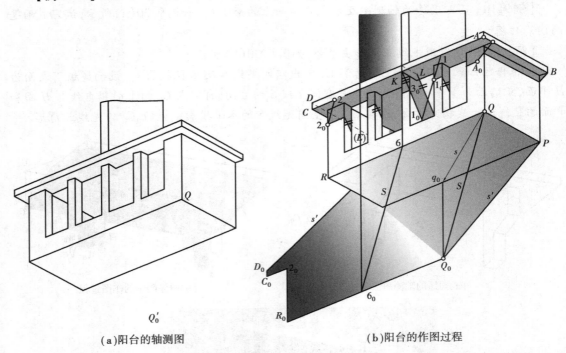

(a)阳台的轴测图　　　　　　　　(b)阳台的作图过程

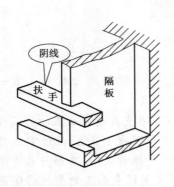

(c)阳台局部轴测剖面图

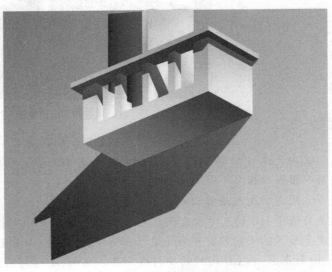

(d)阳台落影的渲染图

图 9.31　阳台的阴影

【解】作图:如图9.31(b)所示。

设阳台底面为H,阳台前表面为V_1,墙面为V,隔板右侧表面为W,阳台体部右端的外侧表面为W_1。

①确定光线方向。连线QQ_0是空间光线S的方向。自影点Q_0向上引铅垂线与V和H面的交线相交得点q_0,连接Qq_0得空间光线S的H投影s,PQ_0连线是空间光线S的V投影s'。

②由光线方向确定求影的阴线。折线BA—AC—CD—DE和扶手上表面与内侧面的交线是扶手落影的阴线,如图9.31(b)和图9.31(c)所示。折线PQ—QR—$R2_0$是阳台体部落影的阴线。阳台前栏板上的透空小柱的左前棱为影的阴线。

③求各段阴线的落影。

a.扶手阴线BA之影:因BA垂直于墙面V,BA在墙面V上的落影平行于光线的V投影s',故自点B引s'的平行线与W_1和V面的交线相交得一折影点。又因BA平行于承影面W_1,其影与自身平行。所以,过求得的折影点作BA的平行线交阳台的右前棱于一点,再从该点引返回光线至阴线BA或由点A引空间光线均可看出,此线的影还继续落在阳台的前表面V_1上。BA垂直于V_1面,其影与s'平行。再自阳台右前棱的折影点引s'的平行线与过A点的空间光线交于影点A_0,影点A_0也可用延棱扩面法求出。BA的影落在墙面V、阳台的右侧外表面W_1、阳台的前表面V_1上。

b.扶手阴线AC之影:阴线AC平行于阳台前表面V_1,其落影与AC平行,故自影点A_0作AC的平行线A_02_0。而透空小柱右侧面上的影线均应与光线的W投影s''平行,为此,先用延棱扩面法作阴线AC在隔板右侧表面上的落影,即延长阳台扶手底面和隔板的交线与阴线AC相交于点K,连接$K3$并延长得AC在隔板右侧表面上的落影,也是空间光线S的W投影s''的方向。再通过空间光线S将隔板右边小柱上的滑影点1_0落到隔板上的1_0点处,经该点作直立影线得到小柱棱线在隔板上的落影。

注意:经隔板上的点L有一条扶手内侧的上棱线是平行于AC的阴线,它在隔板右侧表面上的落影也平行于光线的W投影s''。然后由通过影点2_0的返回光线得知阴线AC上$2C$段的影落在墙面V上。

阴线QR和$R2_0$平行于墙面V,其落影与自身平行等长。再通过滑影点对作出2_0点在墙面V上的落影2_0,自墙面V上的2_0点引影线2_0C_0与$2C$平行,并取相等得影点C_0。再作C_0D_0与CD平行等长,过D_0作s'的平行线便完成阳台在墙面V上的落影。

c.阳台隔板右前棱线在墙面V上的落影作图是延长该棱线与QR相交于点6,自点6引空间光线S交Q_0R_0于6_0,由影点6_0向上作铅垂线得影线。

④将可见阴面和影区涂成暗色,如图9.31(d)所示。

6)单坡顶房屋及烟囱的阴影

在阳光照射下,房顶上常有的烟囱、天窗、女儿墙等会在屋面上产生阴影,这些构筑物上的棱线通常是直线。因此,在讨论烟囱、天窗、女儿墙等在屋面上的落影作图之前,应先了解直线在斜面上的落影作图。

【例9.12】烟囱在斜屋面上的落影:已知单坡顶房屋及烟囱的轴测图和点A在地面上的落影A_0如图9.32(a)所示,求其阴影。

【解】作图:如图9.32(b)所示。

①确定空间光线S及其水平投影s的方向:连线AA_0是空间光线S的方向,点A在地面上

的投影为 a，连接 aA_0 得空间光线在地面上的投影 s 的方向。

②由光线方向确定阴线：折线 aA—AB—BC—CD 是房屋的阴线，折线 EF—FG—GH—HJ 是烟囱外轮廓的阴线，折线 ⅠⅡ—ⅡⅢ和过Ⅰ、Ⅲ的铅垂线是烟囱内壁的阴线。

③作以上阴线的落影：房屋阴线 aA—AB—BC—CD 的落影已在图 9.32(b) 中示明，读者可自行分析阅读。本例主要讨论烟囱在斜面上的落影和烟囱筒体内的阴影。

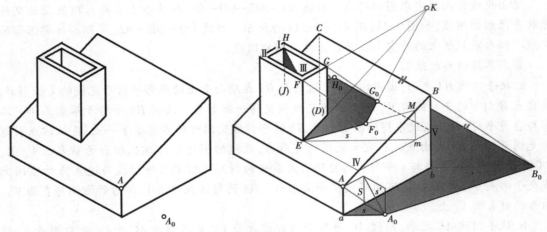

(a)带烟囱的单坡顶房屋的轴测图　　　　(b)带烟囱的单坡顶房屋阴影的作图

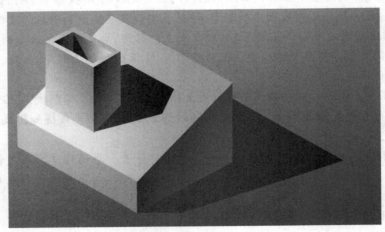

(c)烟囱及单坡顶房屋落影的渲染图

图 9.32　烟囱在斜屋面上的落影

烟囱阴线 EF 是铅垂线。首先过点 E 作一水平面 EⅣⅤ，再自点 E 引光线的水平投影 s 与ⅣⅤ相交于点 m，从点 m 向上作铅垂线交 AB 于点 M，连线 EM 为包含 EF 作的光平面与斜面的交线，该交线与过点 F 的空间光线 S 相交得点 F 在斜面上的落影 F_0。影线 EF_0 为烟囱阴线 EF 在斜面上的落影。

烟囱阴线 FG 之影 F_0G_0 采用延棱扩面法作出。阴线 GH 与斜屋面平行，在斜屋面上的落影与自身平行等长。自点 G_0 作影线 G_0H_0 与阴线 GH 平行且取等长得 H_0 点。烟囱的铅垂棱线 HJ 的落影是自 H_0 点引 EF_0 的平行线而作出的。

烟囱内壁的阴线中,只有阴线 Ⅰ Ⅱ 之影为可见,阴线 Ⅰ Ⅱ 与承影面垂直,它在承影面上的落影平行于空间光线的 V 投影 s'。为此,设房屋的 aABb 端面为 W 面,与 aA 所在的矩形面和与之平行的面为 V 面,在图 9.32(b)右前作了一图解求出光线的 V 投影 s',再由点 Ⅰ 引 s' 的平行线即得阴线 Ⅰ Ⅱ 落影的可见部分,其余阴线落影均不可见,不必作出。

④着色:将可见阴面和影区涂成暗色,如图 9.32(c)所示。

7)房屋的阴影

【例9.13】已知两坡顶房屋和双坡顶天窗的轴测图及光线方向如图 9.33(a)所示,试完成其阴影作图。

【解】作图:如图 9.33(b)所示。

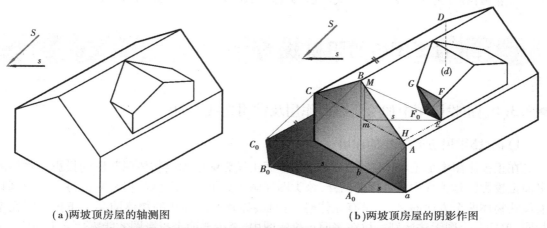

(a)两坡顶房屋的轴测图　　　　　　　　　　(b)两坡顶房屋的阴影作图

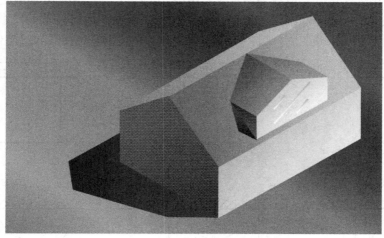

(c)两坡顶房屋落影的渲染图

图 9.33　两坡顶房屋的落影

①由光线方向确定阴线:折线 aA—AB—BC—CD—Dd 是两坡顶房屋的阴线;折线 EF—FG 是双坡顶天窗的阴线。

②作以上阴线的落影。

a.作双坡顶天窗阴线在坡屋顶上的落影,首先过点 E 作一水平面 H,再自点 E 引光线的

水平投影 s 与 H 面的边线相交于 m 点,自 m 点向上作铅垂线交 AB 于点 M,连线 EM 为包含 EF 作的铅垂光平面与坡屋面的交线,该交线与过点 F 的空间光线 S 相交得点 F 在坡屋面上的落影 F_0。影线 EF_0 为天窗阴线 EF 在坡屋面上的落影。连接 F_0G 即是天窗檐口阴线 FG 在坡屋面上的落影。

b. 作两坡顶房屋在地面上的落影:作铅垂阴线 aA 之影,是过点 a 引光线的水平投影 s 的平行线与过点 A 的空间光线 S 相交于点 A_0,则影线 aA_0 为铅垂阴线 aA 在地面上的落影。斜阴线 AB 和 BC 之影可用延棱扩面法作出,也可用光线三角形法作出 B 点和 C 点在地面上的落影 B_0 和 C_0,然后连线得出。阴线 CD 与地面平行,其影与 CD 平行相等。在轴测图中,看不见的影线不必作出。

③着色:将可见阴面和影区涂成暗色,如图 9.33(b)和图 9.33(c)所示。

9.3　正投影图中的阴和影

▶9.3.1　正投影图中加绘阴影的作用及常用光线方向

1)正投影图中加绘阴影的作用

在正投影图中加绘物体的阴影,是指在多面正投影图中加绘物体阴和影的投影。物体的多面正投影图是工程中最常用的图样,该类图样画法简单、量度性好,但是它的每一个图都只能反映物体两个方向的尺寸,没有立体感,有时会导致不同形状的物体的某个正投影图完全相同,单凭一个图无法区别。故在多面正投影图中,至少要两个投影图才能表达一个物体。

图 9.34 是具有相同正立面图的三个不同的物体,如果不画出其水平投影图,就无法区别,但若在立面图上加绘其阴影(如图 9.35),则没有水平投影图,也同样能看出三者的区别。

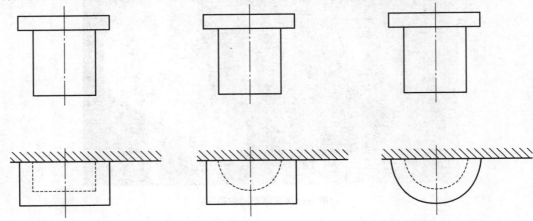

图 9.34　正立面图相同的三个不同物体的平、立面图

故在正投影图中加绘阴和影的作用如下:

①使图形所代表的空间层次更为清晰,增进图形的立体感。

②使图面更为真实、美观,增强图面的艺术感染力。在建筑方案设计的过程中,常用正投影图加绘阴影的形式来作表现图。

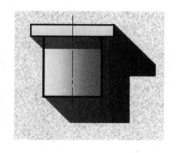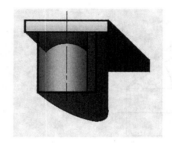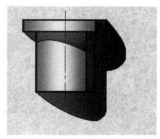

图 9.35 加绘阴影后的正立面图

2)常用光线方向

在正投影图中绘阴影,通常选用平行光线。为作图简捷和量度方便,我们还常选用特定方向的平行光线,即当正立方体的各侧棱面平行于相应的投影面时,光线从正立方体的左、前、上角射向右、后、下角,即正立方体对角线的方向,如图 9.36 所示。这样的平行光线方向称为**常用光线方向或习用光线方向**。显然,常用光线的三个投影 s、s'、s'' 与投影轴的夹角均为 45°,常用光线 S 与每个投影面的夹角相等,即 $\alpha = \beta = \gamma$,其角度可以用三角函数或旋转法求出。

设正立方体的边长为 1,则有:$s = s' = s'' = \sqrt{2}$,$S = \sqrt{3}$

因为 $\tan \alpha = \tan \beta = \tan \gamma = \dfrac{1}{\sqrt{2}}$,所以 $\alpha = \beta = \gamma = 35°15'52'' \approx 35°$

作图如图 9.37、图 9.38 和图 9.39 所示。

利用常用光线在正投影图中作阴影,可使物体各部分的落影宽度等于落影物伸出或凹进承影面的尺度,也正是每个正投影图所缺少的尺度,故作影后物体的一个正投影图反映了长、宽、高三个方向的尺度,图形自然、有立体感,其原因就是常用光线的各投影与投影轴之夹角为 45°。

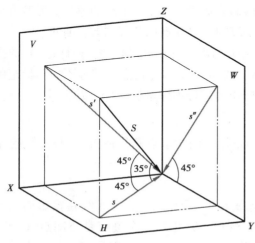

图 9.36 常用光线的空间情况

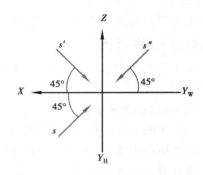

图 9.37 常用光线的正投影图

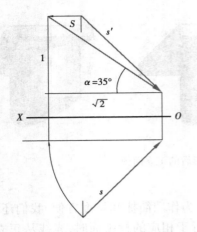

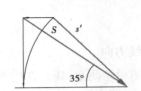

图9.38　用旋转法作常用光线的倾角　　　　图9.39　常用光线倾角的单面作图

▶9.3.2　点的落影

1)点的落影概念

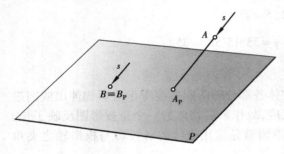

图9.40　点的落影概念

空间点在某承影面上的落影,就是射向该点的光线与承影面的交点。空间点的落影位置取决于光线的方向和点与承影面之间的相对位置。而对正投影图中的阴影来说,光线方向通常选用平行光线中的常用光线方向。

如图9.40所示,要作空间A点在承影面P上的落影,可通过空间点A作光线S,光线S与承影面P的交点A_P就是A点在承影面P上的落影。由此可见,求作点的落影,其实质是求作直线与承影面的交点。若空间点B位于承影面P上,则B点的落影与其自身重合。

本书规定空间点(如A点)在投影面H、V、W上的影分别用A_H、A_V、A_W来标记;影的投影用对应的小写字母加撇来标记(a_H、a'_H、a''_H、a_V、a'_V、a''_V、a_W、a'_W、a''_W);点在其他不指明标记的承影面上的影则用A_0来标记;影的投影也用对应的小写字母加撇来标记(a_0、a'_0、a''_0)。

2)点的落影作图

在正投影图中求作点的落影,是在点的三面正投影图中求点落影的投影,故光线也是用投影表示。

(1)承影面为投影面

当承影面为投影面时,点的落影是过点的光线与投影面的交点,即光线在投影面上的迹点。在两面投影体系中,迹点有两个,如图9.41所示。究竟哪一个迹点是空间点A的落影呢?这要看自点A的光线首先与哪一个投影面相交,在先相交的那一投影面上的迹点就是空间点A的落影。在图9.41中,空间点A距V投影面较近,所以过点A的光线首先与V投影面相交于点A_V,A_V点就是A点在V投影面上的落影,称为真影。如果再延长这一光线与投影面H相交于点A_H,A_H点称为A点的假影(虚影)。假影的标记通常用括号加以区别,在求影的过程中假影一般不画出,然而在以后某些求影过程中常常要用它。当空间点到投影面 H 和 V 的距离相等时,其影落在 OX 轴上。

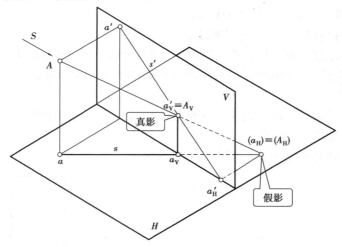

图 9.41 点在投影面上的落影

【例 9.14】如图 9.42(a)所示,已知点 A、B 的两面投影图,求其落影。

【解】作图:如 9.42(b)所示。

①作 $A(a、a')$ 点的落影:由于 A 点距 V 投影面较近,所以过点 a 作光线的 H 投影 s 首先与 OX 轴相交于点 a_V。由 a_V 作投影联系线与过 a' 的光线的 V 投影 s' 相交于 a'_V,即 A 点在 V 面上的落影是 A_V。a_V 和 a'_V 是真影 A_V 的 H、V 投影。如果再延长过 a' 的光线 V 投影 s' 交 OX 轴于 a'_H,由 a'_H 作投影联系线与过点 a 的光线 H 投影 s 的延长线相交于 a_H,这就是 A 点在 H 面上的落影 (A_H)。它是假设光线穿过 V 面之后与 H 面相交而得出的,故此影为 A 点在 H 面上的假影,如图 9.42(b)左图所示。

②作 $B(b、b')$ 点的落影:过 B 点的投影 b、b' 分别作光线的投影 s、s',因 B 点距投影面 H 较近,故过 b' 的光线 V 投影 s' 首先与 OX 轴相交于点 b'_H,再由 b'_H 作投影联系线与过 b 的光线 H 投影 s 相交于点 b_H,即得 B 点在 H 面上的落影 B_H。由于光线的各投影为 45°线,所以自点 b_H 作 OX 轴的平行线与过 b' 的光线 V 投影 s' 的延长线相交于 (B_V)。由于这是假设光线穿过 H 面之后与 V 面相交而得出的,所以此影为 B 点在 V 面上的假影,如图 9.42(b)右图所示。

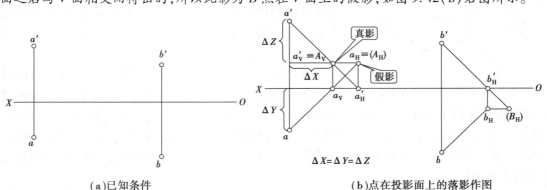

(a)已知条件　　　　　　　　(b)点在投影面上的落影作图

图 9.42 点在投影面上的落影

从图9.42(b)可看出,A 点的 V 投影到其真影 A_V 的水平和垂直距离都等于 A 点到 V 面的距离,即 $\Delta X = \Delta Y = \Delta Z$。由该图还可以看出,$A$ 点真影的 Z 坐标与假影的 Y 坐标绝对值相同,所以在投影图中,真假影连线平行于 OX 轴。

由以上分析,可得出点的落影规律如下:

①点的真影一定落在距点较近的承影面上。承影面上的点,其落影为自身。

②空间点在某投影面上的落影与其同面投影间的水平和垂直距离等于空间点对投影面的距离。

③可由点到投影面的距离单面作出点的落影。如 C 点到 H 面的距离为 10(记作 c_{10}),C 点落影的单面作图如图9.43所示。

④因为光线的各投影是 $45°$ 线,所以真假影连线平行于 OX 轴。

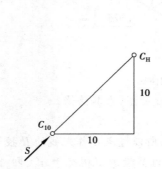

图9.43　点在投影面上落影的单面作图

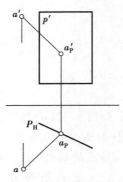

图9.44　点在特殊面上的落影

（2）承影面为平面

点在平面上的落影作图步骤与直线和平面相交求交点的步骤相同,其直线就是求影中的光线。

①点在特殊位置平面上的落影作图。在特殊位置平面的三面正投影图中,至少有一个投影具有积聚性,空间点在这类平面上的落影均可利用积聚投影求出。图9.44是求空间点 $A(a,a')$ 在铅垂面 P 上的落影。由于 P 平面的 H 投影有积聚性,故首先通过点 a 作光线的 H 面投影 s,交平面的积聚投影 P_H 于点 a_P,由点 a_P 作投影联系线与过点 a' 的光线 V 投影 s' 相交于点 a'_P,a_P 和 a'_P 为空间 A 点在平面 P 上落影的投影。

②点在一般位置平面上的落影作图。点在一般位置平面上的落影也是含已知点的光线与一般位置平面的交

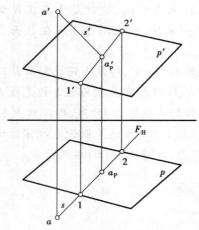

图9.45　点在一般位置平面上的落影

点,其作图方法同于直线和一般位置平面相交。图9.45是求空间点 A 在一般位置平面 P 上的落影。首先过空间点 $A(a,a')$ 作光线 $S(s,s')$,然后求光线 S 与平面 P 的交点。为此,包含光线 S 作铅垂辅助面 F,平面 F 和 P 的交线为 Ⅰ Ⅱ,光线 S 与交线 Ⅰ Ⅱ 的交点 $A_P(a_P,a'_P)$ 就是空间点 A 的落影。

（3）承影面为立体表面

空间点在立体表面上的落影,是含已知点的光线与立体表面首先相交的点。

①点在平面立体表面上的落影作图。

【例9.15】如图9.46(a)所示,已知点A及房屋的两面投影图,求A点在房屋上的落影。

【解】作图:如图9.46(b)所示。

①过点A引光线$S(s,s')$,然后包含光线S作铅垂光截面F。

②求出铅垂光截面F与房屋的截交线 Ⅰ—Ⅱ—Ⅲ—Ⅳ—Ⅴ—Ⅵ—Ⅰ,光线S与截交线 Ⅰ—Ⅱ—Ⅲ—Ⅳ—Ⅴ—Ⅵ—Ⅰ的第一个交点$A_0(a_0,a_0')$就是点A在房屋上的落影。

③点在回转体表面上的落影作图。由于回转体的截交线在截平面通过回转轴时具有特殊性,所以这里只介绍含空间点的光线通过回转体的回转轴时,点在回转面上的落影。

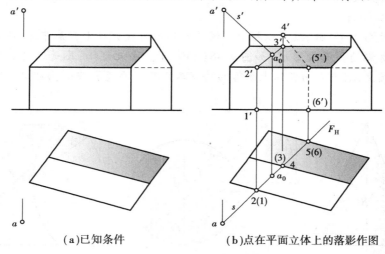

(a)已知条件　　　　　　　(b)点在平面立体上的落影作图

图9.46　点在平面立体表面上的落影

【例9.16】如图9.47(a)所示,已知点A及圆锥的两面投影图,求A点在圆锥表面上的落影。

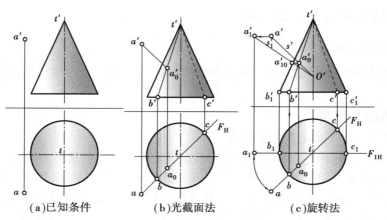

(a)已知条件　　　　(b)光截面法　　　　(c)旋转法

图9.47　点在圆锥面上的落影作图

【解】作图:分两种方法——光截面法和旋转法。

(1)光截面法:如图9.47(b)所示

①首先过空间点A引光线$S(s,s')$,然后包含光线S作铅垂光截面F。

②铅垂光截面F与圆锥的截交线是$\triangle BTC$,光线S与圆锥的截交线$\triangle BTC$的交点

$A_0(a_0', a_0)$ 就是点 A 在锥面上的落影。

(2)旋转法:如图 9.47(c)所示

①首先过空间点 A 引光线 $S(s, s')$,然后包含光线 S 作铅垂光截面 F。

②铅垂光截面 F 与圆锥的截交线是 $\triangle BTC$,但在投影图中不反映实形,现采用旋转法将截交线 $\triangle BTC$ 连同光线 S 和点 A 一起绕圆锥的铅垂轴线旋转,使交线 $\triangle BTC$ 转到平行于 V 平面的位置上。这时,交线 $\triangle BTC$ 的 V 投影反映实形并与圆锥的 V 投影轮廓线重合,A 点旋转到 A_1 的位置,光线 S 旋转成 S_1。在 V 投影中,旋转后的光线 V 投影 s_1' 与圆锥 V 投影轮廓线的交点 a_{10}' 就是 A_1 点落影 A_{10} 的 V 投影。然后,把所得的影点 A_{10} 旋回到旋转前的光线 S 上,可作出 A 点的影 $A_0(a_0', a_0)$。

因光线的投影为 45°线,故可以把上述的旋转作图直接放在 V 投影中进行,便可凭一个投影图作出 A 点落影的 V 面投影 a_0',如图 9.48(a)所示。由此可知,凡是通过已知点的光线与回转体的轴线相交,则点在回转体上的落影均可单凭其 V 面投影作出,如图 9.48 所示。

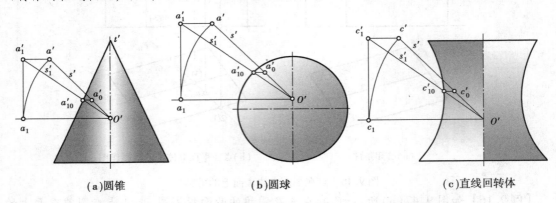

(a)圆锥　　　　　　　　(b)圆球　　　　　　　　(c)直线回转体

图 9.48　点在圆锥、圆球、曲线回转面上的落影单面作图

▶9.3.3　直线的落影及落影规律

1)直线段的落影概念

直线段的落影是射于该直线段上各点的光线所形成的光平面与承影面的交线,如图 9.8 所示。

2)直线段的落影作图

(1)直线段在一个平面上的落影作图

直线段在一个平面上的落影作图通常是求直线段两端点同面落影的连线。如图 9.49 所示,直线段 AB 的两端点距 V 面的距离小于距 H 面的距离,所以直线段 AB 的两端点的影都落在 V 面上,则直线段 AB 的影也在 V 面上。其作图步骤是:首先过直线段的两端点 A、B 分别引光线 $S(s, s')$,自点 a、b 的光线 H 投影 s 先与 OX 轴相交于点 a_v、b_v,再由点 a_v、b_v 分别作铅垂线与过点 a'、b' 的光线 V 投影 s' 相交于点 a_v'、b_v',用直线段连接 $a_v' b_v'$ 便得到直线段 AB 在 V 面上的落影 $A_v B_v$。

(2)直线段在两相交平面上的落影作图

直线段的影落在两相交平面上,其影为折线,折影点在两平面的交线上。如图 9.50 所示,直线段 CD 的端点 C 距 H 面的距离小于距 V 面的距离,其影在 H 面上,而端点 D 距 V 面的

距离小于距 H 面的距离,其影在 V 面上。连线时应遵循线段两端点在同一平面上的影才能相连的原则,为此,利用假影找出该线段落在 OX 轴上的折影点,从而作出直线段 CD 在 V、H 面上的落影。为求直线段 CD 的落影,首先过直线段的两端点 C、D 分别引光线 $S(s,s')$,自点 c' 的光线 V 投影 s' 先与 OX 轴相交于点 c'_H,由点 c'_H 作铅垂线与过点 c 的光线 H 投影 s 相交于影点 c_H,这是端点 C 在 H 面上的真影 C_H。而端点 D 的影是自点 d 的光线 H 投影 s 先与 OX 轴相交于点 d_V,由点 d_V 作铅垂线与过点 d' 的光线 V 投影 s' 相交于影点 d'_V,这是端点 D 面在 V 面上的真影 D_V。由于直线段 CD 的两端点的影不在同一个平面上,不能连线,故再作端点 C 或端点 D 的假影。图中作的是端点 D 在 H 面上的假影 $D_H(d_H,d'_H)$。连接 $c_H d_H$ 与 OX 轴相交于折影点 $E(e,e')$,再连接 $e'd'_V$,即完成直线段 CD 在两相交平面 V、H 上的落影作图。

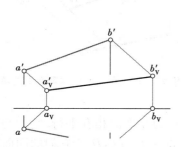

图9.49 直线在一个平面上的落影作图

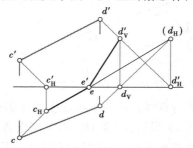

图9.50 直线在两个平面上的落影作图

3)直线段的落影规律

在正投影图阴影中的直线段落影规律与轴测图阴影中的直线段落影规律相似,只是在图中的表现形式不同。

(1)平行规律

①若直线段平行于承影面,则落影与该线段的同面投影平行且等长。

图9.51 中,因直线 AB 的 H 投影 $ab /\!/ P_H$,故直线 AB 平行于铅垂面 P,它在 P 平面上的落影 $A_P B_P /\!/ AB$,$A_P B_P = AB$。反映在投影图中是:$a'b' /\!/ b'_P b'_P$,$a'b' = b'_P b'_P$,$ab /\!/ a_P b_P$,$ab = a_P b_P$。在作影过程中,只需求出直线段的一个端点的落影,便可按平行、等长的关系画出该直线段的落影。

②一直线在诸平行承影面上的落影彼此平行。

图9.52 中的承影面 P 平行于承影面 Q,含直线 AB 的光平面与两个平行平面相交的两条交线必然相互平行,也就是直线 AB 在 P、Q 两个承影面上的落影相互平行,即 $A_P C_P /\!/ C_Q B_Q$。这两段落影的同面投影也相互平行,即 $b'_P c'_P /\!/ c'_Q b'_Q$,$a_P c_P /\!/ c_Q b_Q$。在投影图中可先求出 A、B 两端点的落影 $A_P(a_P,b'_P)$ 和 $B_Q(b_Q,b'_Q)$,它们位于两个承影面上,不能连线。为此,在 H 投影中,由承影面 P 右边线的积聚投影(也是直线 AB 上的点 C 在 P 平面右边线上落影的 H 投影 c_P)作光线 H 投影的反方向交 ab 于点 c,自点 c 作铅垂线交 $a'b'$ 于点 c',再过点 c' 作光线的 V 投影交 P 平面右边线的 V 投影于点 c'_P,连接 $b'_P c'_P$ 得直线 AB 在 P 平面上落影的 V 投影。又由 b'_Q 作 $b'_P c'_P$ 的平行线便可完成直线 AB 的落影作图。直线 AB 上的 C 点在 P 平面右边线上的影点 C_P 称为滑影点。

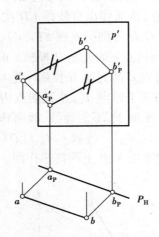

图 9.51　直线在其平行面上的影

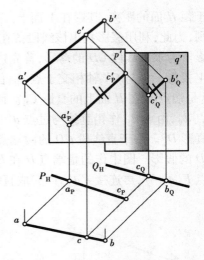

图 9.52　直线在二平行承影面上的落影

③诸平行直线在同一承影面上的落影彼此平行。

如图 9.53 所示，直线 $AB /\!/ CD$，则含直线 AB 和 CD 的光平面相互平行，它们与承影面 P 的交线必然相互平行，也就是两直线的落影相互平行，即 $A_PB_P /\!/ C_PD_P$。它们的同面投影也相互平行，即 $a_P'b_P' /\!/ c_P'd_P'$，$a_Pb_P /\!/ c_Pd_P$。

④诸平行直线在诸平行承影面上的落影彼此平行。

该规律是规律②、③的推论。

⑤直线平行于光线，其落影为一点。

如图 9.54 所示，直线段 $AB /\!/$ 光线 S，则通过 AB 的光线只有一条，它与承影面也只有一个交点，所以直线段 AB 的落影为一点。在投影图中表现为 ab 的方向与光线的 H 面投影 s 方向相同，$a'b'$ 的方向与光线的 V 投影 s' 的方向相同，都是 $45°$ 线。

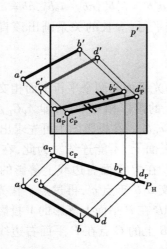

图 9.53　二平行线在一平面上的影

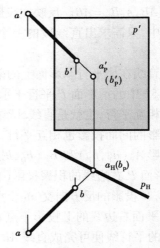

图 9.54　直线平行于光线的影

（2）相交规律

①若直线与承影面相交，直线的落影必通过该直线与承影面的交点。

在图9.55中,直线段 AB 延长后与承影面 P 相交于点 K。交点 K 属于承影面 P,故其落影 K_P 为 K 点本身;又因影点 K_P 应在直线 AB 落影的延长线上,所以直线 AB 的影必然通过交点 K。作图时,只需作出直线的一个端点的落影,如 A 点的落影 $A_P(a_P,a_P')$,连接 $a_P'k'$,再由 b' 作光线的 V 投影 s' 交 $a_P'k'$ 于点 b_P',影线 $a_P'b_P'$ 为直线段 AB 在承影面 P 上落影的 V 投影。

②相交两直线在同一平面上的落影必相交,且交点的落影为两直线落影的交点。

如图9.56所示,直线 AB 与 BC 交于点 B,作图时首先求出交点 B 的落影 $B_P(b_P,b_P')$,再分别求出每一直线的任一端点的影,如 $A_P(a_P,a_P')$ 和 $C_P(c_P,c_P')$,即可确定两相交直线的落影。

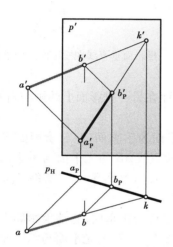

图9.55 直线与承面相交

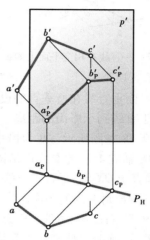

图9.56 相交两直线的影

③一直线在两相交平面上的落影为一折线,折影点在两平面的交线上。

如图9.57所示,铅垂承影面 P 和 Q 的交线为 DE,直线段 AB 在 P、Q 两相交承影面上的落影,是过直线 AB 的光平面与二承影面的交线。作为影线的两条交线必然交于一点 C_0(即三面共点),而点 C_0 自然在交线 DE 上,这就是折影点。首先分别作出直线两端点 A、B 在承影面 P、Q 上的落影 $A_P(a_P,a_P')$ 和 $B_Q(b_Q,b_Q')$,它们是不同承影面上的两个影点,不能连线,为此,必须求出折影点 C_0。求折影点的方法是利用直线上任意两点同面落影连线。由于两点取在直线的不同位置,则有以下作图方法之分——回投光线法、延棱扩面法、端点虚影法、辅助点法等。

a.回投光线法:如图9.57所示,铅垂承影面 P 和 Q 的交线 DE 为一铅垂线。因折影点 C_0 属于铅垂线 DE,故折影点 C_0 的 H 投影 c_0 重影于积聚投影 $d(e)$。由 c_0 作光线 H 投影 s 的反方向交 ab 于点 c,自点 c 作铅垂线交 $a'b'$ 于点 c',再过点 c' 作光线的 V 投影 s' 交 $d'e'$ 于点 c_0',这就是折影点的 V 投影。连线 $a_P'c_0'$、$c_0'b_Q'$,就是所求影线的 V 投影。

b.延棱扩面法:如图9.57所示,扩展承影面 Q,求出直线 AB 与 Q 平面的交点 $K(k,k')$。影线 B_QK 与两承影面的交线 DE 相交于折影点 C_0。

c.端点虚影法:如图9.57所示,求出端点 B 在 P 平面的扩大面上的假影 $B_P(b_P,b_P')$,连线 $a_P'b_P'$ 与 P、Q 二平面的交线 $d'e'$ 的交点 c_0',即是折影点 C 的 V 投影。

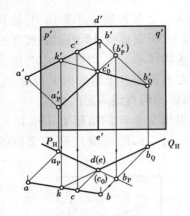

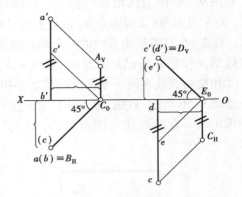

图 9.57 　一直线在相交平面上的影 　　图 9.58 　投影面垂直线在投影面上的落影

（3）垂直规律

①投影面垂直线在所垂直的投影面上的影为 45°线，而在另一投影面上的影与自身平行，其距离等于直线到承影面的距离。

如图 9.58 左图所示，AB 为铅垂线，含直线 AB 的光平面为铅垂面，它与承影面 H 的交线 $B_H C_0$ 和 OX 轴成 45°，此交线也是该光平面的积聚投影；含直线 AB 的光平面与承影面 V 的交线 $A_V C_0$ 垂直于 OX 轴，平行于直线 AB。在投影图上，影线 $A_V C_0$ 平行于 $a'b'$，影线 $A_V C_0$ 到 $a'b'$ 的距离等于 AB 到 V 面的距离。

在图 9.58 右图中，直线 CD 为正垂线，包含 CD 的光平面为正垂面，它与承影面 V 的交线 $D_V E_0$ 和 OX 轴成 45°，此交线也是该光平面的积聚投影；含直线 CD 的光平面与承影面 H 的交线 $C_H E_0$ 垂直于 OX 轴，平行于直线 CD。在投影图上，影线 $C_H E_0$ 平行于 cd，影线 $C_H E_0$ 到 cd 的距离等于 CD 到 H 面的距离。

②投影面垂直线在物体表面上的影的投影为：

a. 在该直线所垂直的投影面上的影的投影为 45°线。

b. 影的其余两个投影呈对称图形。

铅垂线 AB 在房屋上的落影如图 9.59 所示。因含 AB 的铅垂光平面与房屋阳面的交线为其影线，影线的 H 投影与光平面的积聚投影重合，为 45°直线，说明含 AB 的铅垂光平面与投影面 V、W 的夹角均为 45°，所以含 AB 的铅垂光平面与房屋交线的 V、W 投影呈对称图形，作影时可直接用对称关系作图。

▶9.3.4 　平面图形的阴影

1）平面多边形的落影概念及作图

①平面多边形的落影概念：平面多边形的影线，就是被平面多边形遮挡住的光线形成的光柱体与承影面的交线。

②平面多边形影线的作图：平面多边形影线的作图，就是求出平面多边形各边线落影所构成的外轮廓线。作图时首先作出多边形各顶点的落影，再按原图形各顶点的顺序用直线依次相连，即得到多边形的落影。

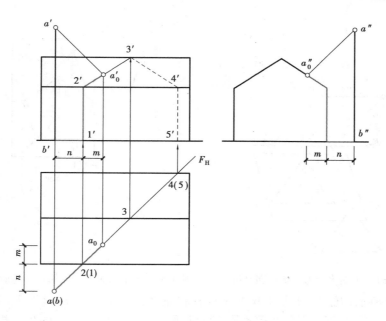

图 9.59　铅垂线在房屋上的落影

【例 9.17】图 9.60(a)为三角形 ABC 的两面投影图,承影面为 V、H,试完成其阴影作图。

【解】作图:如图 9.60(b)所示。

①作三角形 ABC 各顶点的落影 A_H、B_H、C_V。

②按原图形各顶点的顺序用直线依次相连得三角形 ABC 的落影。因 C 点的影落在 V 面上,为此再作出 C 点在 H 面上的假影(C_H),连接 $A_H(C_H)$、$B_H(C_H)$ 得到折影点 I_0、II_0,然后再连接并加深 $A_H\mathrm{I}_0$、$C_V\mathrm{I}_0$、$B_H\mathrm{II}_0$、$C_V\mathrm{II}_0$ 和 A_HB_H。

③判断三角形 ABC 各投影的阴、阳面,最后着色,完成三角形 ABC 的阴影作图。

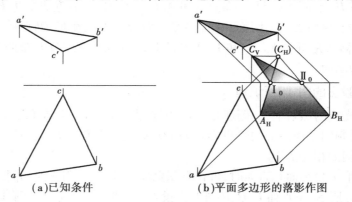

(a)已知条件　　　　　(b)平面多边形的落影作图

图 9.60　平面多边形的落影

2)平面多边形的落影规律

①当平面多边形平行于承影面时,其落影与该多边形的同面投影的大小、形状均相同。

如图 9.61 所示,水平三角形 Ⅰ Ⅱ Ⅲ 在水平面 R 上的落影为三角形 $\mathrm{I}_R\mathrm{II}_R\mathrm{III}_R$。它们的 V 面投影均积聚成直线,它们的 H 面投影的大小、形状完全相同,均反映了三角形 Ⅰ Ⅱ Ⅲ 的实形。

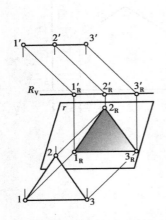

图 9.61　平面多边形与承影面平行

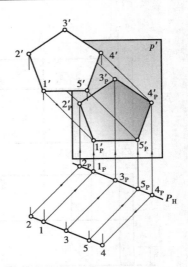

图 9.62　平面多边形与承影面平行时的落影

如图 9.62 所示,五边形 Ⅰ Ⅱ Ⅲ Ⅳ Ⅴ 平面在铅垂承影面 P 上的落影为 $Ⅰ_P Ⅱ_P Ⅲ_P Ⅳ_P Ⅴ_P$。从 H 投影中可以看出,五边形的积聚投影 12345 平行于铅垂承影面 P 的积聚投影,这说明五边形平面与铅垂承影面 P 平行。五边形落影的 H 面投影 $1_P 2_P 3_P 4_P 5_P$ 重合在承影面 P 的积聚投影上,落影的 V 面投影 $1'_P 2'_P 3'_P 4'_P 5'_P$ 与五边形 V 面投影 $1'2'3'4'5'$ 的大小、形状完全相同。

②当平面多边形与光线平行时,该平面多边形在任何承影平面上的落影成一直线,并且平面图形的两面均呈阴面。

图 9.63 为平面多边形平行于光线方向的 3 种情况,图(a)是铅垂矩形平面 $ABCD$ 平行于光线方向,它在 H 面和 V 面上的落影是折线 $A_H E_0$ 和 $E_0 C_V$。因铅垂矩形平面 $ABCD$ 只有迎光的边 AD 和 DC 被照亮,其他部分均不受光,故两表面为阴面。图(b)是正垂三角形 ABC 平行于光线方向,它在 H 上面的落影是一条直线段 $A_H B_H$。此时,只有迎光的边 CA 和 CB 被照亮,其他部分均不受光,故两表面为阴面。图(c)是一般位置的三角形 DEF 平行于光线方向,它在 V 和 H 面上的落影是折线 $F_H Ⅰ_0$ 和 $Ⅰ_0 D_V$。此时,只有迎光的边 DF 被照亮,其他部分均不受光,故两表面为阴面。

3)平面图形投影的阴、阳面识别

平面图形在光线的照射下,一侧迎光,另一侧必然背光,故有阳面和阴面之分。在投影图中作阴影时,需要判明平面图形的各投影是阳面投影还是阴面投影,以便正确作出直线与平面或平面与平面间的相互落影。

①当平面图形为投影面垂直面时,可在有积聚性的投影中,用光线的同面投影直接识别。

如图 9.64(a)所示,正垂面 P、Q、R 的 V 面投影有积聚性,只需要判别其 H 面投影是阳面的投影还是阴面的投影。判别的方法是用光线的 V 投影 s' 去照射正垂面 P、Q、R 在 V 面上的积聚投影,由于平面 P、R 与 H 投影面的倾角小于 $45°$,上表面均为阳面,故其 H 面投影是阳面投影。而平面 Q 位于与铅垂方向呈 $45°$ 的范围内,该范围内的平面对 H 投影面的倾角大于或等于 $45°$,小于 $90°$,光线照射在 Q 平面的左下侧面(即阳面),右上侧面为阴面,由上向下作 Q 平面的 H 投影时,可见的表面却是 Q 平面背光的右上侧面,所以 Q 平面的 H 的投影是阴面的投影。

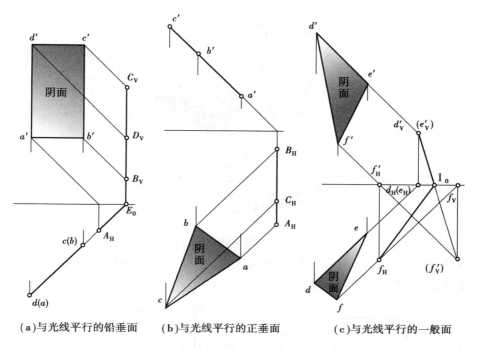

(a)与光线平行的铅垂面　　（b）与光线平行的正垂面　　（c）与光线平行的一般面

图9.63　与光线平行的多边形平面的落影

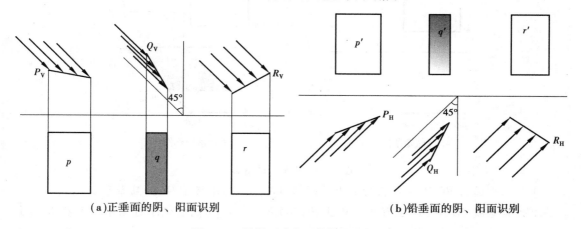

（a)正垂面的阴、阳面识别　　　　　　（b)铅垂面的阴、阳面识别

图9.64　投影面垂直面的阴、阳面识别

如图9.64(b)所示,铅垂面 P、Q、R 的 H 投影有积聚性,由它们的 H 投影可以判明 P、R 两平面的 V 面投影为阳面的投影,Q 平面的 V 面投影为阴面的投影。其识别方法与图9.64(a)完全相同。

②当平面图形处于一般位置时,可先求出平面图形的落影,若平面图形投影的各顶点字母旋转顺序与落影的各顶点字母旋转顺序相同,为阳面投影,相反则为阴面投影。

如图9.65所示,一般位置平面 $\triangle ABC$ 的落影为 $A_V B_V \mathrm{II}_0 C_H \mathrm{I}_0$。$\triangle ABC$ 的 V 面投影 $\triangle a'b'c'$ 与落影 $A_V B_V \mathrm{II}_0 C_H \mathrm{I}_0$ 的字母旋转顺序相同,都是顺时针方向,所以 $\triangle ABC$ 的 V 面投影 $\triangle a'b'c'$ 为阳面投影,而 H 面投影 $\triangle abc$ 的各顶点字母旋转顺序是逆时针方向,与落影的字母旋转顺序相反,故 $\triangle ABC$ 的 H 面投影 $\triangle acb$ 为阴面的投影。

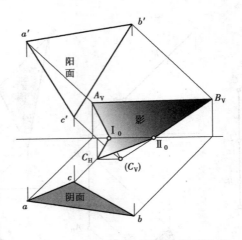

图 9.65　一般位置平面的阴、阳面识别

【例 9.18】 已知正平面 $ABCD$ 的两面投影如图 9.66(a)所示,试完成其落影作图。

【解】 作图:如图 9.66(b)所示。

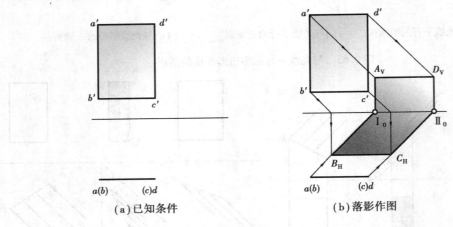

| (a)已知条件 | (b)落影作图 |

图 9.66　正平面的落影

①作正平面的 BC 边在 H 投影面上的落影 $B_H C_H$,该影平行于 bc,并且等于 bc。

②作铅垂线 AB 和 CD 在 H 投影面上的落影 $B_H I_0$、$C_H II_0$,它们平行于光线 S 在 H 面上的投影 s,点 I_0、II_0 在 OX 轴上,是折影点。

③作铅垂线 AB、CD 在 V 投影面上的落影 $A_V I_0$、$D_V II_0$,它们分别平行于 $a'b'$、$c'd'$。连接 $A_V D_V$ 得正平线 AD 在 V 投影面上的落影。

④将影区涂上暗色,完成落影作图。

4)曲线平面和圆平面的阴影

(1)曲线平面的阴影及基本性质

①曲线平面的阴影作图:首先作出曲线上一系列特征点的落影,即曲线上的连接点、最高点、最低点、最左点、最右点等,如图 9.67 所示,再用光滑曲线依次连接这些影点,就得曲线平面的落影。然后,由阴阳面的判别方法,确定图形的投影是阴面投影还是阳面投影,并将影区和阴区涂成暗色。

②曲线平面落影的基本性质:当曲线平面平行于承影面,则在该面上的落影与其同面投影的形状、大小相同。

图9.68所示曲线平面为正平面,它在V投影面上的落影与其V投影的形状、大小相同,并反映该曲线平面的实形。

当曲线平面与光线平行时,它在任何承影平面上的落影都成一直线,并且平面图形的两面均呈阴面。

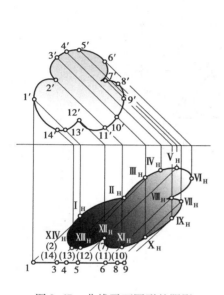

图9.67 曲线平面图形的阴影

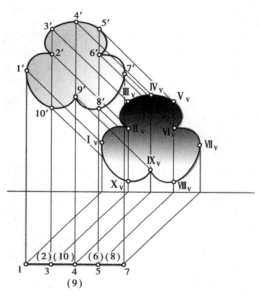

图9.68 平行于承影面的曲线平面图形的阴影

(2)圆平面的落影

①当圆平面平行于投影面时,圆在该投影面上的落影与圆本身平行相等,反映圆的实形。作影时,可直接由圆心至承影面的距离按圆半径画影线圆。图9.69(a)是正平圆在V面上的落影作图,图9.69(b)是水平圆在H面上的落影作图。

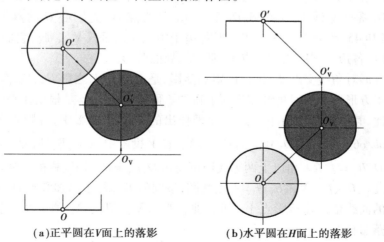

(a)正平圆在V面上的落影 (b)水平圆在H面上的落影

图9.69 圆在所平行的投影面上的落影

②当圆平面与承影面不平行时,其落影为椭圆。圆心的落影就是落影椭圆的中心,圆的任何一对相互垂直直径的落影成为落影椭圆的一对共轭直径。

图9.70是一水平圆在 V 面上的落影,其形状为椭圆。为了作出落影椭圆,图中利用了圆的外切正方形各边的中点Ⅰ、Ⅲ、Ⅴ、Ⅶ,以及正方形对角线与圆周的交点Ⅱ、Ⅳ、Ⅵ、Ⅷ等8个点的落影相连而作出。其具体作图步骤如下:

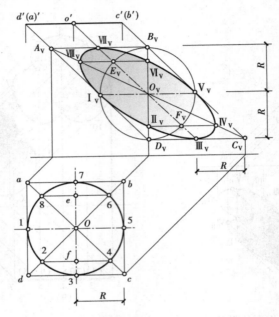

图9.70　水平圆在 V 面上的落影

a. 作圆的外切正方形 $ABCD$,边 AD、BC 为正垂线,AB、CD 为侧垂线。圆周切于正方形四边的中点Ⅰ、Ⅲ、Ⅴ、Ⅶ,与对角线 AC、BD 的四个交点为Ⅱ、Ⅳ、Ⅵ、Ⅷ。

b. 按直线落影规律及方法作出外切正方形 $ABCD$ 在 V 面上的落影 $A_VB_VC_VD_V$,其形状为平行四边形。影线 A_VD_V、B_VC_V 是45°线,A_VB_V、C_VD_V 平行于投影轴 OX,其长度等于圆的直径 $2R$;对角线 B_VD_V 是铅垂线;对角线 B_VD_V 和 A_VC_V 的交点 O_V 是圆心 O 的落影。过点 O_V 作 OX 轴的平行线和45°线分别交落影四边形各边于中点 $Ⅰ_V$、$Ⅲ_V$、$Ⅴ_V$、$Ⅶ_V$,它们是落影椭圆上的点,也是正方形各边与圆周相切之点Ⅰ、Ⅲ、Ⅴ、Ⅶ的落影。

c. 圆与正方形对角线交点Ⅱ、Ⅳ、Ⅵ、Ⅷ的落影,是由点 E、F 之影 E_V、F_V 作圆平面积聚投影的平行线与正方形落影的对角线相交而求得的。而影点 E_V、F_V 是根据在平行光线照射下,点分线段成定比,其落影后比值不变这一原理作出的。在 H 投影中,等腰直角三角形 $\triangle o7b$ 与 $\triangle oe6$ 相似,$ob/o6 = o7/oe = O_VⅦ_V/O_VE_V = \sqrt{2}$。在 V 投影中,$\triangle O_VB_VⅦ_V$ 也是等腰直角三角形,$O_VⅦ_V = \sqrt{2}O_VB_V = \sqrt{2}R$。由以上两等式便可得出 $O_VE_V = R$。用同样的方法可求得 $O_VF_V = R$。因此,影点 $Ⅰ_V$、D_V、F_V、$Ⅴ_V$、B_V、E_V 六点共圆,该圆的半径等于已知圆平面的半径 R。

d. 用光滑的曲线依次连接影点 $Ⅰ_V$、$Ⅱ_V$、$Ⅲ_V$、$Ⅳ_V$、$Ⅴ_V$、$Ⅵ_V$、$Ⅶ_V$、$Ⅷ_V$ 等8个点,即得水平圆在 V 面上的落影椭圆。

③水平半圆在墙面上的落影。

在房屋建筑上常有紧靠墙面的半圆形物体,如半圆形的雨篷板、挑出墙面的半圆柱形阳台及其他装饰物等,所以需要作嵌在墙面上的水平半圆的落影。

如图9.71(a)所示,将半圆周四等分,定出圆周上的Ⅰ、Ⅱ、Ⅲ、Ⅳ、Ⅴ点的V、H投影。Ⅰ、Ⅴ点的落影Ⅰ$_V$、Ⅴ$_V$与自身重合;Ⅱ点的影Ⅱ$_V$在3′的正下方,即中心线上;Ⅲ点的影Ⅲ$_V$在5′的正下方;Ⅳ点的影Ⅳ$_V$到圆中心线的距离是4′到圆心距离的2倍。将这5个特殊方位的点的落影Ⅰ$_V$、Ⅱ$_V$、Ⅲ$_V$、Ⅳ$_V$、Ⅴ$_V$连接成所求的影。

图9.71(b)是用点落影的单面作图的方法画水平半圆的落影。半圆周上各点到V投影面的距离可在图中作半圆求出,然后按点落影的单面作图求出半圆周上各点的落影,再连接它们成所求的影。

图9.71(c)是采用水平圆在V投影面上落影的八点共圆法作出的。

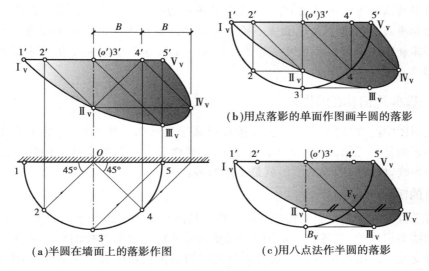

(b)用点落影的单面作图画半圆的落影

(a)半圆在墙面上的落影作图

(c)用八点法作半圆的落影

图9.71　圆平面不平行于承影面时的落影作图

【例9.19】已知水平圆O的V投影,圆心距V投影面为50,用单面作图完成水平圆O的V面落影。

【解】作图:①用点落影的单面作图方法求圆心O的落影O_V。自O_V作水平中心线和铅垂中心线,如图9.72(a)所示。

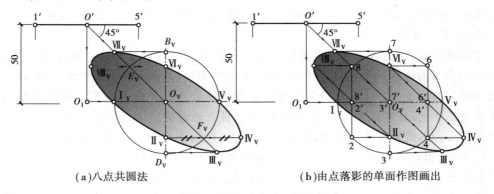

(a)八点共圆法

(b)由点落影的单面作图画出

图9.72　水平圆的V面落影单面作图

②以 O_v 为圆心、$o'1'$ 为半径画圆,与过 O_v 的水平中心线交于 I_v、V_v,与过 O_v 的铅垂中心线交于 B_v、D_v,与过 O_v 的光线 s' 交于 E_v、F_v。

③自 B_v、D_v 分别作已知圆积聚投影的平行线与过 O_v 的光线 s' 相交于影点 $Ⅶ_v$、$Ⅲ_v$。

④由 E_v、F_v 分别作已知圆积聚投影的平行线与过 O_v 的铅垂中心线相交于影点 $Ⅱ_v$、$Ⅵ_v$。

⑤利用椭圆上的点对长短轴对称的特性,作出影点 $Ⅱ_v$、$Ⅵ_v$ 的对称影点 $Ⅳ_v$、$Ⅷ_v$。

⑥用曲线依次光滑连接影点 I_v、$Ⅱ_v$、$Ⅲ_v$、$Ⅳ_v$、V_v、$Ⅵ_v$、$Ⅶ_v$、$Ⅷ_v$ 成椭圆。

以上步骤是八点共圆法画落影椭圆的单面作图。该题还可用点落影的单面作图来完成,如图 9.72(b)所示。其作图步骤也是先由已知圆心距 V 投影面的距离作出圆心 O 的落影 O_v,再以 O_v 为圆心作一个与已知圆相等的圆,然后按点落影的单面作图方法画出前半圆的影。后半圆影的画法与前半圆相似,只是各条作图线的方向相反。如自水平直径 $I_v V_v$ 上的点 $6'$ 向上作铅垂线交圆周于点 6,由点 6 向左作水平线与过点 $6'$ 的光线 V 投影 s' 的反向相交于影点 $Ⅵ_v$,其余各点的影作法相同。也可以用这一方法作正平面圆的 H 面落影和侧平面圆的 V 面落影。

▶9.3.5　基本几何体的阴影

在正投影图中绘立体的阴影,首先要读懂已知图所示的立体形状,然后由光线方向判明立体的哪些表面是受光面,哪些表面是背光面,受光面和背光面的交线是阴线。作出这些阴线的影——影线,由影线围成的图形就是立体的影。

1)棱柱的阴影

在建筑工程中常用的是直立棱柱。直立棱柱是由水平的多边形平面为上、下底和若干个铅垂矩形侧棱面组成的,其各表面是阳面还是阴面,可直接根据各棱面有积聚性的投影来判别它们是否受光。即由各棱面的积聚投影与光线的同面投影的相对位置确定阴、阳面,从而定出阴线,然后由直线段落影规律逐段求其阴线之影。

【例 9.20】图 9.73(a)为四棱柱的两面投影图,求四棱柱的阴影。

【解】作图:如图 9.73(b)所示。

①读图分析:直立四棱柱的上、下底是水平的矩形平面,侧棱面由四个铅垂矩形面构成。

②阴线分析:四棱柱的侧棱面在 H 投影面上有积聚性,故在 H 投影中直接用光线的 H 投影 s 去照射。由图 9.73(b)可知,该四棱柱的上、前、左棱面为阳面,右、后、下棱面为阴面。所以阴线是:$I Ⅱ$—$Ⅱ Ⅲ$—$Ⅲ Ⅳ$—$Ⅳ V$—$V Ⅵ$—$Ⅵ I$。

③作阴线之影:由直线段落影规律逐一求出四棱柱各阴线的落影。阴线 $I Ⅱ$ 是铅垂线,在 H 面上的落影与光线的 H 投影 s 平行,即过点 1 作45°线与投影轴 OX 相交于折影点,该线在 V 面上的影与自身平行。再自折影点作铅垂线与过 $2'$ 点的光线 V 投影 s' 相交于影点 $Ⅱ_v$。阴线 $Ⅱ Ⅲ$ 为正垂线,其影在 V 面上,是45°线,为求 $Ⅲ$ 点之影 $Ⅲ_v$,可由铅垂棱线 $Ⅲ$ 在 V、H 面上的落影而得出。阴线 $Ⅲ Ⅳ$ 为侧垂线,其影在 V 面上,该线平行于 V、H 面,在 V 面上的落影与 $3'4'$ 平行、等长,由此可作出影线 $Ⅲ_v Ⅳ_v$。铅垂阴线 $Ⅳ V$ 在 H 面上之影为45°线,其在 V 面上之影与自身平行。由于 $V Ⅵ$、$Ⅵ I$ 在棱柱的底面上,这两段阴线的影为自身。

④讨论直棱柱在 V 投影上的落影宽度及其位置,以便单面作图。从图 9.73(b)中可看出,四棱柱在 V 投影上的落影宽度为 $m+n$,即四棱柱矩形顶面的两个边长之和;铅垂阴线 $Ⅳ V$ 在 V 面上之影与 $4'5'$ 的水平距离等于该阴线到承影面的距离。以后求作四棱柱在 V 投

影上的落影时，只要知道该棱柱与 V 面的距离 y，就可以直接作出其落影。这也反映了用常用光线作的阴影具有度量性，这种度量性质有利于单面作图。

⑤将可见阴面和影区涂成暗色。

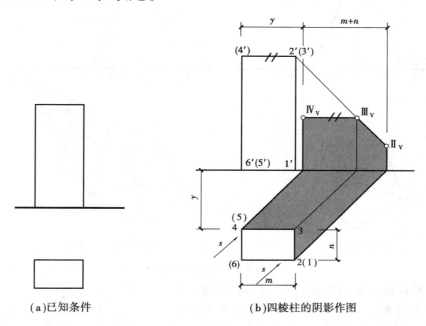

| （a）已知条件 | （b）四棱柱的阴影作图 |

图 9.73　四棱柱的阴影

2）棱锥的阴影

锥体阴影的作图与柱体阴影作图完全不同，因锥体的各侧棱面通常不是投影面垂直面，其投影不具有积聚性，故不能直接用光线的投影确定其侧棱面是阳面还是阴面，也就无法确定阴线。因此，锥体阴影的作图往往是先求出锥体的落影，后定出锥体的阴、阳面。对于棱锥来说也是如此，首先是求棱锥顶在棱锥底所在平面上的落影，由锥顶的落影作棱锥底面多边形的接触线，求得棱锥的影线，再由影线与阴线的对应关系确定其阴线和阴面、阳面。

【例 9.21】图 9.74（a）为五棱锥 $T—ⅠⅡⅢⅣⅤ$ 的两面投影图，求五棱锥的阴影。

【解】作图：如图 9.74（b）所示。

①读图分析：直立五棱锥的底面是正五边形，侧棱面由 5 个共顶的三角形平面构成。

②作直立五棱锥 $T—ⅠⅡⅢⅣⅤ$ 的落影：首先作锥顶 T 在锥底所在平面 H 的落影 T_H，即自锥顶 T 作光线 S，再求光线 S 与 H 面的交点 T_H。然后由锥顶落影 T_H 作锥底五边形的接触线 T_H5 和 T_H3，即完成直立五棱锥 $T—ⅠⅡⅢⅣⅤ$ 在 H 面上的落影。

3）圆柱体的阴影

直立圆柱体是由两水平圆面和圆柱面构成的。如图 9.75 所示，一系列与圆柱面相切的光线在空间形成了两个相互平行的光平面，它们与圆柱面相切的直素线 AB、CD 就是圆柱面上的阴线。这两条阴线将圆柱面分成大小相等的两部分，阳面和阴面各占一半，圆柱体的上顶是阳面，下底是阴面，故圆柱体的阴线是由柱面上的两条直阴线和上、下底两个半圆周组成的封闭线。

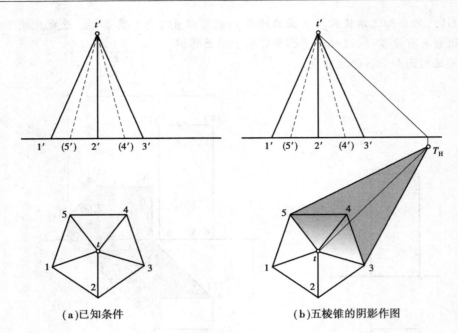

（a）已知条件   （b）五棱锥的阴影作图

图 9.74　五棱锥的阴影

　　因直立圆柱面的 H 投影积聚成一圆周,阴线自然是垂直于 H 面的素线,故与圆柱面相切的光平面必然为铅垂面,其 H 投影积聚成与圆周相切的 $45°$ 直线,所以直立圆柱的阴线可由光线的 H 投影与圆周相切而定。

　　【例 9.22】已知圆柱体的平、立面图如图 9.76（a）所示,试完成其阴影作图。

　　【解】作图:如图 9.76（b）所示。

　　①确定直立圆柱面的阴线:首先,在 H 投影中作

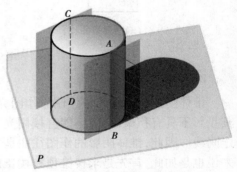

图 9.75　圆柱体阴影的形成

光线的 H 投影 s 与圆周相切于 1、2 两点,即圆柱面上的阴线 Ⅰ Ⅲ、Ⅱ Ⅳ 的 H 面投影。由此作铅垂联系线便得到阴线的 V 面投影 $1'3'$、$2'4'$。从 H 投影看出,圆柱面的左前方一半是阳面,右后方一半是阴面。在 V 投影中,阴线 $1'3'$ 右侧的一小条为可见阴面,应将它涂上暗色。

　　②作直立圆柱体的落影:圆柱体上顶圆的右后半圆周为阴线,它在 H 面上的落影仍为等大的半圆周。通过上顶圆的圆心 O 作光线便可求得其落影 O_H,以 O_H 为圆心画与上顶圆等大的半圆周,得到右后半圆弧的落影。圆柱体下底圆的左前半圆周为阴线,其影与自身重合。阴线 Ⅰ Ⅲ、Ⅱ Ⅳ 在 H 面上的落影为 $45°$ 线,与上、下圆周的落影相切。完成直立圆柱体在 H 面上的落影作图。

　　③将影区涂上暗色。

　　【例 9.23】图 9.77（a）为直立圆柱体的平、立面图,试完成其阴影作图。

　　【解】作图:如图 9.77（b）所示。

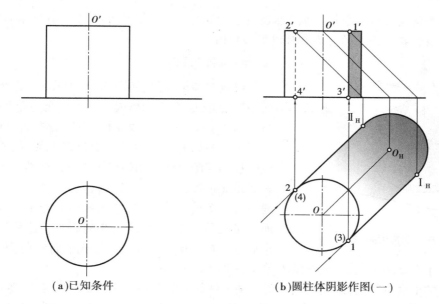

（a）已知条件　　　　　　（b）圆柱体阴影作图（一）

图 9.76　圆柱体的阴影（一）

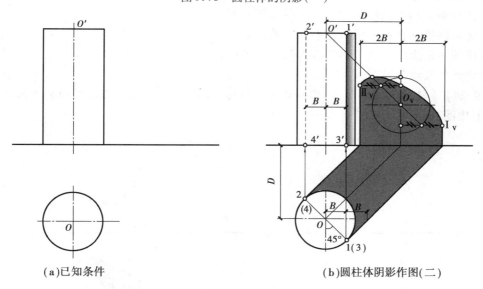

（a）已知条件　　　　　　（b）圆柱体阴影作图（二）

图 9.77　圆柱体的阴影（二）

①读图分析：该题是把上例直立圆柱加高了，上顶圆的右后半圆周阴线落影于 V 投影面上，其影线的形状为半个椭圆。作图时可逐点求出后光滑地连接而成，也可用图 9.72 的方法作出。柱面阴线在 V 面上的影与自身平行，且与椭圆相切。其余做法在图 9.77（b）中已表明，这里不再赘述。

②图中尺寸分析：因常用光线的各投影均为 45°线，故可得出如下结论：

a. 直立圆柱回转轴的 V 投影与其影的同面投影的水平距离等于回转轴到承影面的距离，如图 9.77（b）中的尺度 D。

b. 直立圆柱在 V 面上落影的宽度等于圆柱面两阴线在 V 投影中距离的两倍。在图 9.77（b）中，设圆柱面两阴线在 V 投影中间距为 2B，则落影宽度为 4B。

以上两条请读者自行分析证明。根据这些特征可在一个投影中直接作圆柱体的阴影，即圆柱体的阴线和在 V 面上的落影都可以单面作图。

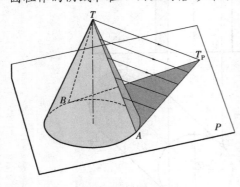

图 9.78　圆锥体阴影的形成

4)圆锥体的阴影

以直立圆锥为例，如图 9.78 所示为一系列与圆锥面相切的光线，在空间形成了两个相交的光平面，它们与圆锥面相切的直素线 TA、TB 就是锥面上的阴线。与圆锥面相切的光平面是一般位置平面，故不能用光线的投影与圆锥底圆相切得圆锥面的阴线。而锥面的素线是通过锥顶 T 的，与锥面相切的光平面必然包含通过锥顶 T 的光线，与圆锥面相切的光平面和锥底平面 P 的交线就是阴线 TA、TB 的影线。这些影线也一定通过引自锥顶 T 的光线与锥底平面 P 的交点 T_P，并与底圆相切于点 A、B。点 T_P 是锥顶 T 在锥底平面 P 上的落影。

圆锥体的下底是阴面，故圆锥体的阴线是由锥面上的两条直阴线 TA、TB 和下底的部分圆周 AB 组成的封闭线，如图 9.78 所示。正置圆锥阳面大于阴面，倒置圆锥阳面小于阴面。

由上述分析总结出圆锥体阴影的作图步骤如下：

①首先求圆锥顶在锥底圆所在平面上的落影。

②以锥顶之落影作锥底圆的切线得圆锥体的落影。

③过切点的素线便是阴线。

【例 9.24】如图 9.79(a)所示，已知正置圆锥的平、立面图，试完成正置圆锥的阴影作图。

【解】作图：如图 9.79(b)所示。

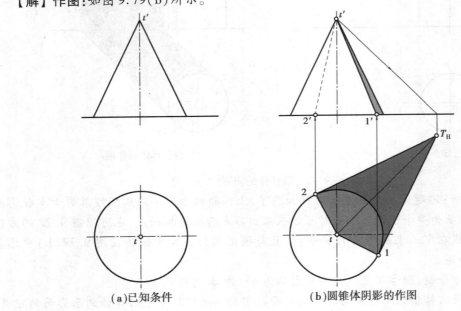

(a)已知条件　　　　　　(b)圆锥体阴影的作图

图 9.79　圆锥体的阴影

①作锥顶 T 的影落：过锥顶 T 作光线，求出该光线与锥底所在平面 H 的交点 T_H，即锥顶 T 在 H 面上的落影。

②作圆锥的落影及阴线:在 H 投影中,由影点 T_H 向圆锥底圆引切线,得切点1、2,自切点1、2向锥顶 t 引直线 $t1$ 和 $t2$,这就是锥面阴线 $T\mathrm{I}$ 和 $T\mathrm{II}$ 的 H 投影。再自切点1、2向上作铅垂线,在 V 投影中得到 $1'、2'$,连线 $t'1'、t'2'$ 是锥面阴线 $T\mathrm{I}$ 和 $T\mathrm{II}$ 的 V 投影。T_H1、T_H2 是圆锥在 H 面上的影线。

③将可见阴面和影区涂成暗色。

【例9.25】圆锥阴线单面作图。

【解】作图:如图9.80所示。

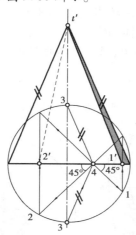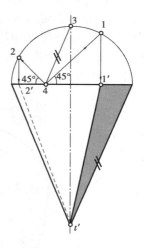

图9.80　圆锥阴线的单面作图

①在圆锥 V 投影中,以锥底圆的 V 投影为直径作半圆交回转轴线于点3。为了使图形清晰,半圆最好作在圆锥投影图的外侧,也可以作在圆锥投影图内,如图9.80左图所示。

②自点3作圆锥轮廓线的平行线交圆锥底圆的 V 投影于点4(对于正锥点4在回转轴右侧;倒锥点4在回转轴左侧)。

③过点4向左下和右下分别作45°线交半圆于点1、2。

④自点1、2作铅垂线交圆锥底圆的 V 投影于点 $1'、2'$,连线 $t'1'$ 和 $t'2'$ 就是锥面上的两条阴线。

5)曲线回转体的阴影

绘制曲线回转体的阴影时,一般是先找出其阴线,再绘制其落影。曲线回转体上的阴线通常采用辅助切锥面法求得。

(1)辅助切锥面法求曲线回转体阴线的作图原理

辅助切锥面法求曲线回转体阴线的作图原理是:采用一系列与曲线回转体共回转轴的圆锥面(圆柱面是圆锥面的特殊情况),去与曲线回转体相切,每一个圆锥面与曲线回转体相切于一个纬圆,切线纬圆与切锥面阴线的交点就是曲线回转体阴线上的阴点,再用光滑曲线连接这些阴点即为曲线回转体的阴线。

如图9.81所示,圆锥面 T—AB 外切蛋形体于纬圆 AB,

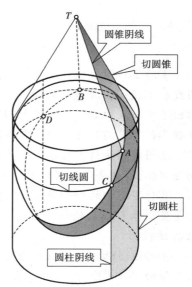

图9.81　切锥面法的作图原理

该圆锥面的阴线是 TA、TB，切线纬圆与圆锥面阴线的交点 A、B 是蛋形体阴线上的点。圆柱面（即底角为 90° 的圆锥面）也外切蛋形体于纬圆 CD，切线纬圆与圆柱面阴线的交点 C、D 也是蛋形体阴线上的点。再继续用不同底角的圆锥面去与蛋形体相切，可以得到蛋形体阴线上的若干阴点，然后用光滑曲线连接这些阴点，便获得蛋形体的阴线。

（2）辅助切锥面法求曲线回转体阴线的作图步骤

①作出与曲线回转体同轴的外切（内切）的锥面（柱面）。

②画出切锥面与曲线回转体相切的纬圆。

③求出切锥面的阴线和与相切纬圆的交点，即为回转体阴线上的点。

④用光滑曲线依次连接这些阴点，即得曲线回转体的阴线。

【例 9.26】如图 9.82（a）所示为蛋形体的 V 投影图，求该形体的阴线。

【解】作图：如图 9.82（b）所示。

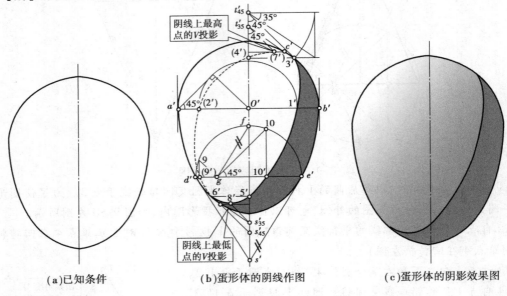

（a）已知条件　　　　（b）蛋形体的阴线作图　　　　（c）蛋形体的阴影效果图

图 9.82　蛋形体的阴影

①为了作图准确和方便起见，首先作底角为 45° 的正、倒圆锥面外切蛋形体，求得蛋形体阴线在 V 投影轮廓线上的切点 $3'$、$6'$，它们是阴线 V 投影的可见与不可见的分界点。同时还作出了重合在中心线上的阴点 $(4')$、$5'$。该两点是蛋形体 W 投影轮廓线上的阴点，也是阴线 W 投影的可见与不可见的分界点（此处未画 W 投影）。

②用旋转法作出与水平线夹角为 35° 的线，再以此线方向作底角为 35° 的正、倒圆锥面外切蛋形体，得到蛋形体阴线上的最高点 $(7')$、最低点 $8'$。

③作蛋形体的外切圆柱面（即底角为 90° 的锥），得到蛋形体赤道圆上的点 $1'$、$(2')$。它们是蛋形体 H 投影轮廓线上的阴点，也是蛋形体阴线 H 投影的可见与不可见的分界点（此处未画 H 投影）。

④再适当选用一些底角为其他角度的锥面外切蛋形体，得一些中间点。如图 9.82（b）中用倒锥面 s'-$d'e'$ 外切蛋形体，求得阴点 $(9')$、$10'$。

⑤光滑地连接以上各阴点，并将可见阴面涂成暗色，完成蛋形体的阴线作图。图 9.82（c）为渲染图。

6) 圆球的阴影

(1) 圆球阴线的概念

如图 9.83 所示,在平行光线照射下,与圆球相切的光线构成光圆柱面,它与圆球相切于球面的一个大圆,这就是圆球的阴线。该阴线圆所在平面与光线方向垂直,由于光线与各投影面倾角相等,阴线大圆所在平面与各投影面的夹角也相等,因此,阴线大圆的各个投影均为大小相等的椭圆。椭圆中心就是球心的投影,长轴与光线的同面投影方向垂直,长度 = 球直径,短轴平行于光线同面投影,长度 = 球直径 × tan 30°。

(2) 圆球阴线的作图

圆球是曲线回转体的特例,它的阴线 V 投影可按切锥面法求得。如图 9.84 所示,最高阴点 5′ 和最低阴点 8′ 是由底角为 35° 的正、倒圆锥面外切圆球而求得的,轮廓线上的阴点 1′、2′ 和重合在中心线上的阴点 6′、9′ 是由底角为 45° 的正、倒圆锥面外切圆球而求得的,位于赤道圆上的阴点 7′、10′ 是由圆柱面外切圆球而求得的。因外切圆柱面的 H 投影与圆球 V 投影的形状、大小相同,所以可直接由阴点 1′、2′ 向赤道圆引垂线而得到,然后用光滑曲线连接以上各阴点即可得圆球阴线的 V 投影。

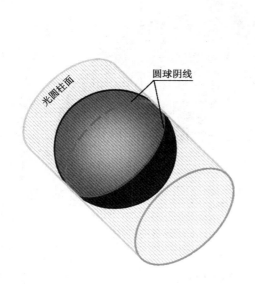

图 9.83　圆球阴线的形成

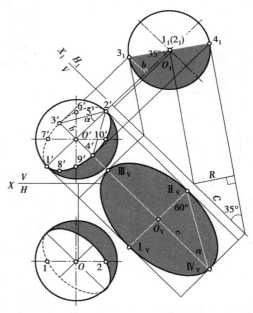

图 9.84　圆球的阴影

(3) 圆球在投影面上的落影作图

如图 9.84 所示,圆球在投影面上的落影就是与圆球相切的光圆柱面与投影面的交线,其形状是椭圆,椭圆心是球心的落影;落影椭圆短轴为 Ⅰ Ⅱ 之影 Ⅰ$_V$ Ⅱ$_V$,它垂直于光线的同面投影,长度 = 球直径(因 Ⅰ Ⅱ 与 V 投影面平行);长轴为 Ⅲ Ⅳ 之影 Ⅲ$_V$ Ⅳ$_V$,它与光线的同面投影平行。作图时,自短轴两端点作与短轴成 60° 的直线与过球心的光线投影相交,便得落影椭圆长轴 Ⅲ$_V$ Ⅳ$_V$。自落影椭圆长、短轴的端点分别作与长、短轴平行的直线构成一矩形,除长、短轴的 4 个端点外,再定出矩形对角线上的 4 个点,连接这 8 个点成椭圆即得圆球在 V 面上的落影。

（4）圆球体阴影的单面作图

【例9.27】圆球的 V 面投影图如图9.85(a)所示，球心 O 距承影面 V 的距离为 L，试完成圆球阴线的 V 投影及圆球在 V 面上的落影作图。

【解】作图：如图9.85(b)所示。

①作圆球阴线 V 投影椭圆的长、短轴。首先过球心 o′ 作垂直于光线 V 投影 s′ 的球直径 1′5′，它是圆球阴线投影椭圆的长轴。再自长轴端点 1′、5′ 作与长轴成30°的直线，与过球心的光线投影 s′ 相交于点 3′、7′，线段 3′7′ 是圆球阴线投影椭圆的短轴。

②用切锥面法作阴线投影椭圆上的其他点。过长轴端点 1′、5′ 作铅垂线交圆球赤道圆 V 投影于点 2′、6′，这是圆柱面外切圆球求得的阴点。又自长轴端点 1′、5′ 作水平线交圆球侧子午圆 V 投影于点 4′、8′，该水平线是底角为45°的圆锥面与圆球相切纬圆的 V 投影。阴点 4′、8′ 是底角为45°的圆锥面与圆球相切求得的阴点。

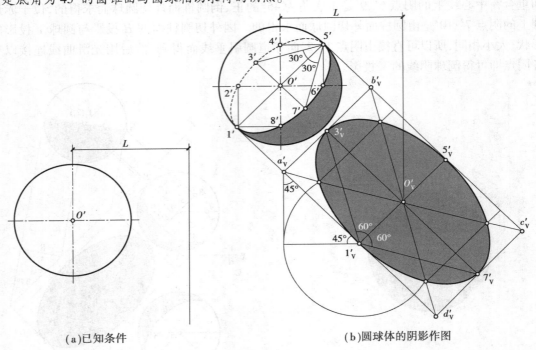

(a)已知条件　　　　　　　　(b)圆球体的阴影作图

图9.85　圆球体的阴影

③用光滑曲线连接以上8个点成椭圆，得圆球阴线的 V 投影。

④作圆球在 V 面上的落影：由圆球的铅垂回转轴线向右量取距离 L，画一铅垂线与过圆球心 o′ 的光线 s′ 相交于 o′ᵥ，这就是球心的落影。再自球心落影 o′ᵥ 作垂直于光线 V 投影 s′ 的直线与过阴点 1′、5′ 的光线相交于点 1′ᵥ、5′ᵥ，线段 1′ᵥ5′ᵥ 等于圆球直径，它是圆球落影椭圆的短轴。自短轴两端点作与短轴成60°的直线与过球心 o′ 的光线 s′ 相交于点 3′ᵥ、7′ᵥ，线段 3′ᵥ7′ᵥ 是圆球落影椭圆的长轴。自影点 3′ᵥ、7′ᵥ 分别作短轴的平行线与过阴点 1′、5′ 的光线相交于点 a′ᵥ、b′ᵥ、c′ᵥ、d′ᵥ，矩形 a′ᵥb′ᵥc′ᵥd′ᵥ 外切于圆球的落影椭圆。然后用底角为45°的等腰直角三角形求出矩形 a′ᵥb′ᵥc′ᵥd′ᵥ 对角线的点，连接这8个点成椭圆即得到圆球在 V 面上的落影。

⑤将可见阴面和影区涂成暗色，完成作图。

9.4　建筑局部及房屋的阴影

▶9.4.1　绘建筑局部及房屋阴影的基本思路

①首先读懂已知的正投影图,分析房屋建筑各个组成部分的形状、大小及相对位置。

②由光线方向判别建筑物各表面是受光的阳面还是背光的阴面,从而确定阴线。由受光的阳面和背光的阴面交成的凸角棱线才是求影的阴线。

③再分析各段阴线将落于哪些承影面,弄清楚各段阴线与承影面之间的相对关系以及与投影面之间的相对关系,充分运用前述的落影规律和作图方法,逐段求出阴线的落影——影线。

▶9.4.2　窗口的阴影

1)窗口阴影的基本作图

【例9.28】图9.86(a)为已知带遮阳的窗洞口平、立面图,试完成其阴影作图。

【解】作图:如图9.86(b)所示。

①识读窗口的平、立面图。窗上口有一长方体的遮阳板,挑出墙面的长度为m,窗板凹进墙的深度为n。

②由光线方向判明各立体的阴阳面,从而定出阴线。常用光线的方向是从物体的左、前、上射向右、后、下,故物体的左、前、上表面是阳面,右、后、下表面是阴面。窗上口遮阳板的阴线是折线ⅠⅡ—ⅡⅢ—ⅢⅣ—ⅣⅤ,窗框的左前棱是阴线。

③由直线段的落影规律,逐一作出各段阴线的落影。阴线ⅠⅡ、ⅣⅤ是正垂线,它们落影的V投影为45°线。阴线ⅡⅢ是侧垂线,它的影分别落在窗板面、墙面和窗框的右侧表面上。该阴线与窗板面、墙面平行,其影与自身平行。只要将点Ⅱ分别落在窗板面、墙面上,便可作出阴线ⅡⅢ在窗板面和墙面上的影。阴线ⅡⅢ中AB段之影落在窗框的右侧表面上,其影为侧平线,在窗户的垂直剖面图上可以看到这段影线。铅垂阴线ⅢⅣ平行于墙面,其影与自身平行等长。窗框的左前棱阴线在窗板面上的落影作图是由其平面图中的积聚投影引45°光线而求得的。该阴线的下段之影落在窗台的上表面,即45°线。

④将可见阴面和影区涂成暗色。

⑤分析图中的落影宽度。因常用光线的各投影为45°线,故遮阳、窗台等在墙面上的落影宽度=遮阳、窗台等挑出墙面的长度;遮阳、窗框等在窗板面上的落影宽度=遮阳、窗框等到窗板面的距离。按这一规律,可根据遮阳、窗台、窗框、窗套等距墙面和窗板面的距离在立面图中直接作影。但只有平行于正平面的水平或直立的阴线在正平面上的落影宽度才反映阴线到承影面的距离,倾斜而平行于正平面的阴线与影线间的距离不等于它们到承影面的距离。

2)房屋建筑中常见的几种窗口的阴影

在房屋建筑中,窗户的形式、尺度、位置对立面构图的艺术效果和室内装修造型影响很大。不同类型的房屋,其窗的数量和组合形式是多种多样的,它们的阴影也丰富多彩,如图9.87所示。求窗洞口阴影的方法和步骤与前面所述相同。

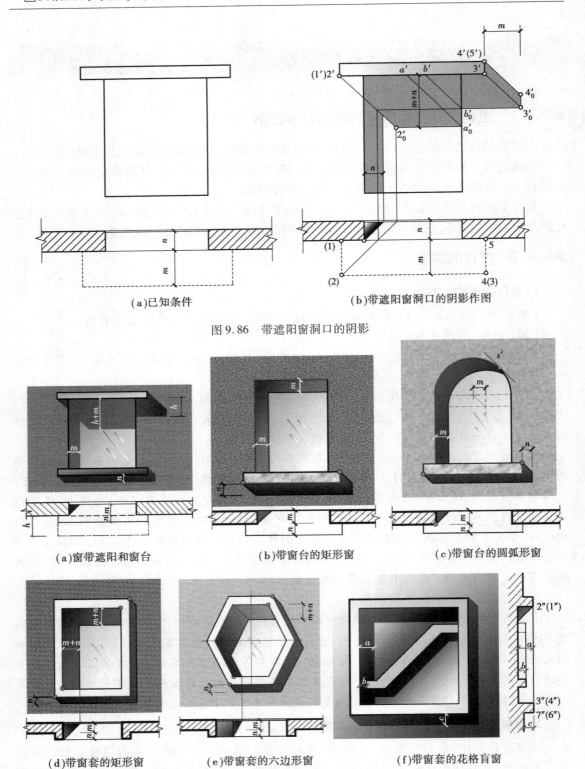

（a）已知条件　　　　　　　　　　（b）带遮阳窗洞口的阴影作图

图 9.86　带遮阳窗洞口的阴影

（a）窗带遮阳和窗台　　　　（b）带窗台的矩形窗　　　　（c）带窗台的圆弧形窗

（d）带窗套的矩形窗　　　　（e）带窗套的六边形窗　　　　（f）带窗套的花格盲窗

图 9.87　常见窗洞口的阴影

3)门廊的阴影

【例9.29】 图9.88(a)为已知门廊的平、立面图,试完成其阴影作图。

【解】 作图:如图9.88(b)所示。

①从图9.88(a)看出该门廊由平板雨篷、台阶、立柱组成,平板雨篷与台阶的平面图重合,即它们挑出墙面的尺度相同。

②确定阴线和承影面。折线 Ⅰ Ⅱ—Ⅱ Ⅲ—Ⅲ Ⅳ—Ⅳ Ⅴ 是平板雨篷的阴线。立柱的右前棱是阴线,台阶的阴线位置与雨篷相似。承影面为门板面、墙面、勒脚的前表面和立柱的前表面等。

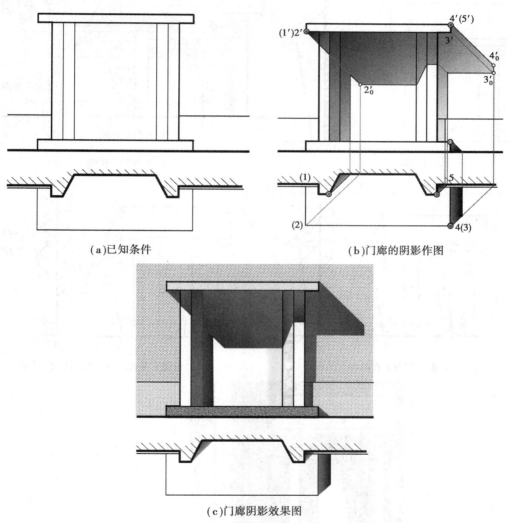

(a)已知条件　　　　　　　　(b)门廊的阴影作图

(c)门廊阴影效果图

图9.88　门廊的阴影

③由直线段落影规律作出以上阴线之影线。阴线 Ⅰ Ⅱ 是正垂线,它在墙、柱、门板面上的影共有4段,在正立面图中处于同一条45°斜线上,影线 $1'2'_0$ 因左立柱右前棱阴线及其影而中断。正平阴线 Ⅱ Ⅲ 垂直于 W 投影面,它的落影可以根据侧垂线在 H 和 V 投影面上的影呈对称形而获得。也可以分别作出点 Ⅱ、Ⅲ 在门板面、墙面上的落影,再引阴线 Ⅱ Ⅲ 的平行线,然

后用返回光线法作出ⅡⅢ在立柱前表面上的影。

④将可见阴面和影区涂成暗色,如图9.88(c)所示。

【例9.30】图9.89(a)为已知带斜板雨篷和斜柱门廊的正立面、侧立面图,试完成其阴影作图。

【解】作图:如图9.89(b)所示。

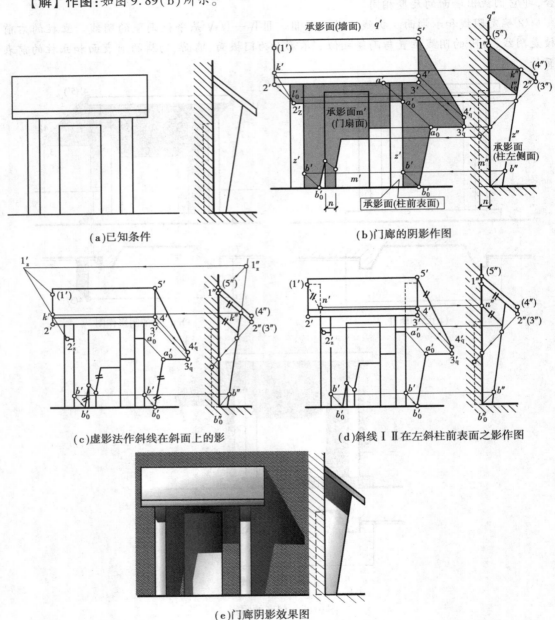

(a)已知条件　　　　　　　　　　　　　(b)门廊的阴影作图

(c)虚影法作斜线在斜面上的影　　　　　　(d)斜线ⅠⅡ在左斜柱前表面之影作图

(e)门廊阴影效果图

图9.89　门廊的阴影

①带斜板雨篷和斜柱门廊的正、侧两面投影如图9.89(a)所示,斜雨篷板和斜柱都是从墙面挑出的,其挑出长度和斜度在侧立面图中示出。斜雨篷板、斜柱前表面、门板面、墙面等垂直于

W 投影面,斜雨篷板和斜柱的侧表面平行于 W 投影面,墙面和门板面平行于 V 投影面。

②由光线方向分别定出雨篷、斜柱、门框的阴线。折线 Ⅰ Ⅱ—Ⅱ Ⅲ—Ⅲ Ⅳ—Ⅳ Ⅴ 是雨篷板的阴线。斜柱的右前棱和门洞左前棱是需要求影的阴线。墙面、门板面、斜柱前表面和左表面是承影面,它们分别用 Q、M、Z 来表示。

③求阴线之影线。首先求雨篷阴线 Ⅱ Ⅲ 在墙面、斜柱前表面、门板面上的影线,阴线 Ⅱ Ⅲ 是侧垂线,含阴线 Ⅱ Ⅲ 的光平面是侧垂面,与墙面、柱前表面、门板面的交线是阴线 Ⅱ Ⅲ 的影线,这些影线是侧垂线,其 W 投影积聚为一点,V 投影与 $2'3'$ 平行,如图 9.89(b)所示。再自点 $2'$、$3'$ 分别引光线的 V 投影与 Ⅱ Ⅲ 影线的 V 投影相交于影点 $2'_q$ 和 $3'_q$。雨篷阴线 Ⅲ Ⅳ 与墙面平行,自 $3'_q$ 作与阴线 $3'4'$ 平行相等的影线 $3'_q4'_q$。雨篷斜阴线 Ⅳ Ⅴ 的落影是由 $4'_q$ 引直线至 $5'$。雨篷板左端斜阴线 Ⅰ Ⅱ 在左斜柱前表面上的落影作图方法有多种,其作图原理是用直线上任意两点同面落影连线。图 9.89(b)中采用的是延棱扩面法,即扩大左斜柱前表面与雨篷板左端斜阴线 Ⅰ Ⅱ 相交于点 K,在 V 投影中连接 $k'2'_z$ 即得折影点 l'_0。还可以用虚影法求出斜阴线 Ⅰ Ⅱ 两端点在左斜柱前表面上的落影 Ⅰ$_z$ 和 Ⅱ$_z$,然后连线而得。Ⅰ 点在左斜柱前表面上的落影 Ⅰ$_z$ 是虚影,它是在 W 投影中从 $1''$ 点引反向光线作出的,如图 9.89(c)所示。还可用平行二直线在同一平面上的落影相互平行的原理作出,如图 9.89(d)所示。斜阴线 Ⅰ Ⅱ 的影一部分落在左斜柱的前表面上,另一部分落在左斜柱的左侧面和墙面上,由折影点 l'_0 求得 l''_0,自 l''_0 引 $1''2''$ 的平行线便可完成,如图 9.89(b)所示。

门洞的左前棱阴线与门板面平行,其影与左前棱平行,且影线到阴线的距离等于该阴线到承影面(门板面)的距离 n。斜柱右前棱斜阴线之影的作图也是用直线上任意两点同面落影连线的原理作出。如图 9.89(b)所示,其中一点 B 是从墙和地面交线的 W 投影由反光线方向投射到斜柱阴线上得 b'' 点,再由 b'' 点作出 b' 点,然后用光线求出其影,该影在地面的积聚投影上。另一点 A 是雨篷阴线 Ⅱ Ⅲ 上的点,它的影 A_0 落在右斜柱的阴线上和墙面上,是滑影点对,当该影点在右斜柱的阴线上时,就是右斜柱阴线上的阴点;在墙面时,也是右斜柱阴线上某阴点的影点。连线 $a'_0b'_0$ 就是右斜柱阴线之影线。

④将影区涂成暗色。图 9.89(e)为带斜板雨篷和斜柱门廊阴影的渲染图。

4)阳台的阴影

【例 9.31】 图 9.90(a)为已知带遮阳、隔板阳台的平、立面图,试完成其阴影作图。

【解】 作图:如图 9.90(b)所示。

①设遮阳板挑出外墙面的长度为 a,遮阳板前表面与隔板前表面的距离为 d;阳台扶手前表面与外墙面的距离为 b;阳台体部前表面与外墙面的距离为 c,与隔板前表面的距离为 g;门板、窗板凹进外墙面的深度为 e;隔板伸出外墙面的长度为 f。带遮阳、隔板阳台的阴线除垂直于正平墙面之外,其余皆为平行于正平墙面的直阴线。

②求带遮阳、隔板阳台的影线。因阳台的阴线多数是正平线,少数为正垂线,故它们的影线直接由阴线到影线的距离等于该阴线到承影面的距离作出。也可以适当选一些点,如遮阳板右上角点、阳台扶手右上角点、阳台体部右下角点等,由它们的 H、V 投影作光线的投影,便可作出它们在墙面上落影的 V 投影,然后按平行关系作出各段阴线之影线。

③将影区涂成暗色。

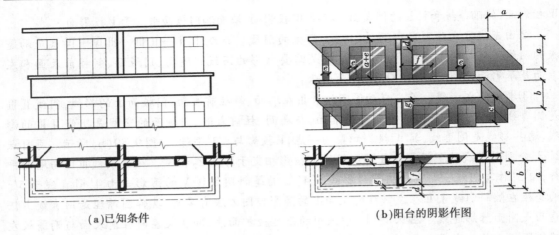

（a）已知条件 　　　　　　（b）阳台的阴影作图

图 9.90　阳台的阴影

5）台阶的阴影

台阶是房屋建筑中最常见的附属设施。

如图 9.91 所示，台阶两端的挡墙为长方体，右挡墙的铅垂阴线 DE 和正垂阴线 EF 在地面和墙面上之影简单易画。左挡墙的铅垂阴线 AB 之影是以含 AB 的铅垂光平面与台阶踢踏步的交线为影线，影线的 H 投影为 45°线，V 投影与 W 投影呈对称图形，B 点之影在该交线的 B_s 处。正垂阴线 BC 之影是以包含 BC 的正垂光平面与台阶踢踏步的交线为影线。影线的 V 投影为 45°线，H 投影与 W 投影呈对称图形。

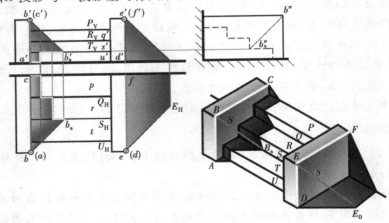

图 9.91　挡墙为长方体的台阶阴影作图

如图 9.92 所示，台阶两端的挡墙为五棱柱，左、右挡墙上的阴线 AB、EF 是铅垂线，CD、GJ 是正垂线，其落影的投影可根据垂直规律直接作出。阴线 BC、FG 是侧平线，阴线 FG 在地面上之影用虚影法求出。即先过点 F 引光线，作出 F 点在地面 H 上的落影 F_H，再过点 G 引光线，作出 G 点在地面 H 上的虚影 G_H，连接 $F_H G_H$ 得折影点 K_0，顺便求得 G 点在墙面 V 上的落影 G_V，连接 $K_0 G_V$ 完成右挡墙在地面和墙面上的落影。

阴线 BC 在台阶踢踏步上的落影，用直线段在任一个踏面（踢面）所在平面上的落影是该线段两端点同面落影连线，再运用线段落影的平行规律作图，便可完成左挡墙在台阶上落影

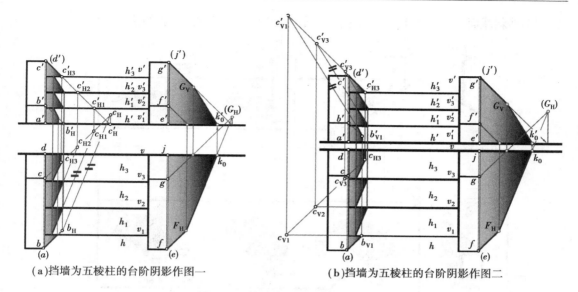

（a）挡墙为五棱柱的台阶阴影作图一　　　　　（b）挡墙为五棱柱的台阶阴影作图二

图 9.92　挡墙为五棱柱的台阶阴影

的 V、H 投影。图 9.92（a）是先将 B、C 点之影落到地面 H 上得影点 B_H、C_H，$B_H C_H$ 连线为阴线 BC 在地面 H 上的影线；然后将 C 点之影分别落到第一、二、三踏面上，得影点 C_{H1}、C_{H2}、C_{H3}；再过影点 C_{H1}、C_{H2}、C_{H3} 分别作直影线平行于 $B_H C_H$，取有效部分为阴线 BC 在台阶踢踏步上的影线。图 9.92（b）是先将 B、C 点之影落到第一个踢面所在的平面上得影点 B_{V1}、C_{V1}，$B_{V1} C_{V1}$ 连线为阴线 BC 在第一个踢面所在的平面上的影线；然后将 C 点之影分别落到第二、三踢面所在的平面上，得影点 C_{V2}、C_{V3}；再过影点 C_{V2}、C_{V3} 分别作直影线平行于影线 $B_{V1} C_{V1}$，取有效部分为阴线 BC 在台阶踢踏步上的影线。

当挡墙斜面的坡度与台阶的坡度相同时，侧平斜阴线在所有凹（凸）棱上的折影点的 V、H 投影在一条铅垂线上。

6）烟囱在坡屋面上的落影

如图 9.93（a）所示为烟囱在斜坡顶屋面上落影的几种情况。求落影的要点为：首先由光线方向定出烟囱的阴线是折线 $AB—BC—CD—DE$。这些阴线都是投影面垂直线，铅垂阴线 AB、DE 在斜屋面上落影的 H 投影为左下右上的 $45°$ 斜线，V 投影为坡度线，即该影线的 V 投影与水平方向的夹角反映屋面的坡度 α；正垂阴线 BC 在斜屋面上落影的 V 投影为左上右下的 $45°$ 斜线，H 投影为坡度线，也就是影线的 H 投影与铅垂方向的夹角反映屋面的坡度 α；侧垂阴线 CD 平行于斜屋面，它落影的 V、H 投影与阴线 CD 的同面投影平行相等。

在图 9.93（a）中，左起第一根烟囱之影全部落在正垂斜屋面上，影的 V 投影重合在斜屋面的积聚投影上。H 投影中的影线 $b_0 c_0$ 与 bc 平行相等，影线 $c_0 d_0$ 与水平方向成 α 角。

在图 9.93（a）中，左起第二根烟囱之影落在两个坡屋面上，影的转折点由 H 投影中的折影点 1_0、2_0、3_0 求得其 V 投影 $1'_0$、$2'_0$、$3'_0$，然后画出该烟囱在侧垂斜屋面上落影的 V 投影。

在图 9.93（a）中，右起第一根烟囱为带有方盖盘的方烟囱在侧垂斜屋面上之影，该屋面上凡直线的 H 投影呈 $45°$ 倾斜时，它们的 V 投影是与该屋面坡度相同的斜线。如带有方盖盘的方烟囱的 H 投影的对角线是 $45°$ 倾斜直线，它们的 V 投影是与该屋面坡度相同的斜线。利用这一原理可直接在立面图中作出烟囱在侧垂斜屋面上落影的 V 投影，而不需要 H 投影配合。也就是说,烟囱在斜屋面上落影的 V 投影可单面作图。图9.93(b)是烟囱阴影的渲染表现图。

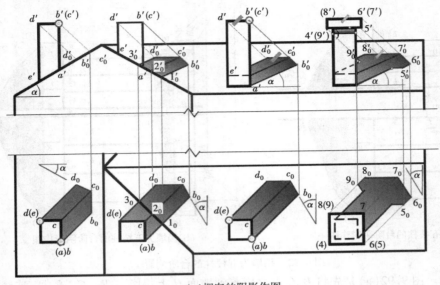

（a）烟囱的阴影作图

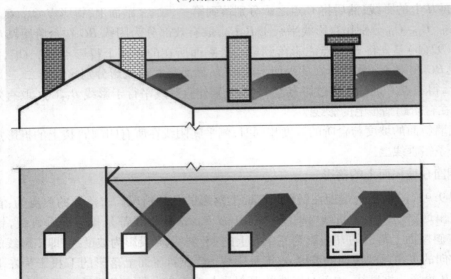

（b）烟囱阴影的效果图

图9.93　烟囱的阴影作图

7）天窗的阴影

为了满足天然采光和自然通风的需要,在屋顶上常设置各种形式的天窗。如图9.94(a)所示为单坡顶天窗的阴影作图。天窗檐口阴线 BC 在天窗正前表面上的落影 $b_0'g_0'$ 与 $b'c'$ 平行,其距离等于檐口挑出天窗正前表面的长度 n。铅垂阴线 FG 在侧垂斜屋面上落影的 V 投影 $f'g_0'$ 与水平方向的夹角反映屋面的坡度 α; g_0' 为滑影点对,是阴线 BC 上的点 G 的落影。再自斜屋面上的影点 g_0' 作影线 $g_0'c_0'$ 与阴线 $g'c'$ 平行相等得影点 c_0',由影点 c_0' 作影线 $c_0'd_0'$ 平

行于影线 $f'g_0'$ 与过点 d' 的光线 V 投影相交于 d_0'，连接 $d_0'e'$ 完成单坡顶天窗在侧垂斜屋面上落影的 V 投影，然后补出其 H 投影和 W 投影。图 3.94(b)为单坡顶天窗阴影的渲染图。

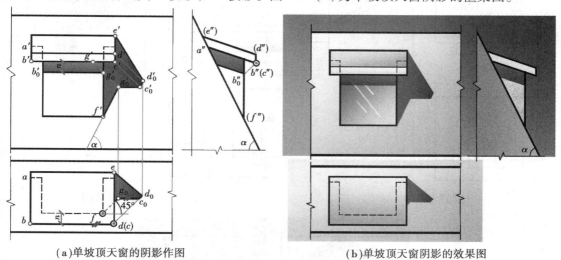

(a)单坡顶天窗的阴影作图　　　　　　　　(b)单坡顶天窗阴影的效果图

图 9.94　单坡顶天窗的阴影

【例 9.32】 图 9.95(a)为已知双坡顶天窗(老虎窗)的三面投影图，试完成其阴影作图。

【解】作图: 如图 9.95(b)所示。

①由光线方向确定阴线:老虎窗的檐口阴线是正垂线 AB、正平线 BC、CD、铅垂线 DE 和正垂线 EF，老虎窗正面的右棱线 G 是铅垂阴线。

②求各段阴线的落影:正垂阴线 AB 在斜屋面上落影的 V 投影为45°斜线，与光线的同面投影方向一致。该阴线在双坡天窗的左侧表面上的影为平行于 AB 的直影线。正平阴线 BC 在双坡天窗正前表面之影:由影点 b_0' 作直影线 $b_0'c_0'$ 平行且等于 $b'c'$ 得影点 c_0'，$b_0'c_0'$ 即为阴线 BC 在双坡天窗正前表面之影的 V 投影。正平阴线 CD 之影，一部分落在双坡天窗的正前表面上，另一部分落在坡屋面上。阴线 CD 在天窗正前表面上的影线是过影点 c_0' 作 $c'd'$ 平行线交右棱线 G 于滑影点 n_0'，$c_0'n_0'$ 是阴线 CD 在天窗前表面上落影的 V 投影。CD 在坡屋面上的影线作图，是先作出铅垂阴线 G 和 DE 在坡屋面上的影线。其做法是在 V 投影中，过 g' 作与水平方向的夹角反映屋面坡度 α 的左下右上的坡度线，并与过 n' 的光线 V 投影 s' 相交于滑影点 n_0'；再延长檐角线 $e'd'$ 与过 g' 作的左上右下的坡度线相交于点 k'，点 K 为铅垂阴线 DE 延长后与斜屋面的交点。因老虎窗的左、前、右面的出檐通常是相等的，直线 GK 的 H 投影为左上右下的45°斜线，它的 V 投影 $g'k'$ 为左上右下的坡度线。然后由 k' 作左下右上的坡度线与过点 d'、e' 的光线 V 投影 s' 分别相交于影点 d_0'、e_0'，影线 $d_0'e_0'$ 为阴线 DE 的落影。连接 $n_0'd_0'$、$f'e_0'$ 便完成老虎窗在斜屋面上落影的 V 投影。最后由投影对应关系完成其 H、W 面投影。

③将可见的阴面和影区涂成暗色，如图 9.95(c)所示。

8)L 形平面的双坡顶房屋的阴影

图 9.96 为平面呈 L 形的双坡顶房屋，它的屋顶由相同坡度的两块屋面组成。檐口和墙体的阴线大多为正平线和铅垂线，少数为斜线。对于正平阴线和铅垂阴线在正平墙面上的落影，可直接由阴线到影线的距离等于该阴线到承影面的距离作出，如图 9.96(a)所示。

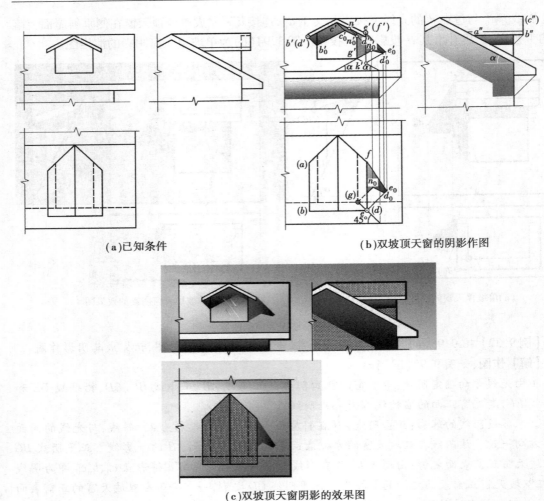

（a）已知条件　　　　　　　　　　（b）双坡顶天窗的阴影作图

（c）双坡顶天窗阴影的效果图

图 9.95　双坡顶天窗的阴影

斜阴线 CD 为屋面的悬山线，它的落影作图，是先作出 C 点在封檐板扩大面上的虚影 $C_1(c_1,c_1')$，$c_1'd'$ 的连线为悬山线 CD 在封檐板及其扩大面上落影的 V 投影，它与封檐板下边线交于滑影点 e_1'，通过滑影点对 e_0' 作 $c_1'd'$ 的平行线便可作出 CD 在墙面上落影的 V 投影 $e_0'c_0'$。图 9.96（b）是该房屋阴影的渲染表现图。

9）坡度较陡、檐口高低不同两相交双坡顶房屋的阴影

如图 9.97（a）所示为屋顶坡度较陡、檐口高低不同的两相交同坡屋面的房屋阴影作图。该房屋阴影的作图要点如下：

①首先读懂平、立面图，弄清平、立面图中的每个点、每条线、每个面的空间位置以及它们之间的相互关系。然后根据光线方向定出每一个房屋的受光阳面和背光阴面，从而确定阴线，分析这些阴线的落影位置。

②作出正平阴线的影线，如立面图中左端封山出檐板的阴线之影是过 f' 点作 45°光线交墙的棱线于影点 f_0'，再自影点 f_0' 作其平行线而得到影线。立面图中右端檐口阴线之影的作图与其作法相同。立面图中前左墙面的铅垂阴线在前右墙面上之影是用阴线到影线的距离等

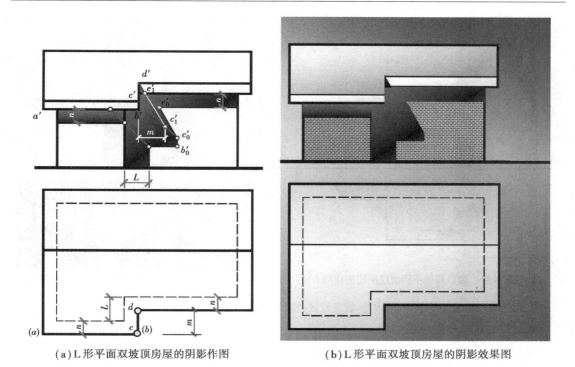

（a）L形平面双坡顶房屋的阴影作图　　　　　　（b）L形平面双坡顶房屋的阴影效果图

图9.96　L形平面的双坡顶房屋的阴影

于该阴线到承影面距离而作出的。

③屋脊阴线 AB 在屋面 Q 上的落影是用光截面法作出的。即包含阴线 AB 作一正垂光平面，它与屋面 Q 的交线为Ⅰ Ⅱ。在 H 投影中过点 b 引左下右上的45°光线与交线12相交于 b_q，再自影点 b_q 引投影联系线与交线 $1'2'$ 相交于 b_q'，影线Ⅰ $B_Q(1b_q,1'b_q')$ 是屋脊阴线 AB 在屋面 Q 上的落影。

④阴线 $BC(bc,b'c')$ 在屋面 Q 上的落影是用延棱扩面法求出的。即在 H 投影中延长阴线 bc 与斜沟线相交于点 k，连接 b_qk 与过点 c 的左下右上的45°光线相交于影点 c_q，影线 b_qc_q 就是阴线 BC 在屋面 Q 上落影的 H 投影。然后自影点 c_q 向上引铅垂投影联系线与过点 c' 的左上右下的45°光线相交于影点 c_q'，连线 $b_q'c_q'$ 是阴线 BC 在屋面 Q 上落影的 V 投影。

⑤铅垂阴线 $CD(cd,c'd')$ 在屋面 Q 上落影的 V 投影为坡度线（与水平线的夹角反映屋面 Q 的坡度），H 投影为左下右上的45°斜线。其做法是在 V 投影中，自影点 c_q' 引屋面 Q 的坡度线与过 d' 的左上右下的45°光线相交于影点 d_q'。正垂阴线 DE 在（$de,d'e'$）屋面 Q 上落影的 V 投影为左上右下的45°斜线，H 投影为坡度线（与铅垂线的夹角反映屋面 Q 的坡度）。

⑥前左墙面的铅垂阴线之影有一部分还落在封檐板和屋面 Q 上，其中在封檐板上之影的 V 投影是通过滑影点对关系作出的，在 Q 屋面上落影的 V 投影为坡度线。此影与正垂阴线 DE 的影间形成一个三角形受光区。其余的落影作图如9.97（a）所示。

⑦将可见阴面和影区涂成暗色，如图9.97（b）所示。

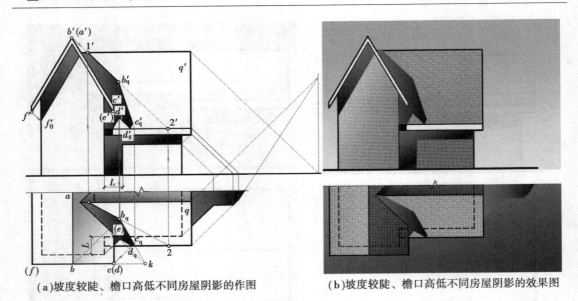

(a)坡度较陡、檐口高低不同房屋阴影的作图　　　(b)坡度较陡、檐口高低不同房屋阴影的效果图

图9.97　坡度较陡、檐口高低不同房屋的阴影

10)平屋顶房屋的阴影

平屋顶是房屋建筑上常采用的屋顶形式。每一栋建筑从立面图看起来都是较复杂的,既有纵横交错的立柱和遮阳,也有凹进或凸出的门窗、阳台、门厅、凹廊、空廊、外廊等。但是从作阴影的角度来说,这些房屋立面图上的阴线大多是水平或铅垂的正平线,它们的影线可由阴线到影线的距离等于该阴线到承影面的距离求出。

【例9.33】图9.98(a)为已知房屋的平、立面图,试完成房屋立面图上的阴影作图。

【解】作图:如图9.98(b)所示。

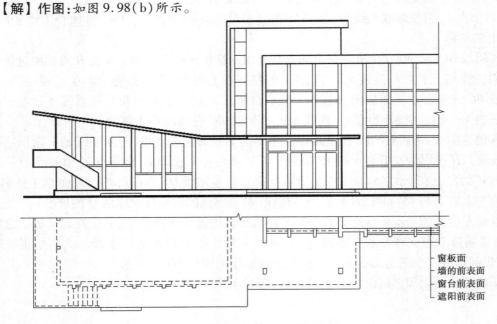

窗板面
墙的前表面
窗台前表面
遮阳前表面

(a)房屋立面图和二层局部平面图

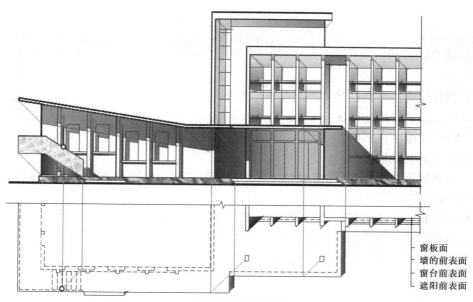

窗板面
墙的前表面
窗台前表面
遮阳前表面

(b)平顶房屋的阴影作图

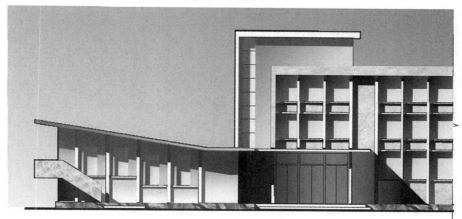

(c)平顶房屋阴影的效果图

图9.98　平顶房屋的阴影作图

①由平、立面图可知:该建筑的左端为带外廊的阶梯教室,中部为门厅及楼梯间等,右端是由外廊联系的各个教室,外廊在教室之后。左端屋面的H投影与台阶重合,右端立面是由凸出的水平、垂直遮阳构成的长方格图案。作影时要分清窗板面、窗下墙前表面、窗台前表面、遮阳前表面、外框前表面之间的距离。

②根据光线方向确定阴线。左端屋面、门厅屋面、窗台、遮阳、右端横框的前下棱线及立柱、竖框的右前棱线等都是必求影的阴线,其余阴线如图9.98(b)所示。

③以上大多数阴线之影线可按尺度直接在立面图中画出,也可以含各铅垂阴线作光截面,由平、立面图对应作出。少数正平斜阴线之影是求出阴线上任意点的影,再按平行关系画出其影。少数正垂阴线之影线的V投影为45°斜线。

④将影区涂成暗色,如图9.98(b)所示。图9.98(c)为完成后的效果图。

复习思考题

9.1 阴和影有何区别？两者之间又有何关系？

9.2 什么是光线三角形法？

9.3 什么是端点虚影法？

9.4 什么是光截面法？

9.5 在正投影图中,常用光线的方向是怎么规定的？用这种光线作影有何优点？为什么可以根据空间点对投影面的距离来作其落影？

9.6 阐述直线落影的平行规律、相交规律、垂直规律。

9.7 如何判断平面图形的阴面、阳面？

9.8 简述建筑局部阴影的基本作图步骤。

10

透视投影

学习要点

本章学习要点包括透视投影的基本原理及图形特点、透视作图的基本术语、点及直线的透视规律及其透视作图方法、透视图的分类及具体作图方法、透视图基本参数的选择等。

10.1 透视投影的基本概念

▶10.1.1 基本原理及特点

照片之所以能"真实"地表现对象,是因为其成像符合人们的视觉习惯。照相机通过镜头将对象聚焦于"底片"上而成像,就如同人眼通过眼球水晶体将对象聚焦于视网膜上而成像(图10.1)。还可以做这样一个实验,当透过窗上玻璃单眼观察室外景物(如建筑物)时,若将所见建筑在玻璃上沿相应轮廓描画下来,就可以在玻璃上得到该建筑的"图像"(图10.2)。该图像与相机的成像原理也是相当的,所不同之处仅在于承受图像的载体在材料上和位置上有所变化。无论上述哪一种成像方式,它们均基于一个共同的投影原理——中心投影。

中心投影又称透视投影,其所形成的投影图便称为透视图。这一称谓是根据透视作图类似于上述实验而形象地得出的。无论是在胶片上、玻璃上,还是在纸上,当对象被"表现"后,对象最终都落在或画在了平面上。当原本处于"三维空间"中的对象之形状、体积、距离,乃至纵深效果等都被表现在平面上时,图上所呈现出的最典型的特征是"近大远小",空间原来相互平行的直线最终将交汇于一点,除非这些彼此平行的线条同时也平行于画面(如胶片、玻璃等)。如图10.3所示为某世博馆室内的透视,它十分直观地表现了透视图的这一特点。

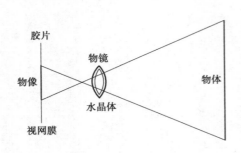
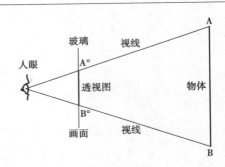

图 10.1　相机及人眼成像示意　　　　　　图 10.2　透视的实验

图 10.3　透视实例

回到刚才的实验中,当笔在玻璃上描画所见对象的轮廓时,实际上是将眼睛与对象上"着眼点"之间的连线(即视线与玻璃的交点)确定下来并不断重复此过程,直至完成全图。实际的透视作图在本质上也是如此——求视点和对象之间的连线与画面的交点。简言之,就是求直线与平面的交点。并且,我们将这种交点称为点的"透视投影",简称透视。

▶10.1.2　基本术语及其代号

在透视投影的学习乃至工作实践中,为了讨论和叙述方便,经常涉及以下十几个概念,请先行熟悉它们的意义及相应代号(如图 10.4)。它们分别是:

①画面 P:形象地说,画面就是用来绘制透视图的平面,在多数情况下它处于铅垂位置。画面相当于正投影中的 V 面,但我们在绘制透视图时,一般将它置于人眼(光源)与被投影的物体之间(类似于第三角投影)。

②基面 G:可以假设基面就是地面,是用于放置建筑物的水平面。绘图中,也可以认为建筑底层平面图所在的水平投影面为基面。

③基线 $g—g$:基线是画面与基面的交线,它相当于"投影面体系"中的 X 轴,在求作透视时,它是基面上的投影与画面上的透视的联系媒介。

④视点 S:中心投影的光源位置,即投影中心。求作透视时,可将其设想成人眼的位置。

⑤站点 s:视点在基面上的正投影即站点,因其相当于人站立的位置而得名。

⑥视线:一切过视点(即光源)的直线均称为视线。其中最有意义的是垂直于画面的视线以及平行于基面的视线。最"无"意义的是平行于画面的视线,因为它与画面不相交而无灭点。

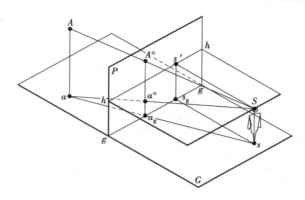

图 10.4　基本术语及其代号

⑦主视线 Ss'：上述视线中垂直于画面者即为主视线。

⑧视心 s'：视点在画面上的正投影即视心。它是视线的中心，也是上述主视线的画面垂足。视心又名心点或主点。

⑨水平视平面：过视点 S 的水平面，即所有水平视线的集合。

⑩视平线 $h—h$：上述水平视平面与画面的交线，多数情况下为通过视心 s' 的水平线。

⑪视高：视点到基面的垂直距离，即图中 Ss 的高度。

⑫视距：视点到画面的垂直距离，即图中主视线 Ss' 的长度。

⑬空间被投影的物体：如图中的 A 点。

⑭基点：空间 A 点在基面上的正投影 a 称为 A 的基点。

⑮点的透视：空间点 A 和视点 S 的连线 SA 与画面的交点即为 A 点的透视，用 $A°$ 示之。

⑯基透视：空间点 A 的水平投影 a 的透视，用 $a°$ 示之。

除以上术语及代号外，学习透视投影还有必要重申在画法几何部分中提到的"中心投影"与"平行投影"的共性。

10.2　点与直线的透视投影规律

▶10.2.1　点的透视规律

点作为最基本的空间几何元素，讨论它的规律可以获知透视图作为中心投影的特殊法则。与正投影法需要同时获知至少两面投影方能确定点的空间位置一样，在透视投影中，点的位置需要同时由其透视与基透视共同确定。

规律 1：点的透视与其基透视位于同一铅垂线上。

如图 10.5 所示，空间 A 点与其基点 a 的连线 Aa 垂直于基面 G。将连线 Aa 与其外 S 点（即视点）组成一平面，该平面容纳了包括过 A 点及 a 点所作视线在内的所有通过 Aa 线上任一点的视线，故可称为过 Aa 线的视平面。由于 $Aa⊥G$，故该视平面也 $⊥G$，此视平面与画面的交线自然也是垂直于 G 的了。

规律 2：点的基透视是判别空间点的位置的依据。

图 10.5 中，B 点与 A 点在空间位于同一视线上。事实上，类似于 B 而与 A 处于同一视线

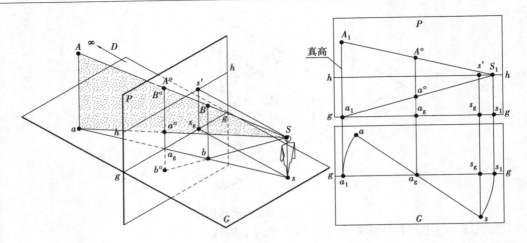

图 10.5　点的透视规律及作图

上的点还有无穷多。按点的透视定义,它们具有完全相同的透视。由此可见,仅仅根据某点的透视,是无法确定其空间位置的。但是,如果注意到这些点的基点及其透视(基透视)便会发现:当点位于画面之后时(如 A 点),其基透视在基线 g—g 之上方;当点位于画面之前(即人与画面之间,如 B 点)时,其基透视在基线 g—g 之下方。

规律 2 的三个有意义的推论如下:

①当点位于画面前时,其基透视必在基线下方。

②当点位于画面上时,其基透视应在基线上。

③当点离开画面无穷远时,其基透视及透视均在视平面上。

规律 3:点的基透视是确定空间点透视高度的起点。

如果空间点到基面的距离(即点的高度)被透视以后称为透视高度,则该透视高度就是点的透视与其基透视之间的垂直距离。若将点的基透视看成已知的,则点的透视高度便可以其基透视为起点而垂直向上量取。利用此规律可以获得后续直线规律中的真高线概念,并以真高线为基础,在已有点的基透视的情况下求出其透视。

观察点的基透视位置,可以产生的推论为:

①当空间点位于画面前时,其透视高大于真高。

②当空间点位于画面上时,其透视高等于真高。

③当空间点位于无穷远时,其透视高等于零。

▶10.2.2　直线的透视及其迹点和灭点

1)直线透视定义及基本求作方法

理论上,直线的透视即直线上所有点的透视的集合。因此,直线的透视可通过求作过直线的视线平面(图中带阴影的三角形)与画面的交线而获得。但实际作图时,可直接求作直线端点的透视后,连线即可得到直线的透视,如图 10.6 所示。

直线的透视及其基透视在一般情况下仍为直线,但以下两种情形例外:其一,当直线延长后通过视点 S 时,直线的透视为一点,其基透视为铅垂线。其二是当直线垂直于基面时,其透视为一铅垂线,而其基透视成为一点。前者如图 10.7 中的 AB 直线,后者如图 10.7 中的 CD 直线。

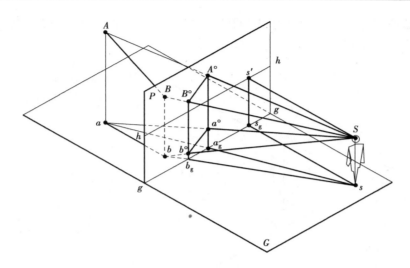

图 10.6 直线的透视

2）直线的画面迹点

空间中凡与画面不平行的直线均会与画面相交，直线与画面的交点称为直线的"画面迹点"。在图 10.7 中，AB 直线延长后将交画面于 $A°$ 或 $B°$ 点。在图 10.8 中，AB 直线延长后与画面的交点不再与 $A°$ 或 $B°$ 重合而是交于 T，但它们均为迹点，只不过前者较特殊罢了。"迹点"作为画面上的点，其透视自然是其自身。

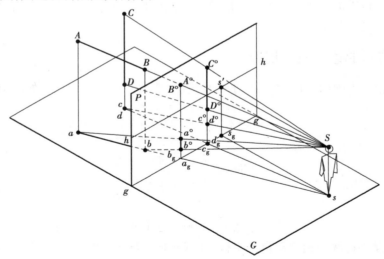

图 10.7 特殊位置直线的透视

3）直线的灭点

若 AB 直线的 A 点沿 BA 方向移向无穷远，则称此点为直线上离画面无穷远的点，其透视称为该直线的灭点（或称消失点）。欲求此灭点，理论上可按点的透视定义，将无穷远的 A 点与视点 S 连线，该连线与画面相交的交点即为 A 点的透视。但请注意：当连线 SA 与 AB 直线上的 A 点交于无穷远时，根据初等几何原理，SA 直线与 AB 直线是平行的。于是，真正求作直线灭点的方法便简化为:过视点 S 作 AB 直线的平行线且交画面于 F 点,此 F 点即 AB 直线的"灭点",如图 10.8 所示。

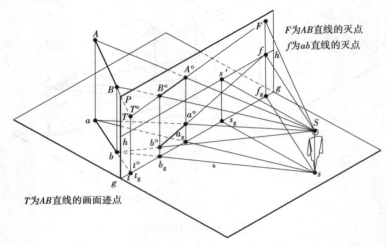

图 10.8　直线的迹点及灭点

　　与直线灭点相关的另一个概念是"基灭点",它是直线基面投影的灭点。因直线的基面投影属于基面,故按灭点的做法,所作直线基面投影的平行线当然是过视点的水平线,属于水平视平面,故必与视平线相交。考虑到空间直线与其基面投影可构成一铅垂面,因此空间直线的灭点与其基面投影的灭点都必位于同一铅垂线上,且基灭点还应位于视平线上。图 10.8 中,f 点即是 AB 直线的基灭点。

▶10.2.3　直线的透视投影规律

　　空间直线相对于画面的位置,不外乎两种情况,要么平行,要么相交,如图 10.9 所示。

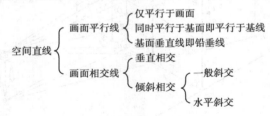

图 10.9　各种位置的直线

　　规律 1:画面平行线的透视与自身平行,其基透视平行于基线或视平线。

　　画面平行线因平行于画面而无迹点和灭点,参见图 10.10(铅垂线前已述及)。

　　规律 2:与画面相交的直线在透视图上是有限的长度,一组平行线共灭点。

　　由于灭点的定义为直线上离画面无穷远点的透视,因此空间中无限长的直线,当其与画面相交时,透视图上将表现为有限的长度,以灭点为结束端。

　　同时从图 10.8 中灭点的作图过程可以看出,对于一组平行直线,从视点 S 只能作出它们的一条平行线,只会和画面获得一个共同的交点。因此,一组平行直线有一个共同的灭点,同理,其基透视也有一个共同的基灭点。所以,一组平行线的透视及其基透视,分别相交于它们的灭点和基灭点,图 10.3 中所表现的透视现象就反映出这一规律。

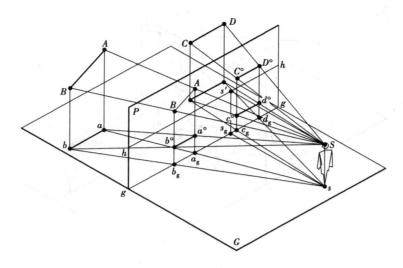

图 10.10   画面平行直线的透视

根据直线与画面相交角度的不同，又可以将此规律细化为以下几种不同情况：

①画面垂直线的画面垂足为其迹点，视心 s' 为其灭点，如图 10.11 所示。由图可见，画面垂直线的透视永远位于其迹点 T 与灭点 s' 的连线 Ts' 上，其基透视始终在迹点的基点 t 与灭点 s' 的连线 ts' 上。

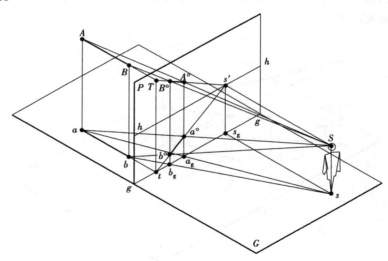

图 10.11   画面垂直线的透视

②画面水平相交线因平行于基面，故其透视与基透视具有共同的灭点（F、f 重合于视平线上）。在图 10.12 中，该灭点在画面的有限轮廓范围之外。

③一般位置的画面相交线：一般位置的画面相交线如图 10.13 所示。图中，当 A 点高于 T 点时称为"上行直线"，当 A 点低于 T 点时称为"下行直线"，它们的灭点位于过基灭点的同一铅垂线上。其中，上行直线的灭点在视平线上方，下行直线的灭点则在视平线的下方。在图 10.13 中，AB 直线的灭点与基灭点也超出了画面 P 的图示有限范围。

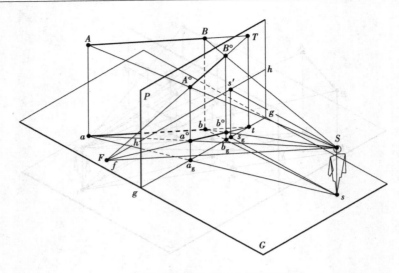

图 10.12 画面水平相交线的透视

规律3:垂直于基面的直线可以利用透视高度还原出真实高度。

当点位于画面上时,其透视为其自身,直线亦然。因此,当直线位于画面上时,其长度是真实的。这种能反映真实长度的直线中,有一种垂直相交于基线的画面铅垂线,因其反映直线的真实高度而被称为真高线。利用真高线,可以解决空间点的高度问题,也可以还原作出基面垂直线的真实高度。

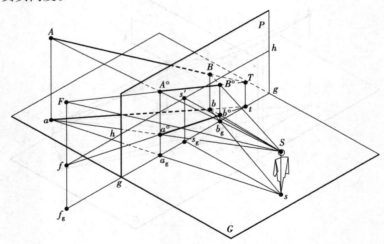

图 10.13 画面一般相交线的透视

在图 10.14(a)中,过 A 点作任意方向的水平线 AB 与画面相交于 T,求出 T 点的基点 t,则 Tt 就是一条能反映 A 点真实高度 Aa 的"真高线"。

为了求出 A 点被透视以后在画面上呈现出的"透视高度"$A°a°$,可以先求出 AT、at 的透视 TF、tf,然后在求出 A 点的基透视 $a°$(在 tf 上)后,过 $a°$ 向上作铅垂线与 TF 相交即可得到 A 点的透视高度 $A°a°$。事实上,"透视高度"的确定意味着 A 点的透视被求出,这也正是"真高线"的价值所在,其作图过程如图 10.14 所示(图中数字为作图步骤)。

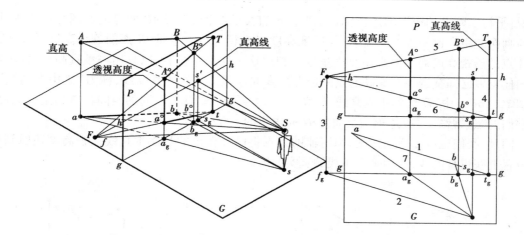

图 10.14　真高线及求法

按上述作图方法还可以得出一个结论:求作某点的透视高度依赖于两个条件,其一是该点的真高,其二是该点的基透视。

值得注意的是:直线 AT 是"任意"的,这种任意的结果是灭点 F 的任意。所以在实际操作时,可在已知或已求出某点的基透视后,任定灭点并连接之。在图 10.15 中,假设 A 点的基透视 $a°$ 已求出,A 点的真高等于 H,则求 $A°$ 的过程如下:

①在 $h—h$ 线上任意定灭点 F。
②连接 $Fa°$ 并延长之,使其与基线 $g—g$ 相交于 t 点。
③过 t 作铅垂线 $tT = H$。
④连接 tF。
⑤过 $a°$ 向上作铅垂线交 TF 于 $A°$。

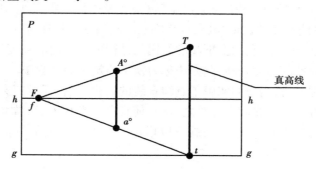

图 10.15　灭点或真高线的任意性

图 10.15 中,在视平线上任意选定灭点 F 后,连接 $a°F$ 并延长,使其交基线 $g—g$ 于 t,过 t 即可作真高线。又因为 F 的任意性导致了 t 的任意性,于是直接在基线上任选 t 点,也可得出与上完全相同的结果。

将问题深入下去:如有若干点的透视高度需确定,是否需要作若干条真高线并将上述作图过程重复若干次呢?

为此,我们包含 Aa 作矩形 $AaBb$ 平行于画面,并求出该矩形的透视 $A°B°a°b°$。观察后可以发现:$A°B°$ 与 $a°b°$ 均平行于基线 $g—g$,$A°a°$ 及 $B°b°$ 均垂直于基线 $g—g$(如图 10.15)。这就是说：平行于画面的矩形的透视仍是矩形。更直接的结论是：若 AB 两点的空间高度相等，则在与画面的距离也相等的前提下，其透视高度也是相等的。于是，B 点的透视高度可以用为求 A 点的透视高度而作的真高线来量取。利用这一原理，我们可以只用一条真高线，就求出空间任意多已知基透视和真高的点的透视高度或透视。这样的真高线，称为"集中真高线"。在图 10.16(c) 中，Tt 为集中真高线，B、C、D、E 这 4 点虽然具有不同的空间位置与空间高度，但它们的"透视高度"或透视均是通过 Tt 而求出的。

同理，我们也可以逆向作图，利用辅助灭点将已经作出的基面垂直线透视高度还原到画面位置上获得真高线，从而确定该线的真实高度。

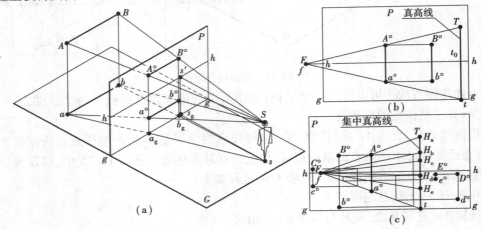

图 10.16 集中真高线的原理及运用

同时，垂直于基面的直线在与画面平行的前提下，自身比例不会产生透视变形，因此在图 10.16 中，画面结果 T 点到视平线的距离 Tt_0 与 t 点到视平线的距离 ut_0 之比值，恰好等于真实的 T 点和 t 点与视平线高度的比值，其余各点亦然。利用这一特性，在已知直线段真实高度和视平线高度的情况下，也可以利用上下高度的比值进行更为简便的高度作图；反之，也可以利用视平线高度作出简便的高度判断，此方法称为视平线定比例分割法。

仅就作图的原理而言，当我们明确了点和直线的透视以后，任意"形"或"体"的透视均可求出，因为线由点构成，面由线而来。总之，从几何意义的角度看，万物均离不开"点"这一基本构成要素。再结合直线的透视规律，就可以增进对各种透视现象与规律的把握，熟悉和深入理解各种作图方法与技巧。

10.3 透视图的分类及常用作图方法

▶10.3.1 透视图的分类

建筑物是三维空间形体，它至少具有长、宽、高三个方向上的量度，即坐标方向的棱线。随着画面与建筑物相对位置或角度等的变化，这三组主要棱线与画面的相对位置关系就可能出现，或平行，或垂直，或倾斜等各种情况。由于建筑的主要棱线与画面的相对位置关系有了这些不同,它们的灭点位置也就各不相同。例如,当主要棱线平行于画面时,画面上将没有它们的灭点;而当主要轮廓线垂直于画面时,这些被称为"主向灭点"的主要棱线的灭点将与视心重合;水平斜交于画面时,它们的主向灭点将位于视平线上。透视图正是按照画面上主向灭点的多少来分类的:

1)一点透视

当建筑某主要棱线方向(一般为进深方向)与画面垂直时,该方向将在画面上形成一个与视心重合的主向灭点,其长、高两方向将因同时与画面平行而无灭点。在这种前提下所作的建筑透视,称为一点透视或平行透视(实际上应为与画面平行的两个坐标方向所决定的立面透视),如图 10.17 所示。一点透视多用于表现室内效果或街景等。当需要强调建筑庄重沉稳的形象时,一点透视的表现效果也独具特色。

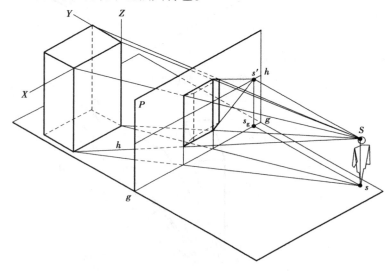

图 10.17 一点透视

2)两点透视

两点透视是建筑透视中应用最多的一种透视类型,它使建筑的高度方向平行于画面(画面与建筑竖向轮廓均处于铅垂位置),而其余(长宽)方向水平地与画面倾斜,客观上使得建筑无竖向灭点而水平方向在视平线 $h—h$ 上同时具有 x、y 两个坐标方向的主向灭点 F_x、F_y。这样形成的透视图因具有两个主向灭点而被称为两点透视,如图 10.18 所示。此外,也有人因为此种情况下画面与建筑主要立面成一定角度而将其称为"成角透视"。

3)三点透视

对于高层尤其是超高层建筑,按常规视距等方式选择画面与建筑的关系,其结果一般不太符合人们的视觉习惯,于是可以通过模拟人们从近处观察建筑时的"姿势",使画面与基面倾斜一定角度,如图 10.19 所示。此时,建筑的三个主要棱线(坐标)方向均与画面成一定角度,画面上将产生各该方向的三个主向灭点 F_x、F_y、F_z。于是,这样的透视图顺理成章地被称为三点透视。因为画面相对于基面是倾斜的,所以有人更喜欢将其直观地称为"斜透视"。

实际上,人们观看建筑并不总是从下向上仰望,也可能有机会(如乘飞机时)从上向下俯瞰。相应地,三点透视也就不仅仅可以画成"仰望三点透视",自然也可以画成"俯瞰三点透视"。

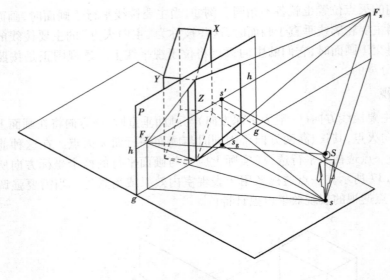

图 10.18　两点透视

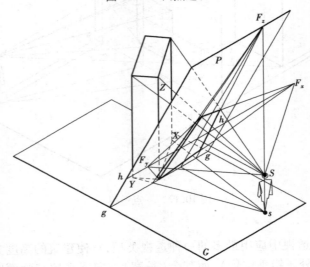

图 10.19　三点透视

上述三点透视是建立在假想人与建筑相对较近(视距较小)的基础上的,这样作出的透视图虽然也符合人们的视觉习惯,但一方面画面上的建筑失真较大,另一方面更主要的是绘图时由于需要同时处理三个主向灭点,给绘制工作带来了很大的不便。所以,工作中有人宁愿将视距选得稍大一些后,仍采用两点透视的方式来表现高层或超高层建筑,并认为其效果仍然可以令人满意。基于这样的原因,实际工作中采用三点透视作图的比较少见。

▶10.3.2　透视图的常用作图方法

在讨论基本几何元素的透视问题时,已经涉及了最基本的透视作图思想——视线迹点法。只要求出视点 S 与空间点 A 之连线(即视线 SA)与画面的交点 $A°$,即为空间 A 点的透视。在具体操作过程中,虽然作图的思路仍如前面所述,过程却并非直接求视线的迹点,而是通过求空间点的基透视及其透视高度,达到求出空间点透视的目的。这种作图的过程在后面的学习中仍然具有典型意义。

综上,空间形体透视作图过程基本上是先求其基透视,然后确定出形体各部位真实高度的透视高度。下面对常用作图方法进行讨论,以加深对上述作图思路的理解。

1)视线法

视线法是最传统的透视作图方法之一,因其曾为广大建筑设计师所普遍采用而被称为"建筑师法"。这种方法的实质仍然是求作视线的迹点,其作图方法甚至在介绍点的透视规律时已经有所涉及,但由于当时尚缺乏有关直线灭点、真高线及其运用等知识,所以设计师对作图的过程并不一定完全理解。

其方法是:在基面上得出各点的投影并确定出站点、视距等基本条件以后,将基面展开并与画面共面,如图 10.20(a)、(b)所示。

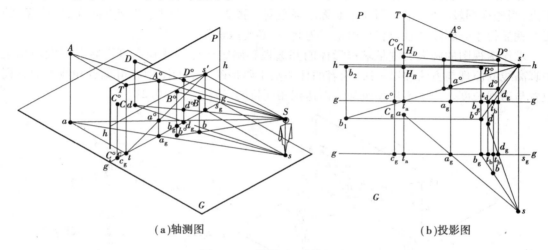

(a)轴测图　　　　　　　　　　　(b)投影图

图 10.20　视线法(建筑师法)

其作图步骤如下:

①在基面上连接站点 s 与各点的水平投影如 a、b、c 等得连线 sa、sb、……,求出所有连线与基线 g—g 的交点如 ag、bg 等(C 点因位于画面上,其透视就是它自身,故图中直接在画面上作出了 C 点的透视及基透视)。从作图过程可以看出,所连之线实质上就是视线的水平投影,这也正是"视线法"名称的由来。

②将基线上各交点 ag、bg 等"转移"(投影)到画面上。请注意,当受图幅限制而无法将画面与基面绘于同一幅面内时,"转移"的意义就十分重要了。

③过空间各点作画面的垂线并求出这些垂线的基透视如 tas′、tbs′、……它们分别与②中过基线上 ag、bg 各点所作之铅垂线相交,即可得出各点的基透视 a°、b°、……

④利用"真高线"求出各点的透视高度,即可最终求出各点的透视。本例中,首先求出了过 A 所作画面垂线的垂足 T(过 ta 向上作铅垂线,取铅垂线长等于 A 点真高即可),然后连接 Ts′并与 agA° 相交于 A° 点即求出了 A 点的透视 A°。在求作 B 点的透视时,又利用了"集中真高线"的概念。因为 B 点位于画面之前,所以它的基透视必然位于基线 g—g 之下,其透视高度将大于其真高。作图时,首先过 b° 点作水平线向左与 tas′ 连线的延长线相交于 b₁ 点。然后在 A 点的真高线上从 ta 向上量取 B 点的真高得出 H_B 点。连接 H_Bs′并与过 b₁ 所作之铅垂线

相交于 b_2，则 B 点的透视高度即求出。最后只需过 b_2 作水平线向右与过 $b°$ 所作铅垂线相交于 $B°$。如此重复若干次，各点的透视即可全部求作完毕。

在以上作图过程中用到了过空间点作辅助线的方法。理论上，这种辅助线可以是任意的画面相交线，但为作图方便并简化作图步骤，最好取画面水平相交线或画面垂直线。本例选用后者，直接利用了视心 s' 而免去了求作辅助线灭点的麻烦。由于辅助线的引入，建筑师法作图的本质为：**空间两直线透视的交点就是该两空间直线交点的透视。**

掌握了点的透视求作方法以后，对于更复杂的形体，只不过是上述过程的重复而已。

建筑师法既可用于两点透视，也可用于一点透视。当其用于一点透视时，其作图的原理和方法与上完全相同，不再叙述。

2）量点法

建筑师法作透视图时，必须在基面上过站点引平面图各转折点的连线并与基线相交于若干点，当透视图较大时，平面图与画面无法画在同一张图纸上，此时这些交点向画面"转移"的工作就显得十分麻烦并且很容易出错。为此，有必要探索新的作图方法。

求作透视图的两大关键是求作形体的基透视和确定形体的透视高度。后者一般均用集中真高线的原理与方法加以解决，前者的任务则主要是确定平面图中各可见点和线等的透视位置与透视长度。为了不用建筑师法而达到相同目的，请注意图 10.21。

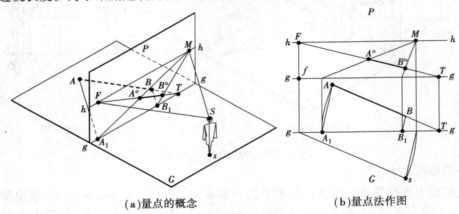

（a）量点的概念　　　　　　　　（b）量点法作图

图 10.21　量点法

为求基面上 AB 直线段的透视，可以先分别求出其迹点 T 和灭点 F，连接 TF 即得到 AB 直线的"全透视"，即包括 A、B 两点在内的整条直线的透视，A、B 二点必位于该"全透视" FT 上。接着，只要能确定出 A、B 两点透视后的具体位置，即可求出 AB"线段"的透视。为此，过 A 点作辅助线 AA_1，该辅助线在求作时必须满足条件：$AT = A_1T$，即三角形 ATA_1 为一等腰三角形，而 AA_1 为其底边。现在，可以求辅助线 AA_1 的透视了——先求其灭点并用 M 示之，连接 A_1M 则得其全透视，而 A 点的透视必在 A_1M 上，同时 A 点的透视还必然在 FT 上，于是 A_1M 与 FT 二线的交点 $A°$ 就成了 A 点透视的唯一解。

按同样的作图原理和方法，又可求出 AB 线段之另一端点 B 的透视。

虽然辅助线 AA_1 及 BB_1 的共同灭点 M 可用求灭点的传统方法获得，但分析三角形 FSM 后可知，其各边与三角形 TAA_1 或三角形 TBB_1 的对应边分别平行。于是，三角形 FSM 也是等腰三角形，SM 为其底边，两腰 FM 与 FS 是相等的。因此，作图时，M 点的位置可通过自 F 点直接"量取"一段长度等于 F 点到 S 点的距离而获得。

以上作图方法,是根据**"两直线交点的透视必等于两直线透视的交点"**这一实质性理由而得出的。作图过程中,M 点的作用在于确定辅助线的透视,从而"量取"线段透视以后的透视长度。正是由于这样的原因,这种辅助线的灭点 M 才被称为"量点",而这种利用量点直接根据平面图中线段的已知尺寸求作平面图基透视的方法便被称为量点法。

在正常作图时,因为辅助线 AA_1、BB_1 等的水平投影的意义在于确定其迹点 A_1、B_1 等。而这些点按 $AT=A_1T$、$BT=B_1T$ 这样的关系,也可以直接在画面上自 T 点量得,所以,并不需要直接画出这些辅助线,只要能定出 A_1、B_1 等点就可以了。

利用量点的概念求作直线的基透视时,量点的数量如同灭点的数量一样,与直线的"方向数"是相同的。如建筑平面图中有两个主向灭点,则必然有两个相应的量点,作图时请注意区别其对应的关系。另外,量点法是在画面上利用"直线交点"得出点的透视的,两直线相交的角度越接近垂直,交点位置越易明确;反之,若交角越接近平行,则交点的位置越是模糊。如图 10.21(b)中,随着 h—h 线的位置降低(视高减小),A_1M 与 FT 二线将逐渐接近平行。这意味着二线交点 $A°$ 的位置将越来越难于用肉眼判定,必将导致最终的作图结果严重失真。因此,在利用量点法(包括以后的距点法)绘制透视图时,若因视高太小而出现上述问题,一般可以采用在画面上"升高基面"或"降下基面"(相当于将画面上 g—g 线人为地向下或向 h—h 线以上"复制一个")的方法,使问题得以缓解。也许有人认为"增加视高"也不失为一种方法,这在理论上是可行的,但视高的选择涉及人的身高,随意而定后绘出的透视图会有不真实的感觉。

升高或降下基面是基于"点的透视与其基透视始终位于同一铅垂线上"的道理。在降下或升高后的基面上相对准确地确定出点的基透视位置后,还必须将结果返回到原来的基面上。如图 10.22 所示,因视高相对较小,A_1M 与 FT 之交点不易确定,于是分别采用了降下基面和升高基面的方法,其效果不言而喻。由图中还可以看出:

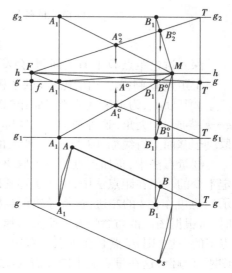

①无论是降下基面还是升高基面,作图时只是移动了 g—g 线及其上各点(如 A_1、B_1、T 等),视平线并不动,并且移动的"量"完全取决于需要和图纸的大小。

②无论用哪种方式(升高或降低),所得到的结论是一致的。

图 10.22 升高或降下基线作图

③升高或降下的基面上的透视 $A_1°$、$B_1°$,$A_2°$、$B_2°$ 等,并不是直线在原视高条件下的透视。因此,必须将其返回到原基面上(图中箭头方向),所得 $A°B°$ 才是所求。

④原始基线位置上的 A_1M、B_1M 等线条在正式作图时无须画出(如图中的 B_1M 便未画出),只需将 $A_1°$ 或 $A_2°$ 投影到直线的"全透视"上即可。本图中画出 A_1M 是为了让读者体会其交点位置的不确定程度。

求一条基面上的直线的透视是容易的,但当对象变成建筑物甚至是十分复杂的建筑物时,方法和技巧就显得非常重要了。虽然对于初学者,目前还只能先"会"后"熟",但具备这种意识,从而用心分析和比较作图过程甚至一个点的透视的各种不同求法,都是十分有意义的。

3)距点法

用量点法求作一点透视时,由于建筑物的三组主向棱线中只有一组与画面相交,故在透视图中,建筑只有一个主向灭点,该灭点即视心 s'。求作量点时,灭点 s' 到量点的距离仍然等于视点 S 到灭点 s' 的距离,由于这一距离反映的是"视距",所以这种特殊情形下的量点改称"距离点",简称距点,且用 D 表示,如图 10.23 所示。

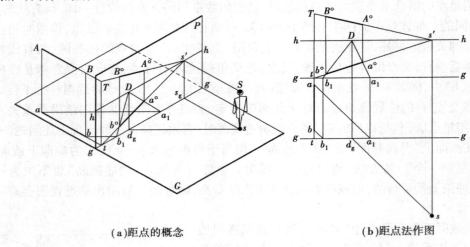

（a）距点的概念   （b）距点法作图

图 10.23 距点法

深入讨论距点 D 的有关问题,会发现它与量点的区别在于:

①距点 D 到视心 s' 的距离反映了视距,而量点无此能力。

②基面上,为求某点的透视而作的辅助线（如 aa_1）,由于必须满足 $at = a_1t$ 而使得 aa_1 与 g—g 线成 45°夹角（这种辅助线在实际作图时也不必画出）。而在量点法中,类似的夹角完全取决于基面上直线如 AB 与 g—g 所夹的角度大小,多数情况下不等于 45°。

③量点法中,正如灭点的位置取决于直线的方向一样,其量点相对于灭点的位置也是固定不变的。但在距点法中,由于上述辅助线（如 aa_1 等）既可作在迹点 t 的右边（如图 10.23 所示）,也可作在 t 的左边,这将导致距点相对于灭点（视心）的左右位置关系的相应改变。作图时,可根据图面的布置情况及个人习惯灵活处理,但一定要注意其对应关系。例如,距点在心点 s' 的左边,则 a_1 点必在迹点的右边。但当直线 AB 上的点位于画面以前时,上述对应关系则刚好颠倒,这在量点法中同样需要注意。

10.4 透视图的参数选择

▶10.4.1 透视图的基本参数

无论是摄影家还是画家,他们在表现对象时,对于"角度"的选择都是非常用心的。一幢建筑或建筑群,远观与近看,绝对不会是同样的效果与感觉。同样地,生活在一座城市中与从空中俯瞰所生活的城市,会是同样的感受吗?当然,这一切包含有心理层面上的"观察角度",但也同样包含有物理意义的"观察角度"。这种物理意义上的"角度",用透视术语来解释,就是画面、观察者以及被观看对象三者之间的相对位置关系问题。

中国画技法中的"意在笔先"在一定意义上同样适用于绘制透视图。通俗地说,在着手绘图之前,应该充分考虑并妥善处理以下几方面问题:

①透视类型:包括一点、两点、三点,以及仰望、俯瞰等。

②恰当地安排画面、观者、对象三者的位置关系。从前面的描述可以体会到,三者相对位置的变化将直接影响到透视的效果。若处理不当,轻则不能完美体现建筑的艺术感染力,重则导致建筑在视觉上产生严重的变形、失真。例如在一点透视中,若视点与对象的任一表面共面,则绘出的透视图将不能反映该表面的真实情形。再如,将任意透视图视高取为零,则基面将表现为一条水平线,这不仅与生活的经验不符,还将给作图带来极大的困惑。

对以上问题的深入理解,依赖于对透视图绘图方法及理论的熟悉,同时也与对人眼的生理能力(即视觉范围)的了解不无关系。做到前者需要假以时日,做到后者则有待于知识结构的拓展。本书能做的,只是从经验的角度介绍一些通常情况下可行的方法。

▶10.4.2　透视图基本参数的选择

1)视点的选定

视点 S 的选定意味着站点的位置及视高(视平线的高度)均被确定。在确定站点 s 时,应当注意满足视觉的几方面要求。

(1)视野要求

在视觉方面,眼球固定注视一点时所能看见的"空间范围"称为视野。视野有单眼与双眼之分,通常所谓的视野主要指前者。按上述视野的定义,"睁只眼闭只眼"作感觉尝试,会体会到人的视野形如一椭圆锥,称为视锥(如图10.24)。

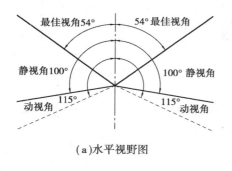

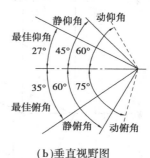

(a)水平视野图　　　　　　　　　　　(b)垂直视野图

图 10.24　视野图

用水平面沿视锥中轴线剖切视锥,所得素线与中轴线的夹角称为水平视角,其最佳值约54°。用铅垂面沿中轴线剖切视锥,所得的视角称为垂直视角,分俯、仰两部分,其大小视观看对象而各不相同。一般地,人们观察建筑群体全景的最佳仰角为18°;观赏单体建筑的最佳仰角是27°;观赏建筑局部的最大仰角为45°。垂直俯角的值比仰角值略大一些,但也不宜大于45°。从事设计与绘制透视图时,必须考虑到对上述视角要求的满足。

　　如图 10.24 所示,在站点 s_2 处,水平视角得到完全能够满足最佳视角要求,但因垂直视角超过了 27°,两灭点相对于建筑物的高度而言就显得相距太近。于是,在所绘出的透视图中,建筑物水平轮廓线急剧收敛,画面所呈现的视觉效果因畸变而失真。若在满足水平视角要求的同时也考虑到对垂直视角要求的满足,将站点移至 s_1 处,这样绘出的透视图从视觉感受上看,因轮廓较为平缓而显得舒展、自然。

　　以上例子不单是说明视角大小对透视图效果的影响问题,更主要的是两种视角对不同的透视对象应有不同的侧重。例如,对现代高层建筑而言,仅仅讨论其水平视角是没有什么意义的。因为当其仰角要求被满足时,其水平视角肯定是满足了的。当然,对于或低矮或扁长的形体,其水平视角则应优先考虑。

　　(2)全貌要求

　　站点选择应满足的另一个要求是:所绘出的建筑透视图应能全面反映建筑物的外部形态。如图 10.25 所示的形体,与图 10.24 的完全一致(包括仰角),但若视点位置不当,原本为 L 形的形体完全可能被误认为仅是一长方体,而且长、宽方向的视觉印象也发生了颠倒。

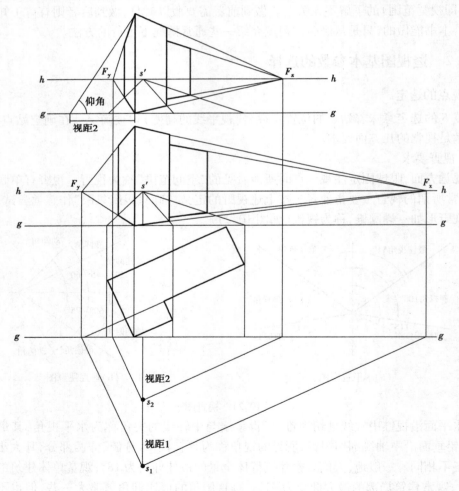

图 10.25　不同视角(距)的效果

此外,在选择站点位置时,还应考虑对客观环境的忠实反映,即使是在后期渲染、配景时,这也是有必要引起重视的问题。

视高是一个与视点位置相关的问题,它指视点与站点间的高度,在画面上表现为视平线与基线间的距离(三点透视除外)。多数情况下,视高可按人的身高选取,这种视高条件下所形成的透视图接近人的真实视觉感受,画面显得真实、自然。当考虑到对环境的尊重或设计人员为了强调建筑的个性特征时,视平线可以适当升高或降低。但请注意,视平线的升高意味着视高的增大,而视平线的降低则不一定是指视高的减小。因为降低视平线往往是连同基线一起进行的,实质是站点或视点的降低,更准确地说,则往往是建筑物的地面与透视图中的基面不再共面。

升高视平线可以使被表现的范围得到扩展,使画面显得更开阔(犹如鸟瞰一般),所以用升高视平线的方式表现建筑群体的透视图又称为鸟瞰图。此外,此法还可用于表现室内、表现场景等。

降低视平线后将使透视图产生仰视的感觉,建筑将因此而显得更高大、雄伟。当然,是否给观看者这种感受还与建筑自身的性格有关。如图 10.27 所示,莱特的流水(考夫曼)别墅虽然采用了降低视平线的方式去表现,但其建筑仍不失为一种与大自然浑然一体并充满着亲切感的田园建筑。

2)画面与建筑物的相对位置

画面与建筑物的相对位置包括角度和距离两个方面。

画面与建筑物的夹角主要指建筑物主要立面与画面的夹角。如图 10.28 中的 α,这些角度的大小将影响建筑立面表达的侧重。随着 α 角的增大,建筑与画面相邻的两个立面在透视图中所占的比重逐渐变化。与图 10.26 相比较,这种变化与站点从左向右移动所造成的变化具有相似之处。

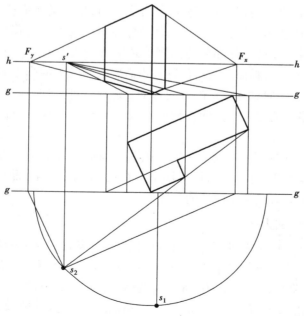

图 10.26　不同站点的效果

图 10.27　降低视平线

在绘制透视图时,上述角度的选择显然不是由单方面因素决定的,既应该考虑对象表现上的需要,又要照顾到作图的方便程度。例如,许多人在绘图时取 α 角等于 30°,这个角度一方面使得手工作图较方便(求灭点位置时);另一方面,30°角将使建筑的主要立面得到更充分的展示和表现,使建筑各立面的透视主次分明。如将 α 取为 45°,虽然作图方便程度相当,但如暂不考虑站点位置的影响,则相邻立面被表现的机会是均等的。这就好比用正等测表现正方体一样,图面会显得呆板、没有生气。若 $\alpha > 45°$,则建筑的长宽方向经透视后会"黑白"颠倒,这在某些表现街景的图中时有所见。所以,最后这种情况是否允许出现,还得从表现的需要出发,就事论事。

画面与建筑物的距离是指在夹角不变的情况下,平行地移动画面所造成的距离变化。这种距离的变化也将对透视图产生影响。当画面位置相对于视点平行移动时,所生成的透视图将发生大小变化,但透视图自身各部分的比例关系保持不变。利用这种特性,在实践中往往根据图幅大小的需要来决定画面的具体位置。当需要绘制较大的图形时,可以将画面向远离视点的方向移动;反之,则向靠近视点的方向移动。通过这种方式,理论上可得到任意大小的透视图。但作图时,建议使建筑物上的典型墙角线位于画面上,这样的墙角线将因为反映真高而给绘图带来不少方便。

绘制的透视图是否被放大,取决于对象与画面的前后位置关系。当对象位于画面之后,所绘图形缩小;当对象位于画面之前,所绘图形放大;当对象位于画面上时,所绘图形保持原大不变。可见,画面是放大或缩小图形的分界面。

3)确定视点及画面的方法

绘制透视图时,在平面图中确定视点及画面位置的一般方法为:在给定建筑平、立面图以后,绘制透视图的第一步工作就是根据表现的需要,用本节曾介绍过的有关知识作指导,合理选择视点及画面的有关参数。如图 10.28 所示为较常用的一种方法。

①过平面图某墙角作基线 $g—g$,二者间夹角 α 视需要而定,一般取 30°。

②过建筑最远的转角点或轮廓线(如圆弧墙等)作基线的垂线,由此可得画面图幅的近似

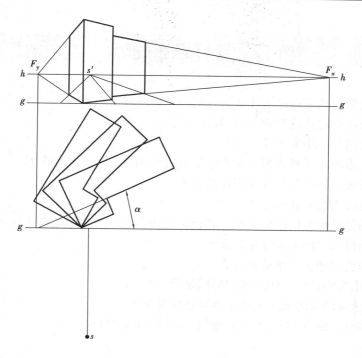

图 10.28　不同角度的影响

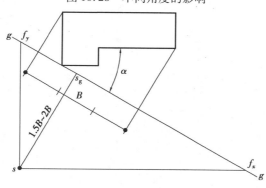

图 10.29　绘图参数的确定

宽度 B。

　　③将近似宽度三等分,在中间一段内根据需要选择视心的基面投影 s_g 的位置,并由 s_g 作 g—g 线的垂线 ss_g。

　　④取 ss_g 的长度为画面近似宽度 B 的 $1.5 \sim 2.0$ 倍,即可确定站点的位置。执行此步骤的结果,将主要影响水平视角与垂直视角的大小,故一定要根据对象的具体情况酌情处理。例如,低矮而偏长的建筑应考虑满足最佳水平视角($\leqslant 54°$),高大细长的高层或超高层建筑则主要满足垂直视角的要求($\leqslant 27°$)。

复习思考题

10.1 点的透视与其基透视为什么会在同一条铅垂线上？

10.2 如何根据点的基透视确定空间点的位置？

10.3 视线迹点法是用来干什么的？

10.4 直线的透视及其基透视为什么还是直线？例外的情况是什么？

10.5 直线的画面迹点与其灭点有什么关系？

10.6 简述真高线的意义何在。

10.7 透视图是按什么依据分类的？各自都有什么样的视觉特点？为什么？

10.8 求作透视图的两大关键是什么？

10.9 建筑师法求透视的本质是什么？

10.10 量点法与距点法求作透视的异同是什么？

10.11 影响透视图成图效果的基本参数包括哪些？

10.12 简述画面、视点、对象三者的变化对透视成图的影响。

参考文献

［1］高等学校土木工程专业教学指导委员会. 高等学校土木工程本科指导性专业规范［S］. 北京:中国建筑工业出版社,2011.
［2］钱燕. 画法几何［M］. 北京:中国电力出版社,2011.
［3］蔡樱. 画法几何［M］. 重庆:重庆大学出版社,2015.
［4］黄文华. 建筑阴影与透视图学［M］. 北京:中国建筑工业出版社,2009.